U1069551

■遥感诊断系列专著

环境健康遥感诊断关键技术

Key Technologies on Diagnosis of Environmental Health by Remote Sensing

曹春香　倪希亮　张煜星　徐　敏　刘　迪　等／著

科学出版社
北京

内 容 简 介

本书是“遥感诊断系列专著”的第三部，具体从如何集成与研发遥感诊断关键技术出发展开论述；针对环境健康遥感诊断指标体系中所涉及的遥感诊断基本科学原理，介绍了环境健康遥感诊断模型和指标的获取方法，以及阈值化评价。

本书可供全球变化、环境健康、生态安全、疾病防控、灾害防治、定量遥感等学科领域的科研人员参考阅读，也可作为高等院校遥感类与环境科学类专业本科生及研究生的教材。

图书在版编目(CIP)数据

环境健康遥感诊断关键技术/曹春香等著. —北京：科学出版社，2017. 12
(遥感诊断系列专著)

ISBN 978-7-03-055138-2

Ⅰ. ①环… Ⅱ. ①曹… Ⅲ. ①环境遥感 Ⅳ. ①X87

中国版本图书馆 CIP 数据核字(2017)第 268771 号

责任编辑：彭胜潮 丁传标/责任校对：韩 杨
责任印制：徐晓晨/封面设计：黄华斌

科学出版社出版
北京东黄城根北街 16 号
邮政编码：100717
http://www.sciencep.com

北京虎彩文化传播有限公司印刷

科学出版社发行 各地新华书店经销

*

2017 年 12 月第 一 版 开本：787×1092 1/16
2019 年 1 月第三次印刷 印张：16
字数：376 000

定价：198.00 元

(如有印装质量问题，我社负责调换)

序

“环境健康遥感诊断”是基于人类健康理论提出的概念，它把环境健康问题与人类健康问题类比。面对日益恶化的全球环境问题，世界各国科学家都在积极努力，寻找解决的办法。如何更全面、更准确地了解人类生存环境的健康状况，使人类与环境和谐共处，是21世纪我们所面临的重大课题之一。

环境问题是一个多尺度、宽领域、多维度的复杂过程问题，传统方法即使耗费大量的人力、物力、财力，也很难准确地掌握大范围的环境健康状况。随着遥感技术的兴起和不断发展，农业、林业、水利、地矿、城市、环境、海洋、灾害等领域的遥感应用越来越广泛。将遥感技术应用于环境健康领域，既可宏观观测环境状况，也可实时快速跟踪突发环境污染事件的发生和发展，还可为环境健康保护及应急反应提供决策依据，空间信息技术与环境健康诊断的融合研究已成为一个新的研究方向。

近十几年来，遥感技术迅猛发展，新型遥感设备不断出现，传感器分辨率不断提高，遥感系统全天候工作、实时获取信息及抗干扰能力都不断增强。基于越来越丰富的遥感数据可以更加精确地反演出环境健康相关参数，建立起各参数与环境健康状况之间的模型，从而为全球、国家和区域尺度环境健康的快速判断及宏观把握提供科学支撑。其中，环境健康相关参数的获取，以及各参数与环境健康状况之间数学模型的建立是环境健康遥感诊断的关键。

曹春香研究员是中国科学院遥感与数字地球研究所于20世纪90年代从国外引进的环境遥感人才，通过对学科前沿的把握和人类生存环境的分析，在多年的研究基础上，她开拓性地提出了“环境健康遥感诊断”这一交叉学科方向，并培养了一支优秀的研究团队。在他们的环境健康遥感诊断系列专著第一部面世4周年之际，本着对推动环境与健康交叉学科发展严谨负责的态度，又及时推出系列专著的第三部——《环境健康遥感诊断关键技术》，其意义非常重大：一是研究团队通过系统总结前人的研究，可进一步提高科学研究水平；二是《环境健康遥感诊断关键技术》有着重要的学术和实用价值，可以让更多的志士仁人分享遥感技术发展多年以来的科研成果，为环境健康遥感诊断的下一步发展建立坚实的基础。

我非常高兴地向读者推荐《环境健康遥感诊断关键技术》专著，希望该书能够为从事环境保护和人类健康发展的科学研究人员提供帮助。衷心祝贺这本凝聚他们优秀成果的专著问世，同时期待后续系列专著的出版。

中国科学院院士 

2016 年 10 月 13 日

前　言

遥感技术从20世纪70年代起步到今天，已经成为了各国推动技术发展的核心技术之一。在我国，遥感技术用于国土资源探测、防灾减灾预警、环境保护规划等领域，已为国家创造了不可估算的经济效益。同时，遥感技术还为科学技术是第一生产力的国家科技战略发展思路大力推动科技进步和创新、不断用先进科技改造和提高国民生活质量、努力实现我国生产力发展的跨越等实现了先行先试的示范作用。

作者应用引进与研发的先进遥感技术，基于不同维度，对自然环境进行定量化的把握，以期既服务于民众又能支撑国家智库。为此，作者在创立环境健康遥感诊断交叉学科方向的基础上，设计了环境健康遥感诊断系列专著的系统出版，组建了“环境健康遥感诊断”国内外联合科技攻关小组，并针对环境健康遥感诊断的关键技术与科学问题，打造了年度环境健康遥感诊断国际学术研讨会平台。

随着遥感技术的迅猛发展，新型遥感设备不断推出，传感器时空分辨率提高到小时与米级水平，遥感系统全天候工作、实时获取信息及抗干扰能力也能满足应用部门的需求。利用越来越丰富的遥感数据可以更加精确地提取出环境健康相关因子，建立起各因子与环境健康状况之间的相关关系，从而为全球、国家和区域尺度环境健康的快速诊断及宏观把握提供科学技术保障。如何科学地刻画环境健康的相关参数，基于不同时空尺度的遥感数据，构建各参数与环境健康状况之间的数学模型是环境健康遥感诊断的关键。

本书作为“遥感诊断系列专著”的第三部，主要基于当前遥感科学最新技术，对直接用于“环境健康遥感诊断”的主要遥感信息提取的关键技术和方法，以及针对相关环境要素遥感反演关键技术等进行了科学描述。本书基于环境健康遥感诊断的理念，依照《环境健康遥感诊断指标体系》的框架思路，有针对性地、详细地介绍了环境健康遥感诊断的共性技术和特定技术的实施方法，进而针对不同尺度下如何快速实现定量化环境健康遥感诊断的方法给出了有序的描述；在将技术指标搭载到不同指标层的逻辑框架下，为第四部《环境健康遥感诊断系统》专著的构架提供了强有力的技术保障。

全书共分5章。第1章为环境健康遥感诊断的概念，首先回顾了在全球气候变化与人类健康背景下环境健康遥感诊断概念的提出，其次是就环境健康遥感诊断发展的方向进行了阐述。第2章为环境健康遥感诊断共性技术，介绍了环境健康遥感诊断研究中所采用的一些共性技术和方法，包括遥感图像几何校正技术、遥感图像辐射校正技术、遥感数据融合技术和遥感影像分割技术、遥感数据同化技术及遥感协同反演技术。这些共性技术为环境健康关键参数的提取提供了技术支撑。第3章为环境健康关键参数遥感获取技术，面向从生态环境健康、大气健康、水体健康、灾害影响及人类健康5个方面论述环境健康关键参数遥感获取技术。第4章为环境健康评价技术，介绍了包括生态环境健康指标、大气健康指标、水体健康指标、人类健康指标及灾害影响程度的环境评价因子、环境健康评价技术建模方法及环境健康评价的技术流程。第 5 章为环境健康遥感诊断技术的发展与展望，介绍了在现有遥感技术的基础上，环境健康遥感诊断的发展方向，以及需要进一步提高的地方；同时，本书还就环境健康遥感诊断新技术及其应用进行了相应的预测和展望。

本书从 2010 年开始构思直到最终成稿，由曹春香研究员带领着主要作者倪希亮、张煜星、陆诗雷、徐敏、刘迪、袁中强、陈伟等共同负责完成，同时对何祺胜、赵小杰、田海静、郭海芳、尹航、包珊宁、杨天宇、桑海、彬彬、玛尼、吴春莹、江厚志、刘明博、张敏、谢波等给予的协助表示感谢。还要特别感谢为本书亲自作序的郭华东院士。在此也向指导与帮助在本书撰写过程中克服困难的领导和好友们致以衷心的感谢。

本书出版得到林业公益性行业科研专项 “树流感爆发风险遥感诊断与预警研究”(No.201504323)、科技基础性工作专项：中国沼泽湿地资源及其主要生态环境效益综合调查(No.2013FY1118063)，以及中国科学院重点部署项目“128×128 中/长波双色量子阱红外焦平面探测器面向资源环境遥感应用研究-双色红外环境健康遥感诊断系统研发”(No. KZZD-EW-TZ-17)等项目的资助，谨此一并致谢！

基于环境健康遥感诊断技术是不断发展和进步的，同时鉴于作者水平和时间有限，书中难免有缺点和不妥之处，敬请读者批评指正。

作　者

2017 年 11 月

目　录

第 1 章　环境健康遥感诊断的概念

人类与自然是一个不可分割的整体，人类既在大自然中产生，又依赖自然而生存。自然环境的优劣与否会影响人类的生存和发展，人类活动的强弱也会影响自然环境质量的好坏。自工业文明以来，人类的科学技术迅猛发展，人们的文化生活日益丰富，这都充分显示了人类的智慧和能力，但随着高科技快捷的人类生活的来临，人们对自然环境的破坏也是巨大的。现今的河流干枯、土地沙化、森林锐减、水质污染、空气污染、全球变暖、雾霾天气、自然灾害频发等全球问题也统统摆到了人们面前，对人类社会未来发展构成了巨大威胁。

面对日益恶化的全球环境问题，世界各国政府、科研机构都在积极努力，寻找切实有效的解决方案。由于环境问题是一个复杂的过程问题，涉及不同尺度、不同区域、不同影响因素等问题，无法利用传统方法有效地实现环境问题的监测。

随着遥感技术的飞速发展，遥感数据可以大尺度、多时相及高精度地获取人们所关心的局部区域及全球的环境状况，进而有效地分析环境区域时空特征及其发生与演化的驱动机制和健康状况，从而为有效解决环境健康的评估和监测问题，实现人类健康发展提供技术上的支持。

鉴于此，笔者借助中医理论的思维方式，把环境问题提到对待人类健康问题一样的高度，并参考中医的“望闻问切”的流程、面向环境健康，提出了“环境健康遥感诊断”的理论，旨在利用先进的遥感科学技术，为解决环境问题提供一个迅捷、可靠、经济的判断依据。

遥感诊断面向全球气候变化带来的极端异常现象，如干旱、洪涝、冻害、冰雹、沙尘暴等造成的严重自然灾害的诊断结果，能科学地刻画出全球气候变暖直接影响地球生态系统的变化足以给人类社会带来严重的打击。还能诊断出人类活动对自然环境的影响，如大气污染、水体污染、荒漠化、温室气体增多等间接地给人类生存环境和人体健康带来危害（曹春香，2013）。

1.1　全球气候变化与人类健康

据联合国政府间气候变化专业委员会(Intergovental Panel on Climate Change，IPCC)预测，到 2100 年，全球平均气温将上升 2℃(IPCC, 1996)，全球气候变暖将可能干扰地区的天气形态和生态平衡，影响地区的自然、生物系统，从而对人体健康多方面造成严重影响。世界卫生组织指出，每年仅因气候变暖而死亡的人数就超过 10 万人，如果这一情况不能得到改善，到 2030 年，全世界每年将有 30 万人死于气候变暖(张庆阳等, 2007)。

人类的适应能力包括先天遗传和后天获得两种。遗传表现为在各种气候条件下，各个种族的表征形态和生理特征的先天适应。例如，在热带地区，由于气候原因，那里的人具有皮肤色素深、鼻阔、身材矮小的特征，他们的后代都继承了这种特征，来适应当地的气候；后天获得是指每个人生命期内，在特有的气候条件下，在其继承的适应能力限度内形成的。例如，出生在高海拔地区的小孩体重轻，神经系统发育不全，但却因氧不足呼吸系统更加健全。因此，人们一般适应自己出生地的气候，南方人比较适应潮湿多雨，北方人比较适应干旱多风，一旦迁居他乡就会出现水土不服，甚至产生疾病。如果当地的气候发生了变化，人们还未适应时，也会发生疾病。

气候影响人体的反应部位。气象因素是通过人体的感觉器官影响到人体的，各种天气、气候及气象要素的变化，都会引起人体的生理反应。人是一种恒温动物，当受到外界温度刺激后，便会通过大脑进行生理调节，若人的生理调节系统还不健全(儿童)，或调节系统功能减退(老人)，或调节系统功能有病灶(病人)，当遇到外界的气象因素发生剧烈变化时，他们就会出现各种病症，严重时还会出现死亡(于长水等，1998)。

气候变暖给人类生存环境和人体健康带来诸多危险，气候变暖的结果之一是气候带的改变，热带的边界会扩大到亚热带，温带部分地区会变成亚热带。据估计，全球平均气温升高 1℃，气候带约向极地方向推移 100 km，而这种推移不可能是均匀的，某些气候带和气候型会因高山海洋、荒漠的阻隔而间断甚至消失。而在世界上，热带非洲是传染病、寄生虫病的高发地区，尤其是病毒性疾病最大的发源地。随着温带地区的变暖，将使感染或携带致病病原体(尤其是病毒)的昆虫和啮齿类动物的分布区域扩大，每年的危害期限延长，从而使这些疾病的扩散成为可能。

气候变暖的另一结果是，适宜媒介动物生长繁殖的环境的时空范围扩大，从而使细菌和病毒的生长繁殖期扩大。气候变暖有利于媒介昆虫的孳生繁衍，提早出蛰，提前形成密度高峰，并使其体内的病原体毒力增强，致病力增高。随着全球气候的变暖，以及不断增加的人和动物宿主的接触，病原体(尤其是病毒)将突破其寄生、感染的分布区域，形成新传染病的病原体。人们观察到，出现的新病原体引起的新传染病对人类常常是最具危害性的，病毒或细菌与宿主的生态平衡，在一个新建立的生态伙伴中，病毒或细菌常占上风。

全球气候变暖对人类健康最直接的影响是极端高温产生的热效应，它将变得更加频繁、更加广泛，而且热浪对健康的影响，城区要比郊区和农村大得多。由于高温热浪强度和持续时间的增加，导致以心脏、呼吸系统为主的疾病或死亡率增高。

极端高温对人体健康的影响在不同气候区影响不同。例如，我国广州冬季最低温度对死亡率的影响比夏季最高温度还明显，说明广州地区的人已适应了炎热气候，而对寒冷很难适应。空气污染与气象条件的关系十分密切。在全球变暖的大环境背景下，由于异常天气的出现，如夏季高温、冬季温暖、干旱等，往往会造成局地空气质量下降。特别是在人口密集的大城市，由于城市热岛环流的存在，导致空气中污染物不易排放出去，从而造成严重的污染。大气中的污染物质进入人体后，会引起人体感官和生理机能的不适反应，产生病理的改变，出现临床体征或存在潜在的遗传效应，发生急、慢性中毒或死亡等。

伴随着全球气候变暖，紫外线辐射有所增加。试验表明，大气中的臭氧每减少 1%，到达地表的紫外线辐射量将增加 2%，皮肤癌发生率则增加 4%。地面增加的紫外线辐射对人类健康具有十分有害的影响，对人类的影响包括免疫系统抑制，增加严重晒斑、白内障和表皮损害的发病率，且致癌。气候变化对人类健康的影响的评估，目前在科学方面还存在许多不确定性，并向科学家提出挑战。

由于气候变化通常伴随其他各种环境变化，而气候变化对人体健康的影响不是唯一的，还受其他如遗传、自身素质、饮食、生活习惯及环境等因素的综合影响，因此在进行气候变化对健康的影响研究中，关键技术在于从影响健康的诸多其他因素中分离出气候的影响。

气候变化是一个长期的、多变的、复杂的过程。事实上，人类健康状况水平是社会环境、自然环境、物质生活水准及公共福利水平的综合反映。因此，研究气候对人类健康状况的影响，应从气候变化对生态系统、生物过程、物理环境、社会经济环境等方面的影响综合来考虑，这些都会给检测和定量评估气候变化对人类健康的影响带来一些困难和不确定性。

所以，减缓全球气候变暖，大力开展气候变化与人类健康的关系研究，建立健全影响公众健康的疾病监测和预警系统，就成了当务之急(买买提明·热介甫，2005)。

1.2　人类活动导致的环境污染与人类健康

环境污染最直接、最容易被人所感受的后果，是使人类环境的质量下降，影响人类的生活质量、身体健康和生产活动。例如，城市的空气污染造成空气污浊，人们的发病率上升等；水污染使水环境质量恶化，饮用水源的质量普遍下降，威胁人类的身体健康，引起胎儿早产或畸形等。严重的污染事件不仅带来健康问题，也会造成社会问题。随着污染的加剧和人们环境意识的提高，由污染引起的人群纠纷和冲突逐年增加(张晓燕，2014)。

由于人们对工业高度发达的负面影响预料不够、预防不利，导致了全球性的资源短缺、环境污染、生态破坏三大危机。人类不断的向环境排放污染物质，但由于大气、水、土壤等的扩散、稀释、氧化还原、生物降解等作用，污染物质的浓度和毒性会自然降低，这种现象叫做环境自净。如果排放的物质超过了环境的自净能力，环境质量就会发生不良变化，危害人类健康和生存，从而发生了环境污染。

在全球范围内都不同程度地出现了环境污染问题，具有全球影响的有大气环境污染、海洋污染、城市环境问题等。随着经济和贸易的全球化，环境污染也日益呈现国际化趋势，近年来出现的危险废物越境转移问题就是这方面的突出表现。空气里主要含有氮气、氧气，其中氧气是人和动植物最需要的，大约占空气的 21%；如果空气中的氧气含量降到 16% 时，正在点燃着的蜡烛就会熄灭；如果降到 7%时，人和动物很快就会被憋死。空气中还含有水蒸气、二氧化碳、硫氧化物、氮氧化物、灰尘等气体和物质。如果空气中的硫氧化物、氮氧化物、灰尘等有害气体和灰尘含量过高，这种空气就是被污染了，空气中掺杂的这些有害气体和脏东西越多，空气被污染得也就越厉害，对人和动植物的危害也就越大。空气污染首先危害人们的身体健康，其次影响动植物的生长，还会引起全球性的气候变化。空气污染引起人体呼吸系统疾病，造成人群死亡率增加。重庆市污染严重地区的肺癌死亡率逐年上升，超过 50 人/10 万人，比相对清洁区高 4.7 倍。长沙市个别街区的肺癌死亡率高达 94.36 人/10 万人。

温室效应增强、气候变暖对人体的危害。近几十年来，由于人类活动的影响，特别是所消耗能源的急剧增加，以及森林遭到破坏，致使空气中二氧化碳的含量不断增加，从而使得温室效应不断增强，全世界的气候变暖。这就会使人们的呼吸道疾病、癌症、头疼等发病率增高，并助长疟疾等热带流行性疾病的发生和蔓延。

酸雨对人类的生产和生活的影响更要引起关注。酸雨被称为“空中死神”，它能使土壤酸化、湖酸化，从而使森林衰退和枯萎，许多水生生物无法生存，进而影响人类的生产和生活。而且，酸雨还对文物古迹和建筑物有侵蚀作用。

水环境污染的后果的严重程度，不但使工农业生产备受损失，而且使淡水鱼的捕获量也大幅度下降，许多名贵鱼种，如长江鲥鱼和黑龙江大马哈鱼的产量急剧下降，有的甚至绝迹。全国性污染导致的死鱼、人畜中毒事件频频发生，全国肝癌、胃癌、食道癌等消化系统癌症发病率逐年上升，我国的水环境污染已经到了非治理不可的地步。水污染问题的根源在于环境的污染，近年来提倡环保都到了大声疾呼的程度，可保护只是存在于人的内心，外界环境却没有改变多少。科技是把双刃剑，在给我们带来方便的同时，也危害了我们赖以生存的水源；只有生产更高科技的滤水设备，才能减小水污染对人类健康的影响。

噪声污染给居民的生活和健康造成很大的影响。据 29 个环境保护部门统计，在群众来信来访中，反映噪声问题的占 30%以上。一些工厂工人耳聋、高血压、心脏病、神经衰弱的发病率高达 30%～60%。据上海第一医院耳鼻喉科统计，耳病患者中，约有 1/3 因噪声引起。有的地区，噪声已威胁到青少年智力的发育。有关部门预测，如果不采取措施，到 21 世纪末，我国 85%的城市居民将无法正常地工作和生活。

面对日益恶化的全球环境问题，世界上各国科学家都在积极努力地寻找解决的办法。如何改善人类的生存环境，如何更好地促进人类健康，与环境和谐共生，是我们面临的首要问题之一。环境健康遥感诊断技术将为环境健康状况动态监测、早期预警、定量评价提供技术保障。

1.3　小　　结

本节介绍了在全球气候变化和遥感技术发展的背景下，笔者提出的“环境健康遥感诊断”理念，同时概述了全球一体化进程中人类活动导致的一些影响人类健康的环境问题。

为了实现人类社会健康发展和生存的最高目标，人类不仅要发展经济，而且还要保护好环境，必须从大尺度区域或者全球战略高度上综合地协调好健康、环境、发展三者的和谐关系，最终达到人类社会健康可持续发展的最高目标。

参考文献

曹春香. 2013. 环境健康遥感诊断. 北京: 科学出版社.

买买提明·热介甫. 2005. 浅谈人与环境的关系. 和田师范专科学校学报, 25(4): 217-217.

于长水, 张之伦, 从波泉. 1998. 全球变暖与传染病动向. 中华流行病学杂志, 9(2): 114-116.

张庆阳, 琚建华, 王卫丹, 等. 2007. 气候变暖对人类健康的影响. 气象科技, 35(2): 245-248.

张晓燕. 2014. 冲突转化视角下的中国环境冲突治理. 天津: 南开大学博士论文.

Intergovental Panel on Climate Change(IPCC). 1996. Climate Change 1995. Cambridge: Cambridge University Press.

第 2 章　环境健康遥感诊断共性技术

本章围绕环境健康遥感诊断关键技术中一些常用的共性技术，重点从几何校正技术、辐射校正技术、图像融合技术三方面介绍遥感图像处理技术、遥感影像分割技术、遥感数据同化技术，以及多源遥感数据的协同反演技术。其中，遥感图像几何校正技术内容包括几何误差的来源、几何校正的一般方法、常用的遥感影像几何校正方法，以及遥感影像镶嵌技术等；遥感图像辐射校正技术主要介绍直方图匹配、基于统计量的校正，以及基于伪不变特征的校正 3 种方法；遥感数据融和技术主要介绍代数运算融合法、回归变量代换法、IHS 彩色空间变换法、主成分分析方法、高通滤波方法、统计数据融合方法，以及基于图像多分辨率和基于神经网络的融合方法；在遥感影像分割技术中，重点介绍基于阈值、边缘检测、区域特征、特征空间聚类以及特定算法的图像分割方法；同化技术中，重点介绍陆面数据同化、陆面同化系统的构建方法，以及中国陆面同化系统等；协同反演技术重点介绍光学遥感数据、微波数据及激光雷达数据 3 种数据之间的两两协同，以及三者之间的协同反演技术。这些共性技术将为环境健康遥感诊断提供基础性技术保障。

2.1　遥感图像几何校正技术

遥感图像处理技术是对遥感影像进行辐射校正和几何纠正、图像整饰、投影变换、镶嵌、特征提取、分类以及各种专题处理等一系列操作，以求达到预期目的的技术。其中，遥感图像几何校正技术是指通过一系列的数学模型来改正和消除遥感影像成像时产生的几何畸变。

遥感图像上各地物的几何位置、形状、尺寸、方位等特征与在参照系统中的表达要求不一致时，即说明遥感图像发生了几何畸变。这些几何畸变一是指卫星在运行过程中，由姿态、地球曲率、地形起伏、地球旋转、大气折射及传感器自身性能所引起的几何位置偏差；二是指图像上像元的坐标与地图坐标系统中相应坐标之间的差异。

2.1.1　几何误差的来源

遥感图像的总体变形，几何误差来源于平移、缩放、旋转、偏扭、弯曲及其变形综合作用导致了遥感图像的总体变形。它主要包括遥感器本身引起的畸变和外部因素引起的畸变而引起的误差。

遥感器本身引起的几何畸变因遥感器的结构、特性和工作方式的不同而异。这些因素主要包括：透镜的辐射方向畸变像差、透镜的切线方向畸变像差、透镜的焦距误差、透镜的光轴与投影面不正交、图像的投影面非平面、探测元件排列不整齐、采样速率的变化、采样时刻的偏差和扫描镜的扫描速度变化 9 个方面。

由于外部因素引起的遥感图像几何畸变主要包括地球曲率引起的像点移位、地球自转引起的图像变形、传感器外方位变化引起的图像变形、地形起伏引起的图像变形以及大气折射引起的像点移位。

1. 地球曲率引起的像点移位

如图 2-1 所示，设 OA_0 为成像基准面，A 为地表一点。在考虑地球曲率影响的情况下，A 与 OA_0 存在着由地球曲率引起的高差 h，A 在 OA_0 代表的平面上投影点为 A_0，由于高差 h 的存在，使得 A 点在像平面 Fa_0 上产生像点移位。一般来说，当星下点视场角比较小、扫描范围又比较小时，地球曲率影响可以忽略，此时可以看成近垂直投影。

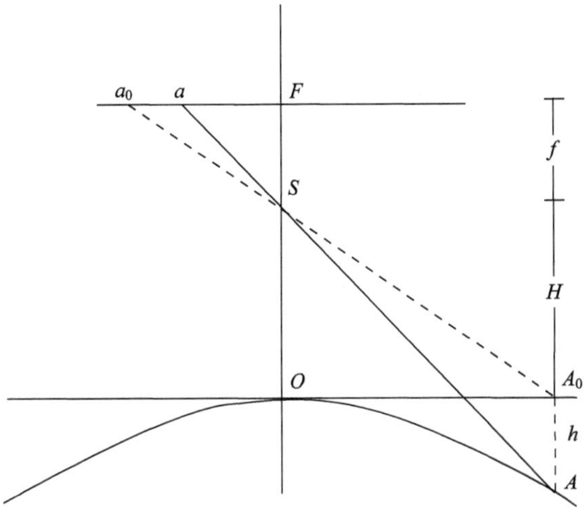

图 2-1　地球曲率引起像点移位示意图

2. 地球自转引起的图像变形

地面起伏引起投影点相对于基准面上垂直投影点的像点产生的直线位移称为地面起伏引起的像点位移，也叫投影差。在高差同为正值的情况下，地形起伏在中心投影影像上造成的像点位移是远离原点向外移动的，而在斜距投影(雷达)影像上则是向内移动的。因此，在雷达影像上看到的是反立体。此外，高出地面物体的雷达影像可能带有“阴影”，远景影像可能被近景影像所覆盖。

3. 传感器外方位变化引起的图像变形

传感器一般的成像几何形态有中心投影、全景投影、斜距投影及平行投影等几种不同类型。其中，全景和斜距投影产生的图像变形规律可以通过与正射投影的图像相比较获得。

全景投影变形，红外机械扫描仪及采用 CCD 直线阵列作为检测器的推帚式传感器的每一条扫描线都相当于中心投影，其成像面相当于全景缝隙摄影机的投影面，是一个圆柱面，称其为全景面。因此，扫描视场角越大，边缘变形越大(图 2-2b)。

斜距投影变形，侧视雷达属斜距投影，两种成像方式对同一地物摄影成像的变形结果如图 2-2 所示。其中，图 2-2(a)为无变形图像，图 2-2(b)、图 2-2(c)分别为全景投影变形图形和斜距投影变形图形。

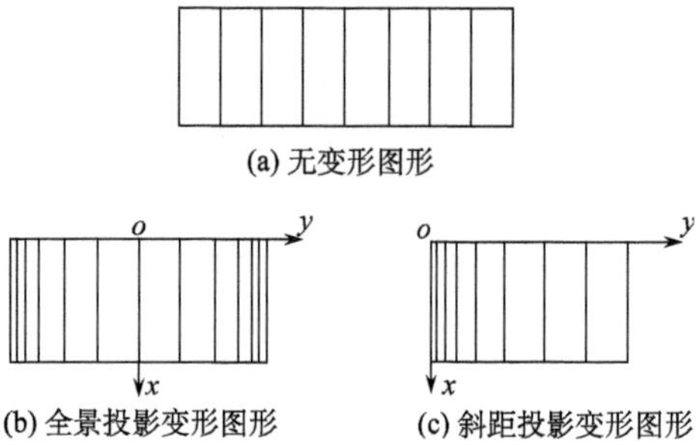

图 2-2　传感器方位引起的变形

4. 地形起伏引起的图像变形

用摄影测量方法研究被摄物体的地形起伏引起的图像变形时，必须建立该物体与像片之间的数学关系。为此，首先要确定航空摄影瞬间摄影中心与像片在地面设定的空间坐标系中的位置与姿态，描述这些位置与姿态的参数称为像片的方位元素。

内方位元素：表示摄影中心与相片之间相关位置的参数，如像主点在像平面坐标系中的坐标(x_0,y_0)，摄影中心到相片的垂距f。内方位元素一般为已知值，由摄影机鉴定单位提供。

外方位元素：确定摄影光束在摄影瞬间的空间位置和姿态的参数，即 6 个自由度：三轴方向(X、Y、Z)及姿态角(φ、ω、K)。6个自由度其中任何一个发生变化，都会给遥感图像带来不同变形，这种畸变是成像瞬间的综合影响。对于不同类型的传感器，外方位元素变化带来的畸变可能不尽相同。

多光谱扫描图像 6 个自由度变化对地面一个方格网图像成像后带来畸变的表现形式如图 2-3 所示。

5. 大气折射引起的像点移位

整个大气层不是一个均匀的介质，因此电磁波在大气层中传播时的折射率也随高度的变化而变化，使电磁波传播的路径不是一条直线，而变成了曲线，从而引起像点的位移，这种像点移位就是大气折光差。

侧视雷达是按斜距投影原理成像的。雷达电磁波在大气中传播时，一方面会因大气折射率的变化而使路径弯曲，从而使传播路径变长；另一方面使电磁波传播速度减慢，传播时间增加。

地球曲率引起的像点移位、地球自转引起的图像变形、传感器外方位变化引起的图

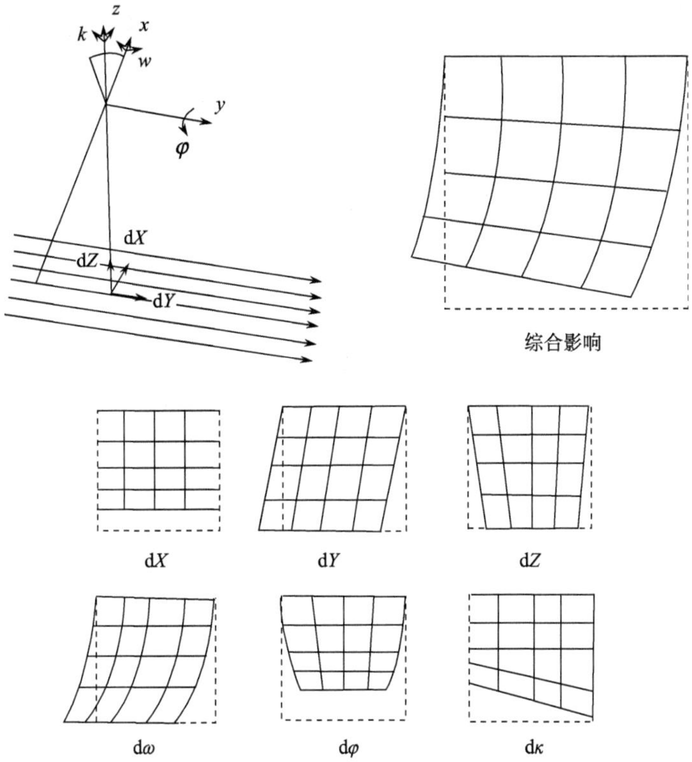

图 2-3　多光谱扫描图像 6 个自由度变化引发的图像变形

像变形、地形起伏引起的图像变形和大气折射引起的像点移位是由遥感传感器以外的各种因素所造成的几何误差。当对这些几何畸变进行校正时，需要选择正确的校正方法以便消除图像上的畸变。

2.1.2　几何校正的一般方法

几何校正一般包括遥感图象的几何粗处理和精处理。通常地面站提供的遥感图像数据都经过几何粗校正，因此本书主要介绍一种通用的精校正方法。

遥感图像的几何纠正按照处理方式分为光学纠正和数字纠正。几何纠正就是将含有畸变的图像纳入到某种地图投影。对于地面覆盖范围不大的单幅图像，一般以正射投影方式使其改正到地球切平面上。

光学纠正主要用于早期的遥感图像的处理中，现在的应用已经不多。除了对框幅式的航空照片(中心投影)可以进行比较严密的纠正以外，对于大多数动态获得的遥感影像只能进行近似的纠正。本书主要介绍数字图像的几何纠正，其能够较精确地改正线性和非线性变形的误差。

1. 遥感图像几何校正的一般过程

目前，常用的遥感几何纠正软件的主要目的是提供改正原始影像的几何形变，产生一幅符合某种或按图形达要求的某种新图像。目前来说，一般的遥感影像几何纠正处理是基于 ENVI 和 ERDAS 等专业图像处理软件进行，而采用的方法是基于控制点模式。通常的操作流程采用的都是人工目视判读，在影像上选取特征点，结合相关特征点地面实际坐标，或配准已有的正射影像，也叫做扫描地图或航空像片上的同名特征点对，根据项目需要，选择采用多项式纠正或共线方程等方法进行影像坐标变换，去除影像上的几何变形，使得影像纠正达到正确的大地坐标。其一般处理过程如下。

(1) 根据图像成像方式，确定地面坐标和影像坐标之间的数学模型。

(2) 根据所采用的数字模型来确定纠正公式。

(3) 根据对应像点坐标和地面控制点来进行平差，计算变换的参数，最终评定精度。

(4) 对原始影像几何变换，对像素亮度值重采样。但这种模式有以下弊端：第一，像空间上一点难找出其对应的物方空间的地面点。第二，量测的控制点精度难以保证并且不易获得。第三，控制点选取要求均匀分布，但在实际采集控制点时很难达到控制点的合理布控。

2. 图像几何校正中的重采样内插方法

图像几何校正中常用的重采样内插方法是最近邻插值法、双线性插值法及三次卷积插值法。

(1) 最近邻插值法，仅有一个像元参与计算，即以离被计算点最近的一个像元的灰度值作为输出像元的灰度值。比较它们与被计算点的距离，哪个点距离最近，就取哪个点的灰度值作为该点的灰度值。这种方法计算效率高，多数保持了原来的灰度值不变，因此受到地学家的青睐，相比之下，这种方法几何精度较差，灰度的连续性受到一定程度的破坏。

(2) 双线性插值法，需要计算点周围 4 个已知像素的灰度值与加计算，在 X 方向和 Y 方向各内插一次，得到所求的灰度值。双线性插值法虽然比最近邻插值法计算量大，但精度明显提高，几何上比较准确，保真度较高。其缺点是破坏了原来的数据，但具有平均化的滤波效果。

(3) 三次卷积插值法，为了进一步提高内插精度，就需要更多的像元，该方法使用计算点周围相邻的 16 个点的灰度值，用三次卷积函数对所求的像元值进行内插。该方法可以得到较高质量的图像，但是计算量很大，破坏了原来的数据，不过可以得到图像均衡化和清晰化的效果。

2.1.3 常用的遥感图像几何校正方法

常用的遥感图像几何校正方法主要包括基于共线方程模型的遥感影像几何纠正、基于多项式模型的遥感影像几何纠正、基于直接线性变换的遥感影像几何纠正以及基于仿射变换的遥感影像几何纠正 4 种方法。

1. 基于共线方程模型的遥感影像几何纠正

共线方程又称为数字微分纠正模型，它主要针对遥感影像，建立在对传感器成像时的位置和姿态进行模拟和解算的基础上，影像坐标和地面坐标经由严格变换，即构像瞬间的像点与其相应地面点于通过传感器投影中心的一条直线上，是对成像空间几何形态的严格描述。共线方程法同时考虑了地面物点的高程影响，纠正精度高，优势在于对地面起伏较大的地区及静态传感器的几何纠正，所以说共线方程法理论严密，所以常用的共线方程严格为几何模型。

共线方程方法有严密的理论，以数字地面模型作为支持，能够消除由地形起伏及外方位变化引起的各种图像变形，并且几何精度较高，尤其是对于地形起伏较大的地区进行影像纠正，优越性更强。因此，可以依据控制点数据，按照最小二乘法，求解预测给定的共线方程参数，进而再求得各像点的改正数，最终达到纠正的目的。共线方程对于动态传感器属逐行或逐点的多中心投影，影像中各独立部分(像元或扫描行)所具有的传感器状态参数各不相同。因为静态传感器成像严格，而此时外方位元素只能近似地表达在扫描运行过程中的变化规律，与共线方程纠正法中动态扫描影像相比，其他纠正方法(如空间投影几何模型等)的精度提高，优势更加明显。

1988 年的第 16 届国际摄影测量与遥感学会上，国际摄影测量学者 G. Konency 在几何意义上，利用类似的共线方程式构造 SAR 图像点与地面点之间的关系，称为 G. Konency 公式。

$$x = f_x \frac{a_{1j}(X - \Delta X - X_{sj}) + b_{1j}(Y - \Delta Y - Y_{sj}) + c_{1j}(Z - \Delta Z - Z_{sj})}{a_{3j}(X - \Delta X - X_{sj}) + b_{3j}(Y - \Delta Y - Y_{sj}) + c_{3j}(Z - \Delta Z - Z_{sj})} \tag{2-1}$$

$$y + r_0 = -f_x \frac{a_{2j}(X - \Delta X - X_{sj}) + b_{2j}(Y - \Delta Y - Y_{sj}) + c_{2j}(Z - \Delta Z - Z_{sj})}{a_{3j}(X - \Delta X - X_{sj}) + b_{3j}(Y - \Delta Y - Y_{sj}) + c_{3j}(Z - \Delta Z - Z_{sj})} \tag{2-2}$$

式中，$\Delta X = p(X - X_{sj})$；$\Delta Y = p(Y - Y_{sj})$；$p = 1 - \frac{\sqrt{(X - X_{sj})^2 + (Y - Y_{sj})^2 + (Z - Z_{sj})^2}}{\sqrt{(X - X_{sj})^2 + (Y - Y_{sj})^2}}$；

$f_x = H/M_x$；$f_y = H/M_y$；$X_{sj} = X_{s0} + X_{s0} \bullet x$；$Y_{sj} = Y_{s0} + Y_{s0} \bullet x$；

$Z_{sj} = Z_{s0} + Z_{s0} \bullet x$；$\varphi_j = \varphi_0 + \varphi \bullet x$；$\omega_j = \omega_0 + \omega * x$；$k_j = k_0 + k \bullet x$；

式中，a_{1j}，a_{2j}，a_{3j}，b_{1j}，b_{2j}，b_{3j}，c_{1j}，c_{2j}，c_{3j}为卫星姿态$(\varphi_j, \omega_j, k_j)$的方向余弦；$X_{s0}$，$Y_{s0}$，$Z_{s0}$，$\varphi_0$，$\omega_0$，$k_0$，$\varphi$，$\omega$，$k$，$f_x$，$f_y$，$r_0$等为待求参数，这些参数可以预测给定，也可以根据控制点，按最小二乘法原理求解。

2. 基于多项式模型的遥感影像几何纠正

基于多项式法的遥感影像几何纠正是实践中经常使用的一种方法，因为该方法的原理比较直观，计算方法相对比较简单，是一种直接对影像变形进行数学模拟而不必考虑成像时空间几何过程的计算方法。尤其是在地面相对平坦的情况下，该方法具有足够好的定位精度。定位前后影像相应点之间的坐标关系，可以用一个适当的多项式来表达，并且根据地面控制点，利用最小二乘法原理，计算出相应的多项式系数，来完成影像的定位工作。

该方法的基本思想是回避成像空间几何过程，直接对影像的变形本身进行数学模拟。该方法认为，遥感影像的变形总体可以看作是旋转、偏扭、仿射、平移、缩放、弯曲及更高次基本变形的综合作用的结果，因而用一个合适的多项式来表达纠正前后的影像相应点的坐标关系。同时，该方法不仅用于影像对地面系统的定位，还常用于不同类型影像之间的相互几何配准，以满足计算机分类、地物变化监测等处理的需要多项式校正模型将原始图像看成是某种曲面，将校正输出图像看成是规则平面。理论上，任何曲面都可以用适当的高次多项式来拟合。选择合适的坐标变换函数式，建立图像坐标(x, y)和参考坐标(X, Y)之间的关系：

$$x = \sum_{i=0}^{N}\sum_{j=0}^{N-i} a_{ij} X^i Y^j \tag{2-3}$$

$$y = \sum_{i=0}^{N}\sum_{j=0}^{N-i} b_{ij} X^i Y^j \tag{2-4}$$

式中，a_{ij}和b_{ij}为多项式系数；N为多项式次数。

利用所选的地面控制点坐标，按最小二乘回归求出多项式系数，并用以下公式计算各控制点的均方根误差：

$$\text{RMS}_{\text{error}} = \sqrt{(x' - x)^2 + (y' - y)^2} \tag{2-5}$$

式中，x、y为地面控制点在原始图像中的坐标；x'、y'为校正模型计算出来的相应控制点的坐标。

在实际工作中，可以根据需要指定一个可以接受的最大总均方根误差，如果控制点的实际总均方根误差超过了这个值，则删除具有最大均方根误差的地面控制点，在必要时，选取新的控制点或者调整旧的控制点；改选坐标变换函数式，重新计算多项式系数；重新计算均方根误差。重复以上过程，直到达到所要求的精度为止。确定多项式校正模型后，对全幅图像的像元进行坐标变换，重新定位，完成校正目的。

3. 基于直接线性变换的遥感影像几何纠正

由于直接线性变换算法不需要内方位元素，也不需要外方位元素的初始值近似，因此，其特别适合于各种类型的非测量用摄影机，如直接线性变换算法在摄影相片的解析定位及近景摄影测量和数字摄影测量等方面具有广泛的应用。在摄影测量作业时，只有通过相片的内外方位元素，才能够求出像点的物方坐标。直接线性变换是假定在小区域内遥感图像几何失真时进行线性变换的，该线性关系算法直接建立像点坐标仪坐标和相应物点物方空间坐标之间的关系，不需要内方位元素值和外方位元素的初始值。该方法适用于较为平坦地区的影像纠正。

直接线性变换的表达式为

$$\begin{cases} x = \dfrac{L_1X + L_2Y + L_3Z + L_4}{L_9X + L_{10}Y + L_{11}Z + 1} \\ y = \dfrac{L_5X + L_6Y + L_7Z + L_8}{L_9X + L_{10}Y + L_{11}Z + 1} \end{cases} \tag{2-6}$$

式中，(x,y) 为像点坐标；(X,Y,Z) 为相应地面点坐标；$L_1 \sim L_{11}$ 为直接线性变换算法的系数。该模型直接建立了像平面坐标与物空间坐标的关系，形式简单，解算方便，不需要内外方位元素。但这种方法在推导过程中将动态推扫式影像等同于静态画幅式影像进行处理，没有考虑每景影像外方位元素随时间变化的特点，因而其准确度受到一定影响。

自校验直接线性变换算法表达式为

$$\begin{cases} x = \dfrac{L_1X + L_2Y + L_3Z + L_4}{L_9X + L_{10}Y + L_{11}Z + 1} \\ y = \dfrac{L_5X + L_6Y + L_7Z + L_8}{L_9X + L_{10}Y + L_{11}Z + 1} + L_{12}xy \end{cases} \tag{2-7}$$

式中，(x,y) 为像点坐标；(X,Y,Z) 为相应地面点坐标；$L_1 \sim L_{12}$ 为直接线性变换算法的系数。该模型同样不需要内外方位元素，并考虑了外方位元素随时间变化的特点，增加了对像点坐标的改正，因而其准确度较高。

扩展的直接线性变换算法可表示为

$$\begin{cases} x = \dfrac{L_1X + L_2Y + L_3Z + L_4}{L_9X + L_{10}Y + L_{11}Z + 1} + L_{12}x^2 \\ y = \dfrac{L_5X + L_6Y + L_7Z + L_8}{L_9X + L_{10}Y + L_{11}Z + 1} + L_{13}xy \end{cases} \tag{2-8}$$

式中，(x, y) 为像点坐标；(X, Y, Z) 为相应地面点坐标；$L_1 \sim L_{13}$ 为直接线性变换算法的系数。该算法是在直接线性变换模型的基础上改进而成的，考虑了每景影像外方位元素随时间改动的特点，因而适合于处理一些未公开传感器和星历信息的高分辨率遥感影像且校正准确度较高。

4. 基于仿射变换的遥感影像几何纠正

在欧氏空间，一个映射如果能把共直线的 3 个点变成仍然共直线的 3 个点，就称其为仿射映射。如果在平面内，有一仿射变换将一个图形变成另一个图形，则称这两个图形是仿射等价的。可以证明：①位于同一平面上的任意两个三角形是仿射等价的；②位于同一空间内的任意两个四面体是仿射等价的。

仿射变换是基于仿射坐标系而建立起来的一种坐标变换数学模型，是经过坐标系的平移、旋转、对称、缩放和错切等复合变换得到的。设数字化坐标系为 $Ox'y'$，地理坐标系为 Oxy，那么利用齐次坐标技术，可得数字化坐标系变换为地理坐标系的仿射变换数学模型为

$$[x \quad y \quad 1]=[x' \quad y' \quad 1]\begin{pmatrix} a_0 & a_3 & 0 \\ a_1 & a_4 & 0 \\ a_2 & a_5 & 1 \end{pmatrix} \tag{2-9}$$

仿射变换要求至少有 3 个定向点，但地图上的坐标轴不要求相互垂直，在纵横坐标轴方向上的形变因子也无需相同。如果已知点个数 $m \geqslant 3$，就按最小二乘法求解式(2-9)中的系数(郭金运等，2001)。

仿射变换也是高分辨率遥感影像定位的常用模型，由于高分辨率卫星影像传感器视场角很窄，可看作是平行投影，而仿射变换是线性的，计算只需要 4 个控制点，并能进行高精度空间定位。事实上，空间直角坐标系变换是一种二维坐标到二维坐标之间的线性变换，在高等几何变换中，把平面到自身的保持同素性、结合性和共线性的单比不变的点变换，称为仿射变换。仿射变换就是一种最常用的低阶几何变换，也是比较简单的一次变换，它属于刚性变换，具有良好的数学特性，也是使用最多的一种几何纠正的方法。

以上四种常用的遥感图像几何校正方法针对不同的遥感影像几何畸变特点各有优势。其中共线方程校正法是建立在图像坐标与地面坐标严格数学变换关系的基础上的，即成像瞬间像点、地面点以及传感器投影中心 3 点共线，是对成像空间几何形态的直接描述。该方法需要有地面高程信息，可以改正因地形起伏而引起的投影差。同多项式校正法相比，这种方法理论上严密，同时考虑了地物点高程的影响，因此在地形起伏较大，且多项式校正的精度不能满足要求时，要用共线方程进行校正。但是共线方程校正法计算量比多项式校正法要大，同时在动态扫描成像时，由于传感器的位置和姿态角在不断发生变化，其外方位元素是随时间变化的，变化规律只能近似地表达。此时该方法理论上的严密性难以得到保证，因此动态扫描图像的共线方程校正法相对于多项式校正法精度提高并不明显。

2.1.4　图像的镶嵌处理

图像的镶嵌处理首先需要选择最佳拼接点，然后进行二级色调匹配；最后进行学之镶嵌。

1. 最佳拼接点的选择

通常的图像数字镶嵌是把经过灰度和几何处理后的两景以矩阵形式表示的图像直接拼接到一起。按这种方式镶嵌的图像，即使拼接前的各项处理工作都做得很好，在拼接部位往往还要出现接缝。所谓接缝，实质上就是被镶嵌的两景图像在拼接部位的反灰度值差异较大(导致色调跳跃或突变)，因而在视觉上有一条拼接线。然而，在色调匹配的基础上，如果拼接时避开那些灰度值差异较大的部位，寻找灰度值差异最小的部位进行拼接，就可能会消除这种接缝现象。因此，特采用一个滑动窗口，在图像重叠区上逐线选择灰度值差异最小的像元作为最佳拼接点，应当指出，如果按照这种拼接点选择法，往往会出现上下线拼接点位置相差较远的现象，这样拼接后有时会因上下线之间灰度差异较大而造成新的接缝，为避免这类现象发生，除第一线按上述原则处理外，其他各线的拼接点选自 3 个点，即与上一线所选拼接点同列的点及该点左边一列上的点和右边一列上的点，在 3 个候选点中找出一个最佳拼接点。可想而知，两图像的拼接线可能往往是条折线，由于各条线都是选择规定邻域内灰度差异最小的点作为拼接点，所以接缝现象就会得到很大的改观。

从数学上讲，镶嵌图像上拼接缝的消除相当于图像灰度曲面的光滑连接，但实际上图像的拼接与曲面的光滑连接不同。图像灰度曲面的光滑化表现为对图像的模糊化，从而导致图像模糊不清。实践表明，在拼接部分，若图像空间频率的改变由 $W_{\min}$ 到 $W_{\max}$，记 T_1 和 T_s 分别为 $W_{\min}$ 与 $W_{\max}$ 对应的波长。为使拼接后的图像不出现拼接缝，灰度值修改影响的范围应不小于 T_1。而为了使拼接后的图像清晰，灰度值修正影响的范围又要大于 T_s 的两倍。显然，如果图像在拼接边界附近的空间频率的频带稍宽一点，那么要找出一个合适的灰度值修正影响范围是不可能的。

利用小波变换作为工具从理论上可以解决上述问题。由于小波变换函数实际上是一个带通滤波器。不同尺度下的小波分量实际上占有一定的频宽，小波变换中尺度参数 j 越大，该分量的频率越高，因此每一个小波分量所具有的频宽是不大的。把待拼接的两幅图像先按小波分解的方法，将它们分解为不同频带的小波分量，然后在不同尺度下选择不同的灰度值修正影响范围，把两幅图像按不同尺度下的小波分量先拼接起来，然后再用恢复算法，恢复整个图像。这样拼接的结果可以很好地兼顾清晰度和光滑度两个方面的要求。

基于重叠图像的拼接缝消除方法对拼接缝上任意一点两侧的灰度进行平滑处理后得到最终的像素灰度值。寻找最佳拼接缝是在重叠区域图像上，按照某种规则，确定一条差异最小的曲线作为两幅图像拼接的位置，以消除或者尽可能地减弱由图像间灰度差异和局部几何错位导致的拼接缝现象。通常最佳拼接缝应当满足以下几点：①颜色强度上，像素点在两幅原图像上对应点的颜色差值最小；②几何结构上，像素点在两幅原始图像上对应点的结构最相似。但是在实际图像中很难找到一条同时满足上述条件的最佳拼接缝，有些找到的最佳拼接缝还会出现切割图像中重要目标、严重破坏图像视觉效果的现象。

2011 年提出一种改进的 A _Star（A*）方法（Nannicini et al.，2008）。原 A*算法计算代价函数 $f(n)$ 为

$$f(n)=g(n)+h(n) \tag{2-10}$$

其中

$$g(n)=D(|x_n-x_{\text{start}}|+|y_n-y_{\text{start}}|)$$

$$h(n)=D(|x_n-x_{\text{goal}}|+|y_n-y_{\text{goal}}|)$$

式中，x_n、y_n 分别为第 n 个节点的横纵坐标；start、goal 表示拼接缝的起始点和终点；D 为网格的大小。为避免寻找到的拼接缝穿越图像中的目标，MA 提出确定最佳拼接缝的两个条件：①拼接缝应当避免切割图像中的地物目标；②拼接缝应当尽量接近初始的拼接缝位置。因此，改进的 A*方法将原方法中的 $h(n)$ 改进为

$$h(n) = D(|x_n - x_{goal}| + |y_n - y_{goal}|) + |V_1 - V_2|\eta \tag{2-11}$$

式中，η 为保证距离变量因子 $|v_1 \times v_2|\eta$ 小于 1 的常系数，其中 v_1、v_2 定义为

$$v_1 = (x_n - x_{goal}, y_n - y_{goal})$$

$$v_2 = (x_{goal} - x_{start}, y_{goal} - y_{start})$$

当实际图像较复杂、目标和背景划分不准确时，算法容易出现反向搜索回到起点或陷入死循环的错误，导致找不到拼接缝或者找到的拼接缝过于复杂，因此该算法仍然具有一定的局限性。

2. 二级色调匹配

在重叠区上选定最佳拼接点后，拼接点两侧两景图像的灰度仍可能存在一定差异，这在一定程度上仍影响着镶嵌的质量。为了减小这种灰度差异，需要进行缓和拼接点两侧灰度突变的圆滑处理。

其计算方法可以通过以下公式表示：

$$O_i = A_i + (B_i - A_i) \times k$$

其中

$$k = i/w, \quad 0 \leqslant i \leqslant W - 1$$

式中，O_i 为经过灰度圆滑后的像元灰度值；A_i 为第一景图像的像元灰度值；B_i 为第二景图像的像元灰度值；W 为进行灰度圆滑的宽度；k 为权数，对于两景图像在圆滑范围内 k 呈线性反向变化。这一处理就会缓和经过一级色调匹配后拼接点两侧规定范围内残存的灰度差异，接缝现象将得到进一步改观。

3. 单元镶嵌

遥感图像的数据量往往是相当大的，而数字图像处理系统的存储空间是有限的。为解决超出系统存储容量的大数据量镶嵌的问题，采用了单元镶嵌法。把大面积的图像镶嵌化整为零，在系统存储空间允许范围内，划分出若干个单元分别进行镶嵌处理，从而解决了存储空间有限、无法直接进行大数据量镶嵌的实际问题。在处理过程中，应把一个已镶嵌好的单元与下一个单元相重叠的部分保留在系统中，作为进行下一个单元镶嵌处理时的色调匹配和几何配准的基础，以确保全区镶嵌结果在色调和几何上的一致性。

2.2 遥感图像辐射校正技术

卫星上传感器采集到的图像有可见光波段的、红外波段的、微波的，甚至还有雷达图像。在应用这些图像之前，需要经过处理包括地面接收站的图像采集和格式化归档、图像辐射校正、图像几何校正、目标分类、识别和信息提取。其中，辐射校正主要分为绝对辐射校正和相对辐射校正。绝对辐射校正通过辐射传输模型，将影像上地物灰度值转换为地物反辐射亮度或反射率。辐射传输模型考虑光子与大气相互作用机理，有很高

的反演精度，但它要求在传感器获取数据的同时，测量一系列大气环境参数，如大气光学厚度、温度、气压、湿度、大气分布状况等，这非常耗时且价格昂贵，而且实现起来也存在困难。相对辐射校正可以避开大气精校正。一般情况下，相对辐射校正通过选择一个参考影像，将同一地区的其他不同时相影像和参考影像进行灰度匹配校正，影像间同一地物相同的灰度值代表其相同的反射辐亮度或反射率，所以减小传感器、大气条件和太阳辐射的影响。

进入大气的太阳辐射会发生反射、折射、吸收、散射和投射，其中对传感器接受影响较大的是吸收和散射。由于大气的存在，太阳辐射经过大气的吸收和散射，透过率小于 1，从而减弱了原信号的强度，该辐射经地面反射到传感器时又要经历一次衰减。同时，大气的散射光也有一部分直接或经过地物反射进入到传感器，这两部分辐射又增强了信号，但却不是有用的。大气辐射的影响降低了图像的对比度，传感器接收到的地物信息不能真实地反映地表的状况，遥感影像与其所反映的地表真实影像之间产生了辐射误差和几何误差，引起影像失真。大气辐射校正的目的就是要消除大气对遥感影像的影响，消除成像时大气辐射能量的吸收、散射、反射等影响。

相对辐射校正的目的是消除不同时相图像之间的辐射差异。理想的目标是使多时相图像具有相同的辐射特性，即在不同时相的多源遥感图像上，同一地物具有相同的辐射亮度。同时，还应考虑到在不同时相遥感图像获取期间，地物目标有可能发生变化。在这种情况下，希望未发生变化的地物目标具有相同的辐射亮度，发生变化的地物目标具有不同的辐射亮度，且辐射亮度的差异能够反映地物发生的变化。而目前常规的相对辐射校正处理，或者需要人机交互实现，或者在消除图像之间辐射差异的同时，也削弱了地物的变化。为此，本书对常规的相对辐射校正做了改进。从频谱的角度来看，在多时相遥感图像中，辐射亮度的整体差异主要体现在低频成分，而地物发生的变化则大多体现在高频成分。

常规相对辐射校正方法主要包括以下几种：①直方图匹配；②基于统计量的校正；③基于伪不变特征(PIF)的校正。

2.2.1　直方图匹配

通常在几何配准后的多时相遥感图像上，发生变化的地物目标占全部地物的比例较小，所以经过辐射校正的多时相图像应该具有相似的灰度直方图分布。然而，直方图相似并不说明图像具有一致的辐射特性。但是，对于配准后的同一地区的遥感图像而言，它们是同一模式的映射(忽略地物的变化)，图像内部像点辐射亮度之间具有相关关系，那么如果直方图相似，它们的辐射特性也就相近。直方图匹配能够有效地将源图像的直方图分布调整为与参考图像的直方图相似。该方法的优点是能够自动快速地完成图像辐射校正，其缺点是直方图匹配这一非线性操作在一定程度上破坏了源图像。

通常情况下，直方图匹配方法首先建立直方图查找表，利用查找表对图像进行辐射校正。

2.2.2　基于统计量的校正

从统计量的角度看，辐射特性相同的同一地区的遥感图像具有相同的灰度概率分布。又由于图像内部的相关性，具有相同灰度分布的图像也具有相似的辐射特性。相对辐射校正转化为源图像和参考图像灰度概率分布的统计量匹配是一个线性变换。该方法也能自动快速地完成图像辐射校正，其缺点是当图像中存在大量地物变化时，校正效果不够理想。

如果假设影像灰度分布服从高斯分布，则

$$\frac{g_d - \mu_f}{\sigma_f} = \frac{g_r - \mu_r}{\sigma_r} \tag{2-12}$$

式中，g_d 为校正后影像；g_r 为原待校正影像；μ_f 和 σ_f 分别为参考影像的均值和方差；μ_r 和 σ_r 分别为待校正影像的均值和方差。整理式(2-12)可以得到基于统计量的辐射校正公式

$$g_d = \frac{g_r - \mu_r}{\sigma_r} \times \sigma_f + \mu_f \tag{2-13}$$

2.2.3　基于伪不变特征(PIF)的校正

基于伪不变特征的辐射校正是由 Schott 提出的(Schott，1998)。伪不变特征是指反射率基本不随外界条件变化的地面目标。它们的反射系数独立于成像季节或生物气候条件，并有固定的空间位置，如建筑物、道路和较深的水域等。基于伪不变特征的辐射校正，假定多时相图像上地物的亮度分布为线性函数：

$$g_d = k \times g_r + b \tag{2-14}$$

式中，g_d 为校正后影像；g_r 为原待校正影像；k、b 为参数，由人工选择的伪不变特征点在不同时相图像上的亮度值求出。

基于伪不变特征的辐射校正的优点不受地物变化的影响，而且不会削弱图像之间的地物变化；缺点是需要人工选取伪不变特征点，且校正结果依赖于特征点。

基于伪不变特征的辐射校正方法主要是利用红波段和近红外波段的散点图来选取伪不变特征点，这些特征点主要是城市特征点，一般城市中固定建筑的光谱反射才独立于外界条件，反射率不随外界条件的变化而变化。该方法简单有效，其精度主要依赖于不变特征点的选取，特征点的选取依赖于选取者的判断能力，具有一定的主观性。

根据伪不变特征点的基本原理，可知完成线性相对辐射校正需要以下三个步骤。

第一步　在两幅影像中找到相对固定不变的目标，即反射光谱不随其他条件改变的地物样本点，即伪不变特征要素。

第二步　利用这些伪不变特征点的 DN 值进行波段对波段的线性回归，来求解出线性回归关系中的参数，得到图像间的线性关系。

第三步　根据得到的线性关系式，通过波段对波段运算，得到与参考图像具有相同或相近辐射值的校正后影像，完成影像对影像的相对辐射校正，整个过程的关键是选择 PIF。

2.3　遥感数据融合技术

随着空间信息科学的不断发展和计算机处理水平的提高，遥感已从单一的科学实验发展成多源、多通道、多极化、多项空间计划、多年连续的对地观测的科学技术。不同的遥感器对地球表面同一区域、同一事件的观测，为人们提供了丰富多样的遥感图像数据，这些海量数据之间存在着一致性和互补性，但也同时存在着冗余性。

多源遥感图像数据融合，通过将同一地区不同的遥感图像数据所包含的信息优势或互补性采用一定的算法有机地结合起来，可以最大限度地利用各种数据源，以提供更丰富、更准确的信息，其已经越来越多地受到国内外研究者的关注。但目前发展比较成熟的融合算法都是针对光学遥感图像之间的融合提出的，而新兴的算法尚处在探索阶段，对雷达遥感图像之间，以及雷达与光学遥感图像之间的融合算法的研究相对较少；另外，多源遥感数据融合的应用大多集中在以自然地物为主的地表，而在以人工地物为主的地表(如城市区域)，多源遥感数据融合的应用开展的研究相对较少。

多源遥感数据融合是当前遥感科学研究的热点和重点问题之一，国内外许多科研工作者在这方面开展了工作，虽然尚无形成一个关于多源遥感数据融合的统一的理论框架，但却促进了多种多源遥感数据融合方法的迅速形成和应用领域的不断开拓。研究相对成熟的多源遥感数据融合方法主要有代数运算融合法、回归变量代换法、IHS 彩色空间变换法、主成分分析方法、高通滤波方法，以及基于 Bayesian 理论的统计数据融合方法；正在兴起的融合方法主要有基于图像多分辨率的小波变换融合法和金字塔图像融合法，基于神经网络的融合方法，以及基于证据理论、模糊理论的针对多源遥感数据的不确定性所提出的融合法。

2.3.1　代数运算融合法

代数运算融合法是最简单易行的一种多源遥感数据融合方法，根据应用要求，选择参与融合的波段数据(一般为多光谱的 3 个波段)与全色图像几何配准后进行逐个像元的数学运算，主要包括加权融合、单变量图像差值法、图像比值法等。该方法成功应用于同类遥感不同时相图像的融合或低分辨率的多光谱图像(如 TM、ETM 图像)与高分辨率全色图像(SPOT 的 PAN 图像)的融合，以便将全色图像的高分辨率优势反映到融合图像中去。

1. 加权融合方法

加权融合法的基本原理就是将高空间分辨率的影像信息赋予一定的权值，然后直接叠加到低空间分辨率的多光谱影像上去，得到空间分辨率增强的多光谱影像。该方法的计算公式如下:

$$I_f = A(P_H I_H + P_L I_L) + B \tag{2-15}$$

式中，I_f 为融合影像；A、B 为常数；I_H 、I_L 分别为高空间分辨率的影像和低空间分辨率的多光谱影像；P_H、P_L 为 I_H、I_L 对应的权值。

显然，融合的效果主要与 P_H、P_L 的大小有关。如果权值选择适当，可以获得较好的效果。金剑秋和王章野(2002)提出了一种基于人类视觉系统的自适应加权平均融合方法，就是根据相应像元邻域内的能量、方差和熵来确定权值，得到具有较强真实感的融合图像。但融合图像空间分辨率的增强幅度有限。

2. 比值融合方法

对多光谱影像而言，比值处理可将反映地物细节的反射分量扩大，不仅有利于地物的识别，还能在一定程度上消除太阳照度、地形起伏阴影和云影等的影响(邢帅，2004)，比值融合法的公式为

$$\mathrm{XP}_t = \mathrm{PAN}\frac{\mathrm{XS}_t}{\mathrm{XS}'} \tag{2-16}$$

$$\mathrm{XS}' = \sum_{j=1}^{n} \omega_j \mathrm{XS}_j \tag{2-17}$$

式中，XS' 为全色影像；ω_j 为权重系数，是由最小二乘法确定的。由该方法获取的高分辨率多光谱图像可以提高分类的精度。

3. Brovey 变换融合法

Brovey 变换融合是较为简单的融合方法，它是为 RGB 影像显示进行多光谱波段颜色归一化，将高分辨率全色与各自相乘完成融合(邢帅，2004)。其计算公式为

$$\begin{cases} R = \mathrm{pan} \bullet \mathrm{band}3 / (\mathrm{band}1 + \mathrm{band}2 + \mathrm{band}3) \\ R = \mathrm{pan} \bullet \mathrm{band}2 / (\mathrm{band}1 + \mathrm{band}2 + \mathrm{band}3) \\ R = \mathrm{pan} \bullet \mathrm{band}1 / (\mathrm{band}1 + \mathrm{band}2 + \mathrm{band}3) \end{cases} \tag{2-18}$$

式中，pan 为高分辨率全色影像；band 1、band 2、band 3 为多光谱影像的 3 个波段。该方法的优点在于，增强影像的同时能够较好地融合原多光谱影像的光谱信息。但是，该方法也存在一定的光谱扭曲，同时没解决波谱范围不一致的全色影像和多光谱影像融合的问题。

2.3.2　回归变量代换法

回归变量代换法首先假定图像的像元值是另一图像的一个线性函数，通过最小二乘法来进行回归，然后再用回归方程计算出的预测值来减去图像的原始像素值，从而获得两图像的回归残差图像。经过回归处理后的遥感数据在一定程度上类似于进行了相对辐射校正，因而能减弱多时相图像中由大气条件和太阳高度角的不同所带来的影响，该方法应用于增强空间数据或进行变化检测。

以 ETM+遥感图像为例，热红外图像与可见光近红外图像的差别表面上是光谱范围不重合，其根本区别则在于两类图像具有不同的性质。可见光近红外图像是反射光图像，

热红外图像则是辐射图像。可见光及近红外图像与热红外图像性质不同，没有直接相关性，但却可以通过回归模型建立起相互联系。

可见光近红外图像和热红外图像包含的辐射信息从不同角度反映了地物类型及其状态与属性特征,两种图像之间存在着较强的内在相互联系。然而这种联系隐含在复杂的物理关系之下，不同于全色图像与多光谱图像间的关系，难以通过机理分析来进行具体描述。利用最小二乘方法回归对两类辐射信息间的相互关系进行描述,就能实现可见光近红外图像与热红外图像的融合。

2.3.3　IHS 彩色空间变换法

彩色空间变换法是使用最普遍的一种遥感信息融合方法。它能把不同传感器数据或不同性质的数据融合在一起，产生特别良好的目视判读的彩色图像，从而大大提高图像的可判读性,，以便更容易地提取所需的信息，满足实际需要。Haydn 等(1982)第一次将这一融合方法应用于两种不同传感器获得的 MSS 数据融合。IHS 彩色空间变换以后逐渐应用于 TM 和 SPOT 全色图像数据，以及 SPOT 多光谱和全色波段数据的融合。

彩色空间变换方法是将 3 个较低空间分辨率的图像经过变换转换为 IHS 空间图像，得到亮度 I、色度 H 和饱和度 S 三个分量；然后，再将高分辨率图像(如 SPOT 全色图像)进行对比度拉伸，使之与 IHS 空间的 I 图像有几乎一致的方差和平均值；最后，利用这一拉伸的高空间分辨率图像替代 I 图像，把它同 H、S 经 IHS 逆变换，将 IHS 空间的图像转换为最初的 RGB 空间，从而得到融合的图像。

一幅彩色图像可以用三基色 RGB 表色系统来表示，但三基色 RGB 表色系统不符合人们对颜色的理解和认识习惯，通常人们对颜色的认识基于颜色的 3 个特征：色调、饱和度和强度。其中，色调决定于光谱的主波长，是光谱在质的方面的区别。饱和度表征光谱的主波长在强度中的比例。强度表示光谱的亮度大小。在 RGB 空间中光谱信息与 3 个坐标 R、G、B 的耦合性较强，R、G、B 中任一分量的改变都会改变光谱信息，在图像处理的过程中处理起来困难。因此，在多源图像信息融合之前必须先要进行彩色空间转换(吴艳，2003)，下面介绍 IHS 彩色空间变换。

IHS 是另一种从 RGB 空间到色调(hue)、饱和度(saturation)和亮度(intensity)的非线性变换(Berns et al.，2000)。IHS 变换更为简单，因为它采用了自然但又近似一致性的变换形式。从 RGB 三基色空间到 IHS 柱形彩色空间的转化公式为

$$H=\begin{cases}\theta & G \geqslant B \\ 2\pi-\theta & G<B\end{cases} \tag{2-19}$$

其中，$\theta=\cos^{-1}\left[\dfrac{\frac{1}{2}[(R-G)+(R-B)]}{\sqrt{(R-G)^2+(R-G)+(R-B)}}\right]$

$$S=1-\frac{\sqrt{3}}{I}\min(R,G,B) \tag{2-20}$$

式中，

$$I=\frac{R+G+B}{\sqrt{3}}$$

从 I、H、S 柱形彩色空间到 R、G、B 三基色空间的转化公式为

当 $0°\leqslant H<120°$ 时，

$$R=\frac{1}{\sqrt{3}}\left[1+\frac{S\cos(H)}{\cos(60°-H)}\right],\quad B=\frac{1}{\sqrt{3}}(1-S),\quad G=\frac{1}{\sqrt{3}}I-R-B$$

当 $120°\leqslant H<240°$ 时，

$$G=\frac{1}{\sqrt{3}}\left[1+\frac{S\cos(H-120)}{\cos(180°-H)}\right],\quad R=\frac{1}{\sqrt{3}}(1-S),\quad B=\frac{1}{\sqrt{3}}I-R-G \tag{2-21}$$

当 $240°\leqslant H<360°$ 时，

$$B=\frac{1}{\sqrt{3}}\left[1+\frac{S\cos(H-240)}{\cos(300°-H)}\right],\quad G=\frac{1}{\sqrt{3}}(1-S),\quad R=\frac{1}{\sqrt{3}}I-G-B$$

当彩色图像从 RGB 转换到 IHS 空间时，光谱信息主要体现在色调和饱和度上，从视觉特点上分析，强度的改变对光谱信息影响较小，便于处理。对于高空间分辨率图像和多光谱图像的融合问题，希望在保留光谱信息的前提下，添加高空间分辨率图像的细节信息，因此图像融合更适在 IHS 空间进行。

令 HRf 为坐标为 $(i,\ j)$ 的像素在高分辨率图像中的灰度值，多光谱图像 MSf 中坐标为 (i,j) 的像素在 I、H、S 柱形彩色空间中的 3 个分量分别为色调 H、饱和度 S 和强度 I，融合图像中坐标为 (i,j) 的像素在 I、H、S 柱形彩色空间中的 3 个分量分别为色调 H、饱和度 S 和强度 I。融合时定义

$$\begin{aligned} H'&=H \\ S'&=S \\ I'&=f_{\mathrm{HR}} \end{aligned} \tag{2-22}$$

从以上融合规则可以看出，I、H、S 变换法的基本思想就是将多光谱图像从 R、G、B 彩色空间变换到 I、H、S 柱形彩色空间(强度、色调、饱和度空间)，然后利用高空间分辨率的灰度图像替换 I、H、S 变换中的强度分量 I，最后进行一次 I、H、S 反变换，从而得到一幅具有高空间分辨率的多光谱图像。

2.3.4　主成分分析方法

主成分分析(PCA)常采用两种方法：一是对多波段图像的所有波段进行 PCA；二是用一幅高分辨率图像来替代多波段图像的第一主成分 PCA。第一种方法是对多遥感器图像数据或单遥感器多波段数据的所有波段进行 PCA。首先，求多波段遥感数据协方差矩阵的特征值，并将其按由大到小的顺序进行排列；然后求与各特征值对应的特征向量，构造一变换矩阵，对原始图像数据进行变换后，得到各主成分图像。第二种方法通过引进高空间分辨率图像(如 SPOT 全色图像)，以提高多波段图像的空间分辨率，并假设第一主成分图像拥有输入到 PCA 中所有波段的共同信息，而任一个波段中的独特信息则被

映射到其他成分图像中。与 IHS 变换法类似，它将低分辨率的图像(3 个波段或更多)作为输入分量进行主成分分析，而将高分辨率的图像拉伸，使其具有与第一主成分相同的均值和方差，然后用拉伸后的高分辨率图像代替主成分变换的第一分量进行逆变换。高空间分辨率数据与高光谱分辨率数据通过融合得到的新的数据包含了源图像的高分辨率和高光谱分辨率特征，保留了原图像的高频信息，以使融合图像上目标细部特征更加清晰，光谱信息更加丰富。Shetigara(1992)将 PCA 应用于图像融合处理中，采用另一传感器图像替代多波段遥感图像经过主成分变换后的第一主分量 PCA 来进行融合，提高了多波段图像(如 TM 多光谱图像)的空间分辨率。在基本 PCA 变换方法的基础上，还有多分辨率 PCA 分层融合方法，但主分量替换法容易产生光谱退化现象。

主分量变换(principal component analysis, PCA)也称 K-L 变换，是由 Karhunen 和 Loeve 两人对连续随机过程作为级数展开而引出的。它是一种最小均方误差意义上的最优正交变换。它在消除模式特征之间的相关性、突出其差异性方面具有最优的效果，因此其广泛用于影像数据压缩特征选择等方面。

对低分辨率多光谱影像与高空间分辨率影像融合时，主分量变换融合法的基本过程如下：首先，对多光谱影像进行主分量变换，求得各分量影像；其次，对高分辨率全色影像进行灰度拉伸，使它与第一主分量具有相同的均值和方差；然后，用拉伸后的高分辨率影像代替第一主分量；最后，进行 PCA 逆变换得到融合影像。

主分量变换法融合的具体步骤如下(周丽雅，2006)。

(1)计算参与融合的 n 波段多光谱影像的相关矩阵 $\boldsymbol{R}$。

(2)由相关矩阵 $\boldsymbol{R}$ 计算特征值和特征向量 $\varphi_i\,(i=1,2,\cdots,n)$。

(3)将特征值按由大到小的次序排列，即 $\lambda_1>\lambda_2>\lambda_3>\cdots\lambda_n$。特征向量也要做相应改变。

(4)按式(2-23)计算各主分量影像。

$$\mathrm{PC}_k=\sum_{i=1}^{n}\boldsymbol{d}_i\varphi_{ik} \tag{2-23}$$

式中，k 为主分量序数，$k=1,2,\cdots,n$；PC_k 为第 k 主分量；i 为输入波段序数；n 为总的波段数；$\boldsymbol{d}_i$ 为第 i 波段影像灰度矩阵；ψ_{ik} 为特征向量矩阵在 i 行 k 列的元素。

经主分量变换，第一主分量影像的方差最大，它包含原多光谱影像的大量信息(各波段共有的信息)，而多光谱影像的光谱信息则保留在其他分量影像中。

(5)将高空间分辨率影像进行拉伸，使之与第一主分量具有接近于相同的均值和方差。

(6)用拉伸影像代替第一主分量，并将它与其余主分量做逆主分量变换就得到融合的影像。

采用PCA融合法对低分辨率多光谱影像与高空间分辨率影像融合的流程如图2-4所示。

由于主分量变换具有分离信息、减少相关等特点，因而采用主分量变换融合法融合的影像不仅清晰度和空间分辨率比原多光谱影像有所提高，突出了不同的地物目标，而且在保留原多光谱影像的光谱特征方面优于 IHS 融合法，可增强多光谱影像的判读和量

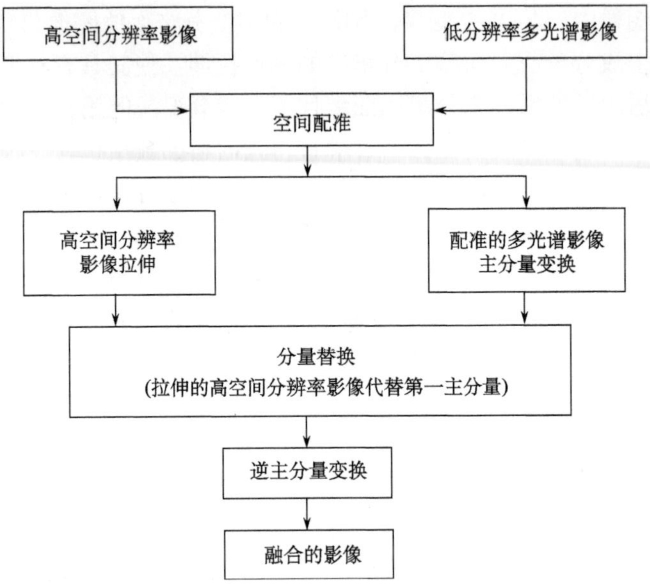

图 2-4　采用主分量变换法进行融合的流程

测能力。此外，主分量变换法克服了 IHS 变换只能同时对 3 个波段影像融合的局限性，它可以对两个或两个以上多光谱波段进行融合，并且它对辐射差异具有自动校正的功能，因此无需再做相对辐射校正处理。

此外，目前的分量替换法中还包括线性回归分量替换融合法、统计融合法和顾及辐射特性融合法。

3 种分量替换法均是寻找一组与高分辨率影像最相关的多光谱影像线性组合分量，然后将其用高空间分辨率影像替换，并进行逆线性变换得到融合影像。由于受到参数的限制，尤其是顾及辐射特性融合法要已知传感器的光谱敏感曲线和绝对检校增益，且融合影像没有采用 IHS 彩色变换融合法融合的影像清晰，所以该方法使用得并不广泛。

2.3.5　高通滤波方法

高通滤波方法最早由 Chavez 在 TM 数据与国家数字高程数据和 SPOT 全色图像数据的融合中提出(Chavez，1991)。高通滤波融合(high-pass filtering fasion, HPFs)法将高分辨率图像中的边缘信息提取出来，加入到低分辨率高光谱图像中。首先，通过高通滤波器提取高分辨率图像中的高频分量，然后将高通滤波结果加入到高光谱分辨率的图像中，形成高频特征信息突出的融合图像。高通滤波融合变换法是一种光谱信息丢失较少的方法，所得的融合结果不仅保留了与空间信息相关的高频成分，而且滤掉了绝大部分的光谱信息，因此将高通滤波的结果加到各光谱图像数据中，能有效地将高空间分辨率数据的空间信息与高波谱分辨率的波谱信息融合在一起，这种方法可对单个或多个波段进行融合操作，通常用于提高图像的质量。

高通滤波融合法的基本思想就是将高空间分辨率图像的高频信息(即细节和纹理信

息）加入多光谱图像（即低分辨率图像）中，使多光谱图像的光谱信息尽可能地得到了保持，并在一定程度上加入了高分辨率图像的细节信息，从而达到了融合的目的。

空间滤波是通过空间域的卷积来实现的，通常滤波算子，即卷积核 ω 的行数 L_x、L_y 列数均为奇数，即 L_x=2K+1, L_y=2L+1（$K,L \in Z$），且 ω 中的元素，即卷积系数对称于算子中心。对图像 f 进行空域滤波的卷积公式可以表示如下：

$$g(x,y)=w(k,l)\bullet f(x,y)=\sum_{k=-K}^{K}\sum_{l=-L}^{L}w(k,l)\times f(x+k,y+l) \tag{2-24}$$

空间滤波器根据其性能可以分为低通滤波器、高通滤波器和定向滤波器等。而高通滤波器的作用是抑制图像上的低频成分，保留急剧变化的高频特征。此时的卷积核被称为高通滤波器核，它的基本特征如下。

(1) 中心的卷积系数为正数；

(2) 中心周围的卷积系数一般取负数或 0；

(3) 卷积系数总和为 0。

高通滤波的结果反映中心值与邻域均值的差别。如果只是希望增强高频成分，可将高通滤波结果叠加到图像上。通常滤波器核以下有 3 类。

(1) 3×3 的高通滤波器核，即

$$\omega=\begin{bmatrix}-1 & -1 & -1\\ -1 & 8 & -1\\ -1 & -1 & -1\end{bmatrix}\qquad \omega=\begin{bmatrix}0 & -1 & 0\\ -1 & 4 & -1\\ 0 & -1 & 0\end{bmatrix}\qquad \omega=\begin{bmatrix}1 & -2 & 1\\ -2 & 4 & -2\\ -1 & -2 & 1\end{bmatrix} \tag{2-25}$$

(2) 5×5 的高通滤波器核，即

$$\omega=\begin{bmatrix}-1 & -4 & -6 & -4 & -1\\ -4 & -16 & -24 & -16 & -4\\ -6 & -24 & 220 & -24 & -6\\ -4 & -16 & -24 & -16 & -4\\ -1 & -4 & -6 & -4 & -1\end{bmatrix} \tag{2-26}$$

(3) 7×7 的高通滤波器核，即

$$\omega=\begin{bmatrix}-1 & -2 & -3 & -4 & -3 & -2 & -1\\ -2 & -4 & -5 & -6 & -5 & -4 & -2\\ -3 & -5 & -6 & -14 & -10 & -5 & -3\\ -4 & -6 & -5 & 236 & -14 & -6 & -4\\ -3 & -5 & -4 & -14 & -10 & -5 & -3\\ -2 & -4 & -2 & -6 & -5 & -4 & -2\\ -1 & -2 & & -4 & -3 & -2 & -1\end{bmatrix} \tag{2-27}$$

在高通滤波器中，卷积核中心的卷积系数最大，其在处理中起着关键的作用。当该卷积系数经过图像中的高频部分（即图像像素值突变的部分）时，由于其值较大，它与像素值的乘积很大，在最后的卷积结果中占有很大的比重。因此，卷积过后，图像中像素值的突变就更显突出，即图像中像素之间的变化得到增强；同时，图像中像素值变化较小的区域(即图像的低频部分)所受的影响却很小。所以，当图像锐化、更加醒目时，图像中的噪声突出。

高通滤波融合(HPF)法实现遥感影像融合的概念比较简单。一幅图像通常由不同的频率成分组成，根据一般图像频谱的概念，高的空间频率对应影像中急剧变化的部分，而低的频率代表灰度缓慢变化的部分。对于遥感图像来说，高频分量包含了影像的空间结构，低频部分则包含了光谱信息。由于遥感影像融合的目的在于在尽量保留低分辨率的多光谱图像的基础上加上高分辨率全色图像的细节信息。因此，可以用高通滤波器算子提取出高分辨率图像的细节信息，然后简单地采用像元相加的方法，将提取出的细节信息叠加到低分辨率图像上，这样就实现了多光谱的低分辨率图像和高分辨率全色图像之间的数据融合。

HPF 法能够在一定程度上提取全色影像细节信息，并把全色影像的细节信息直接叠加到多光谱影像上，因此，在增强多光谱图像的空间细节表现能力的同时也容易增加噪声，影响视觉效果。

HPF 法的优点在于很好地保留了原多光谱图像的光谱信息，但其不足之处在于高通滤波器的选择对融合结果的影响很大，由于 HPF 法的滤波器尺寸大小是固定的，因此对于不同大小的各种地物类型很难或不可能找到一个理想的滤波器。若滤波器尺寸取得过小，则融合后的结果图像将包含过多的纹理特征，并难于将高分辨率图像中的空间细节融入结果中；若滤波器尺寸取得过大，则难于将高分辨率图像中非常重要的纹理特征加入到低分辨率图像中。大量的实验结果表明，滤波器尺寸取为高低分辨率图像分辨率比值的两倍时，其结果最好。

2.3.6 统计数据融合方法

统计数据融合方法是从数据统计的基本原理出发实现遥感数据融合的方法。其中，基于贝叶斯(Bayesian)理论的统计数据融合方法是目前较常用的遥感图像融合方法。贝叶斯方法又称为最大似然法，在基于贝叶斯模型的目标识别方案中，可以利用不同平台、不同类型传感器、不同时相的遥感数据，通过计算得到目标的融合概率，最后以融合概率为基础实现目标的识别决策。该方法首先对各种传感器信息做相容性分析，删除那些可信度很低的错误信息，然后对保留下来的信息利用先验信息和样本信息合成为后验分布，并对检测目标进行贝叶斯估计，以求得最优的融合概率。在各类光谱数据满足正态分布假设的条件下，贝叶斯推理技术理论上能获得最小的分类误差。该方法通常以提高遥感图像的分类性能为目的，用于目标的检测和地物的分类。但是随着遥感数据时空数据维数的不断扩展，传统的统计模式分类方法有许多难以克服的困难：运算量太大，无法获得各类的先验概率和概率分布密度函数，难以形成复杂的判别函数和分割界面等，此外，多源贝叶斯分类法还无法解决“同物异谱”和“异物同谱”问题。

2.3.7　基于图像多分辨率的融合方法

1. 小波变换融合法

小波变换融合是一个新的数学分支，它被认为是泛函分析、Fourier 分析、样条分析、调和分析和数值分析的完美结晶。小波变换具有变焦性、信息保持性和小波基选择的灵活性等优点。将小波分析引入遥感数据融合是目前正在探索的课题之一。近年来，基于多分辨率小波融合方法已用于多传感器图像数据的融合。该方法首先以低分辨率图像为参考图像来对高分辨率图像进行直方图匹配，以便形成几个图像，然后对这几个图像进行小波变换，以形成各自的低频图像和高频细节信息，并用原始的低分辨率图像来取得小波变换后的低频图像，对替换后的图像及与之相关的细节信息进行小波逆变换，从而获得融合图像。与传统的数据融合方法，如 HIS、PCA 等方法相比，小波融合模型不仅能够针对输入图像的不同特征来合理地选择小波基以及小波变换的次数，而且在融合操作时又可以根据实际需要来引入双方的细节信息，从而表现出更强的针对性和实用性，融合效果更好。该方法最大限度地保留了原多光谱图像的光谱信息，图像光谱扭曲小，能满足遥感应用(如分类)的要求，同时可以对单个或多个波段进行融合操作。小波变换虽然有很多优点，但在图像融合中，它有以下缺点：①由于各原始图像对应像素的特性不同，得到的融合图像很容易出现过渡不自然、光照不合理或人工拼接的痕迹；②随着小波分解尺度的增大，融合图像会出现明显的、有规律的方块效应，使图像的光谱信息损失；③小波变换还会使信号造成相移；④小波变换的计算量是相当可观的，实时性较差。

小波变换作为新兴的数学分析方法日益受到广泛重视，被认为是工具和方法上的重大突破。小波变换是一种全局变换，由于其在时域和频域同时具有良好的定位能力和局部化性质，对图像能够进行任意尺度的分解等优点，使它很快在图像处理领域得到了广泛应用，如图像增强、图像压缩、变化检测、图像分类等。此外，小波变换的变焦性、信息保持性和小波基选择灵活性等优点，非常适合将小波变换引入遥感信息的融合，国内外对此进行了大量的研究并取得了丰硕的成果，形成了丰富的小波变换融合算法。1989 年，Mallat 将计算机视觉中的多尺度分析思想引入到小波分析中，提出了“多分辨率分析”(MRA)概念，统一了在此之前的正交小波基的构造，并给出了子带滤波器结构的离散小波变换与重构算法的 Mallat 算法(贺养慧，2009)。

小波变换的目的是将原始图像分别分解到一系列频率通道中，对分解结构的不同分解层，不同频带进行融合处理，可有效地将来自不同图像的细节融合在一起(贺养慧，2009)。Campben 和 Robon 的实验表明，人的视觉系统是在不同频带上分别以不同算子进行融合的，基于小波变换的图像信息融合也是以同样方式进行的，因而可获得与人的视觉特征更为接近的融合效果，其成为了研究的热点问题(贺养慧，2009)。

1) 基本思路

设 A、B 为两幅源图像，F 为融合后的图像，首先利用小波变换，将图像 A 和 B 分解成多级小波系数图像，融合在每一级小波系数图像上进行，即分别对各个分解层次的低频和高频信息按照各自的融合策略进行融合处理，综合图像中的特征信息，最后再进行小波逆变换，重构得到融合后的图像。其具体实现流程如下。

(1)将待融合源图像 A、B 进行配准，重采样为大小一致的图像。

(2)设计小波变换的滤波器系数数列。

(3)根据小波分解公式设计的分解滤波器逐层抽样分解图像 A'、B'。

(4)对各个分解层次的低频和高频信息，按照各自的融合准则进行融合处理，融合准则根据图像细节表征方法的不同，有区域方差法、平均梯度法、特征量卷积和匹配度等。

(5)使用重构滤波器逆向逐层插值重构图像，获取最终的融合图像。小波变换融合流程图如图 2-5 所示。

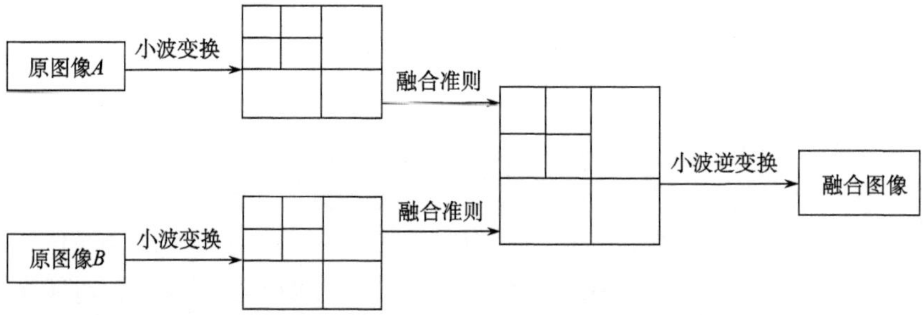

图 2-5　基于小波变换图像融合流程

其中，作为小波变换融合方法的核心步骤，小波变换分解与重构可以通过以下方式进行描述。

设 $L^2(R)$ 空间内，一个嵌套的封闭子空间序列 $V_j, j \in Z$ 由尺度函数 ϕ 生成，即

$$W_j = \operatorname{clos}_{L^2(R)}\left(\phi s_{j,k} : k \in Z\right) \tag{2-28}$$

式中，$\phi_{j,k} = 2^{\frac{j}{2}}\phi(2^j x - k)\ \ j \in Z$，并且式(2-28)中的封闭子空间序 $V_j, j \in Z$ 具有以下的性质：①单调性；②逼近性；③伸缩性；④平移不变性；⑤Riesz 基存在性。

设小波函数 ϕ 生成 $L^2(R)$ 空间中的小波子空间序列 $\{W_j\}$：

$$W_j = \operatorname{clos}_{L^2(R)}\left(\varphi_{j,k} : k \in Z\right) \tag{2-29}$$

式中，$\varphi_{j,k} = 2^{\frac{j}{2}}\varphi(2^j x - k)\ \ j \in Z$。

多尺度多分辨率小波图像，有

$$V_{j+1} = V_j \oplus W_j \tag{2-30}$$

式中，$\oplus$ 表示直接和；W_j 为 V_j 在 W_{j+1} 中的补子空间。

对于多分辨率图像，利用小波函数对图像进行第 k 层向第 k-1 层的分解，有

$$V_k = V_{k-1} \oplus W^1{}_{k-1} \oplus W^2{}_{k-1} \oplus W^3{}_{k-1} \tag{2-31}$$

设图像信号 $f(x,y) = V^2{}_j$（$j \in Z$），对 $V_j \in Z$ 来说，尺度函数系 $\left\{\phi_{J,m_1,m_2} \middle| (m_1, m_2) \in Z\right\}$

构成了 $V^2{}_j$ 的规范正交基，小波函数系 $\left\{\phi^{\varepsilon}{}_{j,m_1,m_2} \middle| \varepsilon=1,2,3,(m_1,m_2)\in \mathrm{Z}\right\}$ 构成 $L^2(R)$ 的规范正交基，则对于信号 $f(x,y)=V^2{}_j$ $(j\in \mathrm{Z})$ 来说，可用它在 $V^2{}_j$ $(j\in \mathrm{Z})$ 空间的投影 $A_j f(x,y)$ 表示:

$$f(x,y)=A_j f(x,y)=A_{j+1}f+D^1{}_{j+1}f+D_{j+1}{}^3 f$$
$$\begin{cases} A_{j+1}f=\sum\limits_{m_1,m_2\in \mathrm{Z}} C_{j+1,m_1,m_2}\phi_{j+1,m_1,m_2} \\ D^{\varepsilon}{}_{j+1}f=\sum\limits_{m_1,m_2\in \mathrm{Z}} D^{\varepsilon}{}_{j+1,m_1,m_2}\varphi^{\varepsilon}{}_{j+1,m_1,m_2}\ (\varepsilon=1,2,3) \end{cases} \tag{2-32}$$

式(2-32)表明，图像信息 $A_j f$ 在分辨率为 2^j 下，将图像分解成 $A_{j+1}f$ 、$D^1{}_{j+1}f$ 、$D^2{}_{j+1}f$ 、$D^3{}_{j+1}f$ 四个子图像。其中，式 $A_{j+1}f$ 是原图像 $A_j f$ 在分辨率 2^{j+1} 的近似部分(低频信息)，$D^i{}_{j+1}f$ $(i=1,2,3)$ 则代表图像的细节部分(高频信息)。$D^1{}_{j+1}f$ 对应垂直方向的高频成分，即水平边缘的细节信息；$D^2{}_{j+1}f$ 对应水平方向的高频成分，即垂直边缘的细节信息；$D^3{}_{j+1}f$ 对应对角方向的高频成分，即对角边缘的细节信息，如图 2-6 所示。

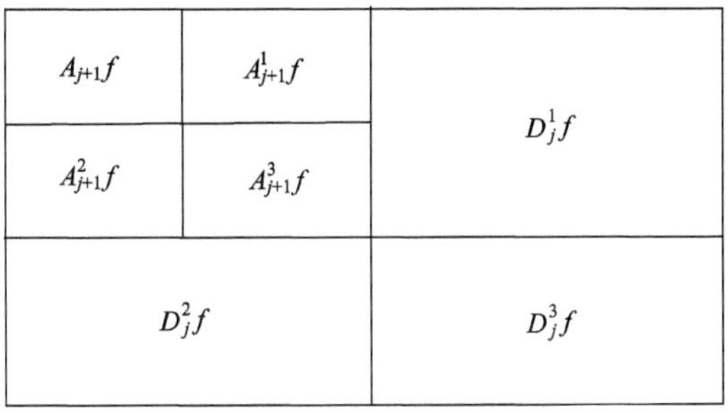

图 2-6　小波变换频率信息分布示意图

小波分解公式可以简洁地表示为

$$\begin{cases} C_{j+1}=L_{\mathrm{r}}L_{\mathrm{C}}C_j \\ D^1{}_{j+1}=L_{\mathrm{r}}H_{\mathrm{C}}C_j \\ D^2{}_{j+1}=H_{\mathrm{r}}L_{\mathrm{C}}C_j \\ D^3{}_{j+1}=H_{\mathrm{r}}H_{\mathrm{C}}C_j \end{cases} \tag{2-33}$$

L_{r} 、L_{C} 和 H_{r} 、H_{C} 分别表示作用在行和列上的图像的低、高通共扼滤波器 L 和 H。算子 $L_{\mathrm{r}}H_{\mathrm{C}}$ 对列作平滑，检测行的差异，$D^1{}_{j+1}$ 显示 C_j 在垂直方向上的高频分量信息，即图像的水平边缘；算子 $H_{\mathrm{C}}L_{\mathrm{r}}$ 对行作平滑，检测列的差异，$D^2{}_{j+1}$ 显示 C_j 在水平方向上的高频分量信息，即图像的垂直边缘；算子 $H_c H_r$ 是对角方向上的高频滤波；$D^3{}_{j+1}$ 显示 C_j 在对角方向上的高频分量信息，即图像的对角边缘。

其重构算法如式(2-34)所示，其中，L*、H*分别是 L、H 的共扼转置矩阵。图像的小波分解流程如图 2-7 所示，图像的小波重构流程如图 2-8 所示。

$$C_j=L^*{}_r L^*{}_C C_{j+1}+L^*{}_r H^*{}_C D^1{}_{j+1}+H^*{}_r L^*{}_C D^2{}_{j+1}+D^3{}_{j+1} \tag{2-34}$$

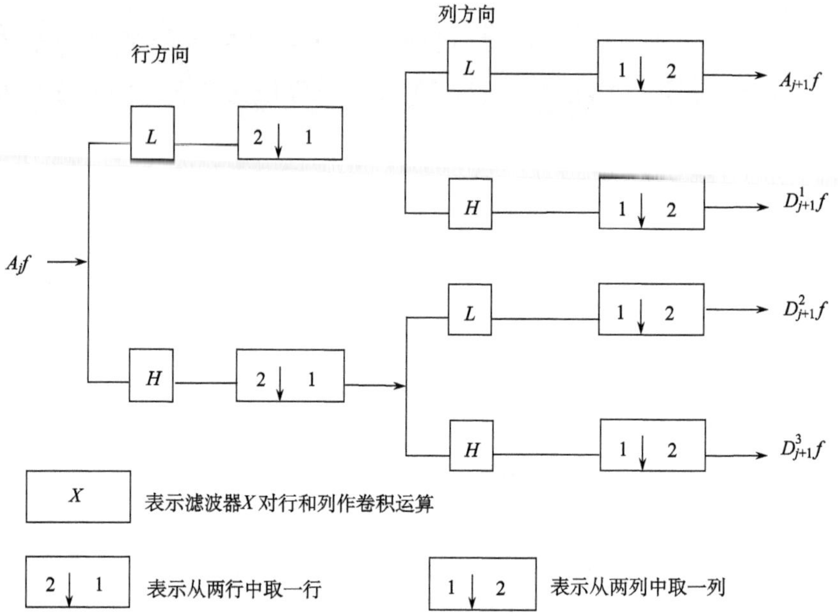

图 2-7　图像小波分解流程图

2）小波融合准则

多分辨率分解融合算法主要的研究内容分为两部分：第一部分是多分辨率的分解结构；第二部分是融合准则的研究。构造新的多分辨率分解结构是一项难度很大的工作，况且即便设计出一种新的结构，也很难适应实际应用中图像的千变万化，所以人们通常采用成熟的多分辨率分解结构，如拉普拉斯金字塔、小波变换分解法等。许多研究者对其进行了不同方式的探讨和研究，如在不同融合结构、相同融合规则或是相同融合结构、不同融合规则情况下进行信息融合。结果表明，融合准则对融合结果的影响重大。因此，图像的融合准则也是融合算法的核心，融合准则选择的好坏直接影响生成融合图像的质量。常用的融合准则分为两大类。

a. 基于像素的融合准则

基于像素的融合准则，即逐个考虑源图像相应位置的小波系数进行像素融合。常用的几种方法如下。

系数绝对值最大法：选择相同位置项中具有较大绝对值的系数的项。系数绝对值较大意味着相应源图像在该位置有着更明显的特征。此融合准则在一些场合有很好的表现，但在另一些场合则不然，由于来自于不同图像的各局部融合项的不连续性，可能会导致局部毛刺。此准则适合亮度、对比度较高的原图像。

加权平均法：选择或自适应计算加权系数，加权平均待融合的各子图频带。这种方式不会破坏图像的连续性，但关键是如何得到权系数。通常采用两种方法来自适应地计算权系数：一种方法是统计某一像素邻域的某些特征来计算该点的权系数，如统计该邻域的方差，让权值同方差成正比；另一种方法是仅考虑该像素的系数值，而不考虑其邻

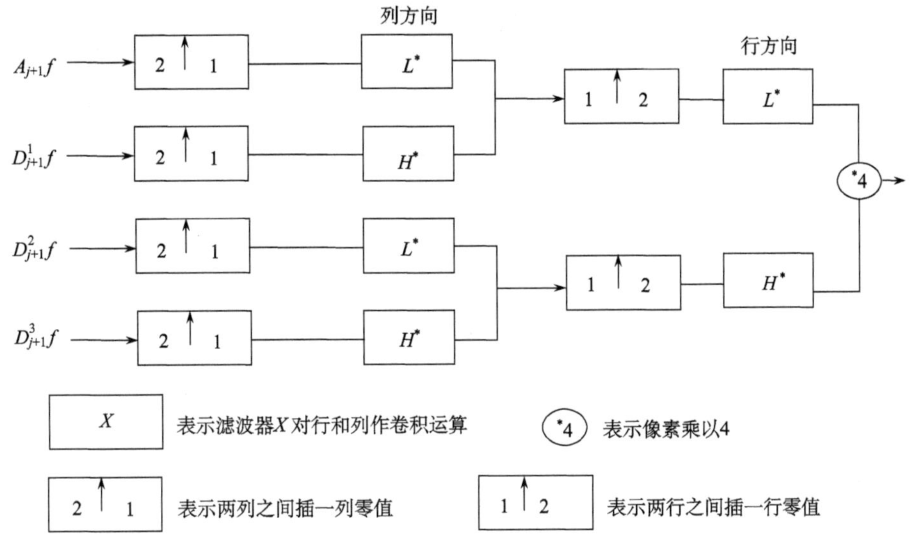

图 2-8　图像小波重建流程图

域的信息，该方法权重系数可调，适用范围广。

方差法：设 $A(x,y)$ 和 $B(x,y)$ 分别为两幅原图像 A 和图像 B 的子图数据值，$F(x,y)$ 为相应的子图融合值。首先，将 $A(x,y)$ 和 $B(x,y)$ 分成若干个 MXN 子块子图像；其次，对每块子图像进行数值分布统计，计算其方差；然后，确定 A 和 B 图像每块子图像加权系数 K_l 和 K_2，如果 A 子图像方差大于 B 子图像方差，则 $K_1 > K_2$，否则 $K_1 < K_2$ ；最后，确定每个子图像的数据融合数值为 $F(I,j) = K_1A(i,j) + K_2B(i,j)$。

平均梯度法：分别计算对图像 A 和图像 B 的小波分解后的子图像上每个像素的局部平均梯度，以像素的局部平均梯度作为准则，确定融合后的子图像上的像素值。

b. 基于区域的融合准则

基于像素的融合选取仅是以单个像素作为融合对象，它并未考虑图像相邻像素间的相关性，因此融合结果不是很理想。考虑图像相邻像素间的相关性，Burt 和 Kolczynski 提出了基于区域（窗口）特性选择的加权平均融合规则，将像素系数的融合选取与其所在的局部区域联系起来。一般而言，基于区域的融合方法优于基于像素的融合方法。但是窗口也不是越大越好，因为随着窗口的变大，像素之间的相关性趋于饱和。换言之，窗口加大，所包含的相关像素越多，有利于改善性能，但窗口足够大以后，若再加大窗口，所加进来的相关像素与中心附近像素之间的相关性很小，因此过分加大窗口会引起性能下降，而且会增加计算的复杂性。在进行融合时，一般选择窗口大小为 3×3 或 5×5。此外，为了保证融合后图像数据的一致性，应采用概率的方法，对选择结果进行一致性检测和调整，通常一致性调整按照“多数服从少数”的原则进行。

2. 金字塔图像融合法

用金字塔在空间上表示图像是一种简单方便的方法，20 世纪 80 年代中期，随着 Burt 等首次提出拉普拉斯金字塔变换，先后出现了拉普拉斯金字塔、低通对比度金字塔、梯度金字塔和形态学金字塔等多种不同的图像融合方法。概括地说，金字塔图像融合法就是将参加融合的每幅源图像用金字塔表示，将所有图像的金字塔表示在各相应层上，以一定的融合规则融合，可得到合成的金字塔，将合成的金字塔用金字塔生成的逆过程重构图像，则可得到融合图像金字塔。这类算法保留源图像中边缘剧烈变化的信息，并能很好地进行时频定位。该方法与小波变换的共同之处在于两者都是在不同的分辨率下按一定的规则融合，得到一个融合后的图像序列，然后再重构出融合图像。小波变换可以看作是金字塔变换的一种特殊形式，虽然有很多优点，但其计算量大，不具有平移不变性等局限限制其实际应用。

基于图像塔形分解的多传感器图像融合方法是一种多尺度、多分辨率图像融合方法，因其融合过程是在不同尺度、不同空间分辨率、不同分解层上进行的，即融合的频率范围很丰富，所以可取得更好的融合效果。基于塔形分解的图像融合过程如图 2-9 所示。概括地说，金字塔图像融合法就是将参加融合的每幅源图像用金字塔表示，将所有图像的金字塔表示在各相应层上，以一定的融合规则融合，可得到合成的金字塔。将合成的金字塔用金字塔生成的逆过程重构图像，则可得到最终的融合图像。事实上，基于塔形分解的图像融合过程可以分为两个部分：图像的塔形分解和融合规则的合理选取（强赞霞，2005）。

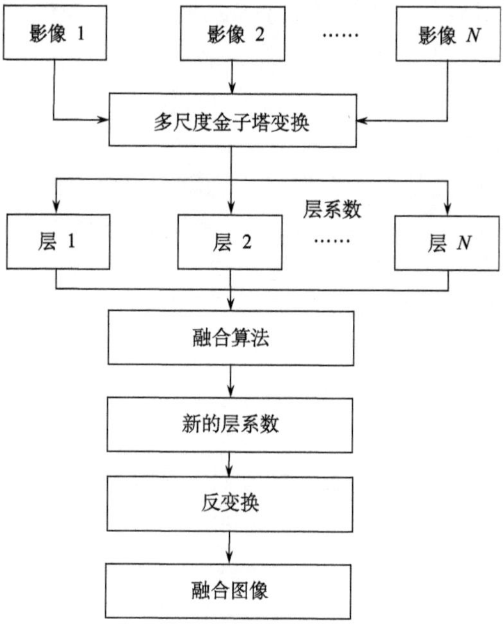

图 2-9　基于塔型分解的图像融合过程

图像处理的金字塔形变换方法(包括互为逆过程的分解和重建两部分)首先是由 Burt 和 Adelson(1983)提出的，其最早用于图像的压缩处理及人或机器的视觉特性和模型研究。图像金字塔可分为高斯(Gaussian)金字塔、拉普拉斯(Laplacian)金字塔、梯度金字塔、比率金字塔等。其中，很多金字塔的构成都是在高斯金字塔的基础上演变而来的，因此本书首先介绍高斯金字塔的构建过程。

1)高斯金字塔的构建过程

高斯金字塔是进行低通滤波及下采样后的一系列原始图像的副本，可以认为高斯金字塔是多分辨率、多尺度、低通滤波的结果。其构建过程如下。

设原图像为 G_0，以 G_0 作为高斯金字塔的零层(底层)，对原始输入图像进行高斯低通滤波和隔行隔列的下采样，得到高斯金字塔的第一层；再对第一层图像进行低通滤波和下采样，重复以上过程，构成高斯金字塔。高斯金字塔的构建过程为假设高斯金字塔的第 i 层图像为 G_i：

$$G(i,j)=\sum_{m=-2}^{2}\sum_{n=-2}^{2}w(m,n)G_{i-1}(2i+m,2j+n)\quad (1\leqslant l\leqslant n;\ 0\leqslant i\leqslant C_l;\ 0\leqslant j\leqslant R_l)\tag{2-35}$$

式中，N为金字塔顶层的层号；C_i 和 R_i 分别为金字塔第 i 层的行数和列数；$w(m,n)$为一个二维可分离的 5×5 窗口函数(又称生成核、权函数)，其应满足以下条件。

可分离性 $w(m,n)=w(m)w(n)$， $m\in[-2,2],n\in[-2,2]$。

归一化： $\sum_{n=-2}^{2}w(m)=1$

对称性： $w(n)=w(-n)$

奇偶项等贡献性：$w(2)+w(-2)+w(0)=w(1)+w(-1)$

按照上述约束条件可构造： $w(0)=3/8$, $w(1)=w(-1)=1/4$ ， $w(2)=w(-2)=1/16$ 再根据约束条件计算可得到窗口函数 $w(m,n)$ 表示如下：

$$w=\frac{1}{256}\begin{bmatrix}1&4&6&4&1\\4&16&24&16&4\\6&24&36&24&6\\4&16&24&16&4\\1&4&6&4&1\end{bmatrix}\tag{2-36}$$

至此，由 $G_0,G_1,\cdots,G_N$ 就构成了高斯金字塔，其中 G_0 为金字塔的底层(与原图像相同)，G_N 为金字塔的顶层，上层图像的大小依次为其前一层图像大小的 1/4。可见，图像的高斯金字塔分解是通过依次对低层图像进行低通滤波及下采样来实现的。由于窗口权函数形状类似于高斯分布函数，因此 $w(m,n)$ 也称为高斯权矩阵。由此得到的图像金字塔被称为高斯金字塔。

2)基于金字塔变换的图像融合方法

金字塔分解的目的是将源图像分别分解到不同的空间频带上，融合过程是分别在各空间频率层上进行的，这样就可能针对不同分解层的不同频带上的特征与细节，采用不同的融合算子，以达到突出特定频带上特征与细节的目的。由于人的视觉系统是呈现多频道性的，人的视网膜图像就是在不同的频道通道中进行处理的，而基于拉普拉斯金字塔形变换的图像融合恰恰是在不同的空间频带上进行融合处理的，因而可获得与人的视觉特性更为接近的融合效果。也由于人眼的视觉系统对于图像的对比变化十分敏感，因此，对比度和比率金字塔形变换的融合方法可以有选择地突出被融合图像的对比信息，以求达到良好的视觉效果。

3) 融合方式的确定

上面介绍的几种金字塔形分解的图像融合方法的图像融合过程都是分别在各个分解层图像上进行的。图像融合好坏的关键问题就在于对来自不同源图像的各对应分解层如何进行融合处理，并形成融合图像对应的分解层。该问题就是融合规则及融合算子的确定问题。

在图像融合过程中，融合方式及融合算子的选择对于融合的质量是至关重要的，同时也是图像融合中至今尚未很好地解决的难点问题。目前，融合方式可大致分为两大类，即基于像素的融合方式和基于区域的融合方式。其融合的基本原理如图 2-10 所示。

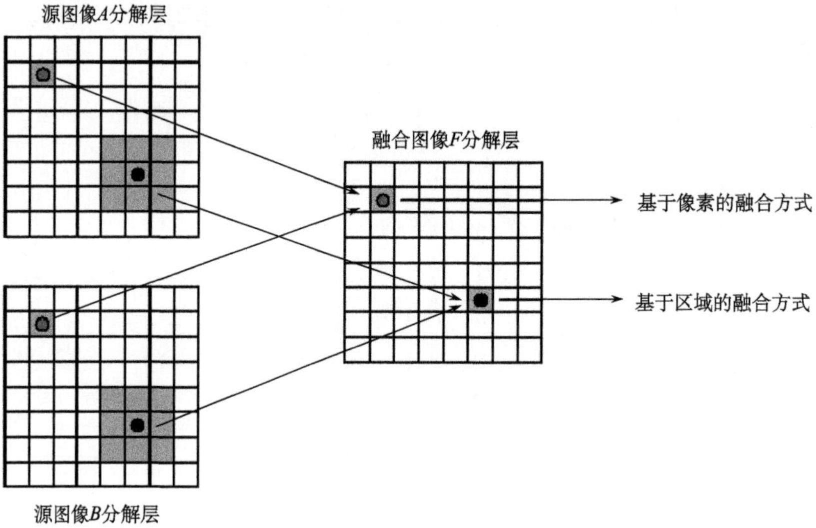

图 2-10　图像融合方式

下面就分别讨论这两类融合方式。

a. 基于像素的融合方式

从图 2-10 中可以看到，基于像素的融合方式的突出特点就是仅根据图像分解层上对应位置像素的灰度值大小来确定融合后图像分解层上该位置的像素灰度值。对像素的融合方式主要有对应的像素灰度值(或灰度值的绝对值)选大、对应的像素灰度值(或灰度值的绝对值)选小、对应的像素灰度值加权平均。

从表面上看，本书对金字塔分解的某一分解层图像的融合处理与图像的直接融合方法很类似，但实际上本书的融合处理是多尺度、多分辨率、分层进行的，尽管对各分解层图像采用的融合方式与上一章类似，但由于本书利用了金字塔形分解的多尺度、多分辨率及局域性特性；同时，由于不同的分解层可以采用不同的融合方式，因此，本书的融合处理将会获得更好的融合效果。

但是，由于图像的局域特征往往不是由一个像素所能表征的，它是由某一局部区域的多个像素来体现的；同时，通常图像中某一局部区域内的各像素之间往往有较强的相关性，因此，这种基于像素的融合规则带有很大的片面性，其融合效果也有待于改善。基于区域的融合方式可以克服上面所说的片面性，而且可以获得更好的视觉特性和使融合图像细节更丰富，突出融合效果。

b. 基于区域的融合方式

基于邻域的融合准则，通过计算以某一个像素为中心的窗口内的方差，来确定此像素的活性测度，从而完成对多源图像的融合。这其实是一种基于区域特征的融合方法。

基于区域的融合方法的基本思想是在对某一分解层图像进行融合处理时，为了确定融合后图像的像素，不仅要考虑参加融合的源图像中对应的各像素，而且要考虑参加融合的像素的局部领域，即比较源图像的某方面特征，从而动态地选取这方面特征突出的源图像组成融合结果。局部区域的大小可以是 3×3、5×5、7×7 或 9×9 等。

在基于区域特征方法进行融合的过程中，一般可选取下列特征作为的区域特征：首先，以区域信息含量为特征量的融合方式，选取对同一景物信息含量更为丰富的图像部分组成融合结果，从而得到有关该地区的更多信息；其次，以区域各点灰度值之和或灰度值之和的平均值为特征量，在进行源图像分解层的融合中，来自哪个区域的特征量的值大，就将哪个区域中心像素点的灰度值作为融合后图像分解层上该位置的像素灰度值；最后，以区域能量作为特征量的融合方式。

由于局域能量较大的中心像素代表了原始图像中的明显特征，同时，图像的局部特征一般不只取决于某一像素，因此，本书采用的基于区域特征的选择及加权融合算子相对于仅根据单一独立像素的简单选择或简单加权来确定融合像素的方法来说，显得更合理、更科学。

以上讨论的都是金字塔中细节图像部分(即高频部分)的融合内容，在金字塔的顶层实际上是一个被低频滤波的低频图像(即 $l=N$ 时)。这部分主要反映的是图像的光谱，对这部分融合的要求比较简单，最常用的融合方式就是加权融合，权系数要根据图像的特性和希望得到的使用者最终的要求来决定。

2.3.8　基于神经网络的融合方法

人工神经网络理论的发展，以及神经网络固有的并行性、自组织、自学习和对输入数据具有高度容错性等功能，给多源遥感数据融合开辟了一条新的途径，被广泛地应用于模式识别和分类领域。网络的输入信息可以是目标的测量参数，网络输出为目标识别结果、目标分类结果或对输入信号的其他特定响应结果。

此类方法与传统基于统计理论方法的区别是人工神经网络对模式的先验概率分布的要求较小，不以某个假定的概率对数据进行融合，而是通过自学习的过程完成，具有较好的容错能力，尤其是它的非线性，更能体现遥感数据中的复杂关系。近年来，国内外众多学者将其应用到遥感各领域，并取得了不少研究成果，发展了从单一的 BP(back propagation)神经网络、三维 Hopfield 神经网络到模糊神经网络、多层感知机、学习向量分层网络、Kohonen 自组织神经网络、Hybrid 学习向量分层网络等多种算法。实践证明，神经网络在数据处理速度和地物分类精度上均优于最大似然分类方法，特别是当数据资料明显偏离假设的高斯分布时，其优势更为突出。因此，其在解决复杂的、非线性的问题时具有独到的功效。但神经网络也有一些缺点，如局部极值点问题、训练收敛速度太慢、分类性能对各类差别较大，以及当数据维数增大时，神经网络在判别相似类别的差异时，容易造成误分等。

人类在完成自身的各种活动及对客观世界的认识和改造过程中，主要运用两种能力：知识的灵活性及交错集成感官得到不同形式信息的能力。基于知识的专家系统的日益应用是对第一种能力某些方面的探索，而神经网络技术则是进行第二种能力某些方面的研究。信息融合具有这两种能力的共性，也是这两种能力之间相互结合的纽带。在多源数据融合的应用场合，除了精确性之外的另一个重要要求就是对海量数据的快速处理。人工神经网络在数据融合技术中的最大优点是其并行处理结构和算法。这种大规模并行处理能力可以通过硬件加以实现，同时具有良好的容错能力和自适应性，对模式先验概率分布的要求较小，具有较好的性能。因而，神经网络在数据融合的各个方面都有广阔的应用前景。基于人工神经网络的数据融合具有信息处理速度快、数据存储空间小、硬件处理系统结构简单等优点，在数据融合中其应用于模式识别和分类领域。网络的输入信息可以是目标的测量参数，网络的输出为目标识别结构、目标分类结果或对输入信号的其他特定响应结果。近年来，人工神经网络开始应用于遥感图像分类中，并且取得令人满意的结果。但是大多数神经网络遥感图像分类器采用前馈型神经网络结构，利用 BP 学习算法实施监督性学习，由于其网络训练收敛速度太慢，不易收敛到最优值，分类性能对各类差别较大等原因，影响了最终的分类精度。

为了融合对同一目标不同媒质、不同时间、不同模式、不同角度描述的多源信息，获得对被识别目标更精确的、更完整可靠的信息，一种基于基本的二维 Kohonen 神经网络的数据融合方法在此给出。该方法分为以下三步：第一步是对多源信息进行预处理，使这些多源信息在某一状态下得到配准；第二步是采用基本的二维 Kohonen 神经网络，对每个信息源进行聚类分析，得出每个信息源的分类结果；第三步是对第二步得到的分类结果，按照一定的规则进行融合，获得最后的融合结果。其原理框图如图 2-11 所示(刘纯平，2002)。

Kohonen 神经网络由于其自组织特性符合人类视觉系统运作方式而被广泛地应用于模式识别和图像处理等领域。Kohonen 算法定义了胜者神经元的邻域，并将邻域中的神经元权向量向输入样本靠拢。它的主要学习过程如下：首先，计算输入样本矢量与各个输出节点连接权的匹配值，从中找出最佳的匹配节点；其次，对竞争得胜的输出节点及其邻域的连接权值进行修正，使该节点和输入样本的匹配程度得以加强。二维 Kohonen 神

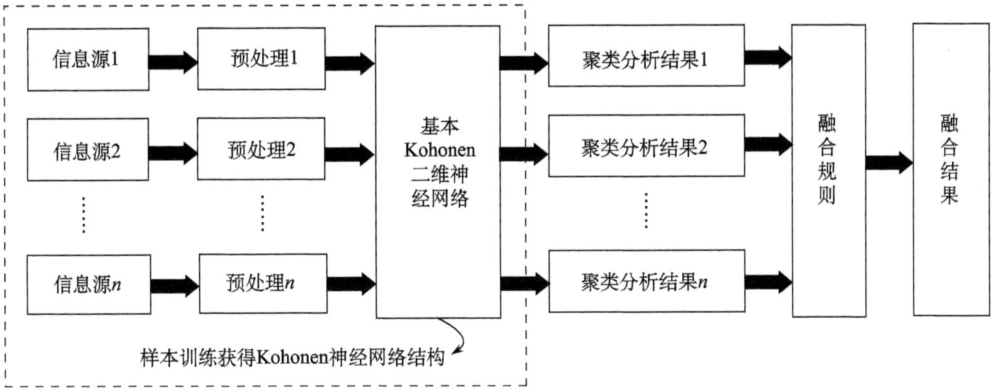

图 2-11　基于神经网络的图像融合原理图

经网络与一维 Kohonen 神经网络相似，SOFM 算法对网络的连接权值进行随机初始化。也就是说，在初始化的过程中，没有优先的秩序强加于网络的特征映射。一旦网络被适当的初始化，在 SOFM 算法过程中则存在 3 个基本的过程(Simon Haykin，1999)：竞争、协作和网络连接权值的调整。

2.4　遥感影像分割技术

影像分割是影像分析和模式识别的首要问题，也是影像处理的经典难题之一，它是影像分析和模式识别系统的重要组成部分，并决定影像的最终分析质量和模式识别的判别结果。所谓影像分割是指将影像中具有特殊意义的不同区域区分开来，并使这些区域相互不相交，且每个区域应满足特定区域的一致性条件。

多年来影像分割的研究一直受到人们的高度重视，至今已提出了上千种各种类型的分割算法，而且近年来每年都有大量研究成果发表。现有的分割算法非常多，一般将分割方法分为以下几种：阈值分割、边缘检测、区域提取、基于特征空间聚类、基于特定算法的分割方法。

2.4.1　基于阈值的分割方法

阈值分割算法比较简单，其使用的是图像的整体信息。简单来说，对灰度影像的取阈值分割就是先确定一个处于影像灰度取值范围内的阈值，然后将影像中各个像元的灰度值都与这个阈值作比较，并根据比较结果将对应的像元划分为两类：像元的灰度值大于阈值的为一类，像元的灰度值小于阈值的为另一类。如果影像中有多个目标，就需要选取多个阈值将各个目标分开，这种方法称为多阈值分割。阈值还可分为全局阈值、局部阈值和动态阈值。阈值法分割的结果依赖于阈值的选取，确定阈值是阈值法分割的关键，阈值分割实质上就是按照某个准则求出最佳阈值的过程。常用的全局阈值选取方法有利用影像灰度直方图是峰谷法、最小误差法、最大类间方差法、最大熵自动阈值等。阈值分割的优点是计算简单、运算效率较高、速度快。另外，这种方法只考虑像元本身的灰度值，一般不考虑空间特征，因而对噪声很敏感。在实际应用中，阈值法通常与其他方法结合使用。

阈值分割法是一种基于区域的图像分割技术，其基本原理是通过设定不同的特征阈值，把图像像素点分为若干类(阴国富，2008)。常用的特征包括直接来自原始图像的灰度或彩色特征；由原始灰度或彩色值变换得到的特征。设原始图像为 $f(x,y)$，按照一定的准则在 $f(x, y)$ 中找到特征值 T，将图像分割为两个部分，分割后的图像为

$$g(x, y) = \begin{cases} b_0 f(x, y) < t \\ b_1 f(x, y) \geqslant t \end{cases} \tag{2-37}$$

若取 $b_0 = 0$（黑），$b_1 = 1$（白），即为我们通常所说的图像二值化。

全局阈值法指利用全局信息对整幅图像求出最优分割阈值，可以是单阈值，也可以是多阈值；局部阈值法是把原始的整幅图像分为几个小的子图像，再对每个子图像应用全局阈值法分别求出最优分割阈值。其中，全局阈值法又可分为基于点的阈值法和基于区域的阈值法。阈值分割法的结果很大程度上依赖于阈值的选择，因此该方法的关键是如何选择合适的阈值。由于局部阈值法中仍要用到全局阈值法，因此本书主要对全局阈值法中基于点的阈值法和基于区域的阈值法分别进行研究。根据阈值法的原理，可以将阈值选取技术分为以下三大类。

1) 基于点的全局阈值方法

基于点的全局阈值算法与其他几大类方法相比，算法时间复杂度较低，易于实现，适合应用于在线实时图像处理系统。

2) 基于区域的全局阈值方法

对一幅图像而言，不同的区域，如目标区域或背景区域，同一区域内的像素在位置和灰度级上同时具有较强的一致性和相关性。

3) 局部阈值法和多阈值法

局部阈值(动态阈值)。当图像中有以下一些情况：有阴影、照度不均匀、各处的对比度不同、突发噪声、背景灰度变化等，如果只用一个固定的全局阈值对整幅图像进行分割，则由于不能兼顾图像各处的情况而使分割效果受到影响。有一种解决办法就是用与像素位置相关的一组阈值(即阈值使坐标的函数)来分别对图像各部分进行分割。这种与坐标相关的阈值也叫做动态阈值，此方法也叫做变化阈值法，或自适应阈值法。这类算法的时间复杂性和空间复杂性比较大，但是抗噪能力强，对一些用全局阈值不易分割的图像有较好的效果。多阈值法，如果图像中含有占据不同灰度级区域的几个目标，则需要使用多个阈值才能将它们分开。其实多域值分割可以看作是单阈值分割的推广。

2.4.2 基于边缘检测的分割方法

基于边缘检测的分割方法是利用不同区域间像元灰度不连续的特点，检测出区域间

的边缘，从而实现影像分割。边缘检测可分为并行边缘检测和串行边缘检测，常用的方法有微分算子法和串行边缘检测算法。影像中相邻的不同区域间总存在边缘，边缘处像元的灰度不连续可通过求导数来检测，如一阶微分算子有 Rboerts、Perwitt 和 Sobel 算子，二阶微分算子有 Laplace 和 Kirhs 算子等。在实际应用中，各种微分算子常用小区域模板来表示，微分运算是利用模板与影像卷积来实现的。这些算子对噪声敏感，只适合于噪声较小、不太复杂的影像。LOG 算子和 Cmaly 算子是具有平滑功能的二阶和一阶微分算子，其边缘检测效果好。

串行边界查找法是先检测边缘再串行连接成闭合边界的方法，这种方法在很大程度上受到起始点的影响。图像的大部分信息都存在于图像的边缘中，主要表现为图像局部特征的不连续性，即图像中灰度变化比较剧烈的地方。因此，笔者把边缘定义为图像中灰度发生急剧变化的区域边界。根据灰度变化的剧烈程度，通常将边缘划分为阶跃状和屋顶状两种类型。阶跃边缘两边的灰度值变化明显，而屋顶边缘于灰度值增加与减少的交界处。那么，对阶跃边缘和屋顶边缘分别求取一阶、二阶导数就可以表示边缘点的变化。因此，对于一个阶跃边缘点，其灰度变化曲线的一阶导数在该点达到极大值，二阶导数在该点与零交叉；对于一个屋顶边缘点，其灰度变化曲线的一阶导数在该点与零交叉，二阶导数在该点达到极大值(段瑞玲等，2005)。

1. 边缘检测步骤

边缘检测主要包括以下 4 个步骤。

(1) 图像滤波：边缘检测算法主要是基于图像亮度的一阶和二阶导数，但是导数的计算对噪声很敏感，因此必须使用滤波器来改善与噪声有关的边缘检测器的性能。

(2) 图形增强：增强边缘的基础是确定图像各点邻域强度的变化值。增强算法可以将邻域强度值有显著变化的点突出显示。

(3) 图像检测：在图像中有许多点的梯度幅值比较大，而这些点在特定的应用领域中并不都是边缘，应该用某些方法来确定哪些是边缘点。最简单的边缘检测判据是梯度幅值阈值。

(4) 图像定位：如果某一应用场合要求确定边缘位置，则边缘的位置可以在子像素分辨率上来估计，边缘的方位也可以被估计出来。

2. 边缘检测算法

边缘检测的实质是采用某种算法来提取出图像中对象与背景间的交界线。图像灰度的变化情况可以用图像灰度分布的梯度来反映，因此可以利用局部图像微分技术获得边缘检测算子。经典的边缘检测方法是对原始图像中像素的某小邻域来构造边缘检测算子。以下是对几种经典算子的理论介绍及各自性能特点的比较与评价。

1) 基于灰度直方图的边缘检测

基于灰度直方图门限法的边缘检测是一种最常用、最简单的边缘检测方法，对检测图像中目标的边缘效果很好。图像在暗区的像素较多，而其他像素的灰度分布比较平坦。

为了检测出图像物体的边缘，把直方图用门限 T 分割成两个部分，然后对图像 $f(i,j)$ 实施以下操作：扫描图像 $f(i,j)$ 的每一行，将所扫描的行中每一个像素点的灰度与 T 比较后得 $g_1(i,j)$；再扫描图像 $f(i,j)$ 的每一列，将所扫描的列中每一个像素点的灰度与 T 比较后得 $g_2(i,j)$；将 $g_1(i,j)$ 与 $g_2(i,j)$ 合并，即得到物体的边界图像 $g(i,j)$。

在以上过程中，门限 T 的选择将直接影响边缘检测的质量。由于直方图往往很粗糙，再加上噪声的影响更是参差不齐。这样就使得求图像极大、极小值变得困难。因此，可以用两条二次高斯曲线对目标和景物所对应的峰进行拟合，然后求两者的交点，并作为谷底，选取对应的灰度值为门限 T，或用一条二次曲线拟合直方图的谷底部分，门限 T 可取为 $T=-b/2a$。

2) 基于梯度的边缘检测

梯度对应一阶导数，梯度算子就是一阶导数算子。在边缘灰度值过渡比较尖锐，且在图像噪声比较小时，梯度算子工作的效果较好，而且对施加的运算方向不予考虑。对于一个连续图像函数 $f(x,y)$，其梯度可表示为一个矢量。

$$\nabla f(x,y)=\left|G_x,G_y\right|^{\mathrm{T}}=\left[\frac{\partial f}{\partial x}\frac{\partial f}{\partial y}\right]^{\mathrm{T}} \tag{2-38}$$

这个矢量的幅度和方向角分别为

$$\left|\nabla f(2)\right|=mag(\nabla f)=\left[\left(\frac{\partial f}{\partial x}\right)^2+\left(\frac{\partial f}{\partial y}\right)^2\right]^{1/2} \tag{2-39}$$

$$\phi(x,y)=\arctan\left[\frac{\frac{\partial f}{\partial x}}{\frac{\partial f}{\partial y}}\right] \tag{2-40}$$

以上各式的偏导数需对每个像素的位置进行计算，在实际中常用小区域模板进行卷积来近似计算。对 G_x 和 G_y 各用一个模板，将两个模板结合起来就构成一个梯度算子。根据模板的大小和元素值的不同，已提出许多不同的算子，常见的有 Roberts 边缘检测算子、Sobel 边缘检测算子、Prewitt 边缘检测算子、Robinson 边缘检测算子等。

a. Roberts 边缘检测算子

Roberts 边缘检测算子是根据任意一对互相垂直方向上的差分可用来计算梯度的原理，采用对角线方向相邻像素之差。

$$\begin{aligned}\nabla_x f&=f(i,j)-f(i+1,j+1)\\ \nabla_y f&=f(i,j+1)-f(i+1,j)\\ R(i,j)&=\sqrt{\Delta^2{}_x f+\Delta^2{}_y f}\end{aligned} \tag{2-41}$$

对图像 $f(x,y)$ 求 Roberts 梯度为

$$\mathrm{GR}\,f(x,y)=\max\left\{f(x,y)-f(u,v)\right\} \tag{2-42}$$

式中，(u,v) 为点 (x,y) 的四邻域。或用差分近似为

$$\mathrm{GR}\,f(x,y)=\max\left\{\left[f(x,y)-f(x+1,y+1)\right]2+\left[f(x+1,y)-f(x,y+1)\right]2\right\}^{1/2} \tag{2-43}$$

它的两个 2×2 卷积模板如图 2-12 所示，有了这两个卷积算子就可以计算出 Roberts 梯度幅值 $R(i,j)$，再取适当门限 TH，如果 $R(i,j)\geqslant \mathrm{TH}$，则为阶跃边缘点。

1	0
0	−1

0	1
−1	0

图 2-12　Roberts 边缘检测算子

Roberts 边缘检测算子采用对角线方向相邻像素之差近似检测边缘，其定位精度高，在水平和垂直方向效果较好，但对噪声敏感。

b. Sobel 边缘检测算子

将图像中每个像素的上、下、左、右四邻域的灰度值加权差，与之接近的邻域的权最大。因此，Sobel 算子定义如下:

$$sx=\{f(x+1,y-1)+2f(x+1,y)+f(x+1,y+1)\}-\{f(x-1,y-1)+2f(x-1,y)+f(x-1,y+1)\} \tag{2-44}$$

$$sy=\{f(x-1,y+1)+2f(x,y+1)+f(x+1,y+1)\}-\{f(x-1,y-1)+2f(x,y)+f(x+1,y-1)\} \tag{2-45}$$

利用图 2-13 所示的两个核算子做卷积，一个核对通常的垂直边缘影响最大，而另一个核对水平边缘影响最大，两个卷积的最大值都作为像素点的输出值，运算结果就是一幅边缘图像。适当取门限 TH，如果 $R(i,j)\geqslant \mathrm{TH}$，则为阶跃边缘点。

−1	−2	−1
0	0	0
1	2	1

−1	0	1
−2	0	2
−1	0	1

图 2-13　Sobel 边缘检测算子

Sobel 算子利用像素的上、下、左、右邻域的灰度加权算法，根据在边缘点处达到极值这一原理进行边缘检测。该方法不但产生较好的检测效果，而且对噪声具有平滑作用，可以提供较为精确的边缘方向信息。但是，在抗噪声好的同时增加了计算量，而且也会检测伪边缘，定位精度不高。如果检测中对精度的要求不高，该方法较为常用.

c. Prewitt 边缘检测算子

Prewitt 边缘检测算子是一种边缘样板算了。样板算子由理想的边缘子图像构成，依次用边缘样板去检测图像，与被检测区域最为相似的样板给出最大值，用这个最大值作为算子的输出。

$$px = \{f(x+1,y-1)+f(x+1,y)+f(x+1,y+1)\}-\{f(x-1,y-1)+f(x-1,y)+f(x-1,y+1)\} \tag{2-46}$$

$$py = \{f(x-1,y+1)+f(x,y+1)+f(x+1,y+1)\}-\{f(x-1,y-1)+f(x,y-1)+f(x+1,y-1)\} \tag{2-47}$$

由图 2-14 所示的两个卷积算子形成了 Prewitt 边缘算子，与使用 Sobel 边缘算子的方法一样，图像中每个像素都用这两个核做卷积，取最大值作为输出，运算结果就是一幅边缘图像。适当取门限 TH，如果 $R(i,j) \geqslant \mathrm{TH}$ 则为阶跃边缘点。

1	0	−1
1	0	−1
1	0	−1

−1	−1	−1
0	0	0
1	1	1

图 2-14　Prewitt 边缘检测算子

Robinson 边缘检测算子也是一种边缘样板算子，其算法和 Prewitt 边缘检测算子相似，只是边缘样板不同。

2.4.3　基于区域特征的分割方法

基于区域的分割方法是利用区域内特征的相似性把影像划分为一系列有意义区域的处理方法(田新光，2007)。区域生长和分裂合并法是两种典型的区域特征分割法。区域生长的基本思想是将其具有相似特性的像元集合起来构成区域。首先，每个需要分割的区域确定一个种子像元作为生长起点；然后，按一定的生长准则，把它周围与其特性相同或相似的像元合并到种子像元所在的区域中。把这些新像元作为种子继续生长，直到没有满足条件的像元可被包括，这时生长停止，一个区域就形成了。区域生长要解决的主要问题是区域生长准则的设计和算法的高效性。生长准则往往和具体问题有关，直接影响最后形成的区域，如果选取不当，就会造成过分割或欠分割现象。区域生长法的优点是计算简单，对于较均匀的连通目标有较好的分割效果。它的缺点是需要人为确定种子点，对噪声敏感，区域内可能有空洞。另外，它是一种串行算法，当目标较大时，分割速度较慢，因此在设计算法时，要尽量提高效率。

分裂合并法的基本思想是从整幅影像开始，通过不断分裂合并得到各个区域。分裂合并法的关键是分裂合并准则的设计。这种方法对复杂影像的分割效果较好，但算法较复杂，计算量大，分裂还可能破坏区域的边界。

1. 区域生长法

区域生长法是根据同一地物区域内像元的相似性来聚集像元的方法，从初始区域(如小区域甚至是单个像元)开始，将相邻的具有同样性质的像元或其他区域归并到目前的区域中，从而逐步生长区域，直至没有可以归并的像元或其他小区域为止。区域内像元的相似性度量包括光谱平均值、纹理、形状、位置等信息。

区域生长法是一种比较普遍的方法，在没有先验知识可以利用时，取得最佳的性能，可以用来分割比较复杂的影像，如自然景物。但是，区域生长法是一种迭代的方法，其空间和时间的开销都比较大。

这种分割方法对种子点的选择有很大依赖，不同的种子点设置一般会有不同的分割结果，而且在不同地物之间过渡平缓的情况下，会把不同类型的区域合并到一个区域。

2. 分裂、合并混合法

这种分割思想是先从整幅影像开始，通过不断分割得到各个区域。在实际应用中，常常把影像分割成任意大小且不重叠的区域，然后再合并或者分裂这些区域，以满足分割的要求。通常用的是一种利用四叉树表达的简单分裂合并算法，如图 2-15 所示，*R* 代表整个正方形区域。

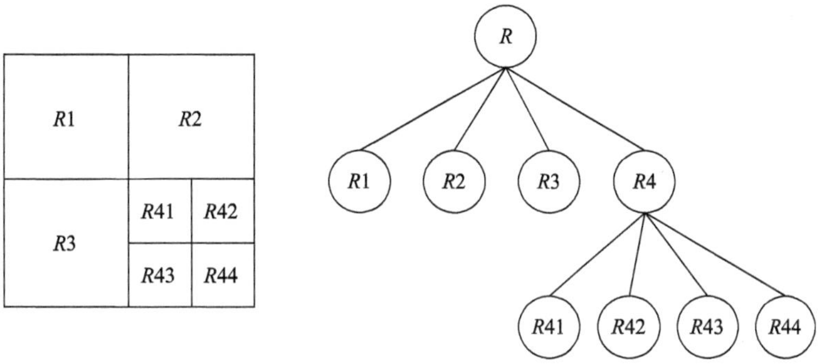

图 2-15　四叉树简单分裂合并算法

3. 松弛迭代法

松弛迭代法的初衷是结合并行和串行两类方法的优点，使得分割既能在每个局部并行进行，又能借助迭代，利用运算中逐步获取的信息不断调整，以自适应地取得好的效果。松弛迭代，分割法以像元为操作对象，借助迭代逐步确定各像元的归类。在每次迭代中，多尺度遥感影像分割用到相容性的准则，据此，松弛迭代法可以分为离散松弛法、模糊松弛法和概率松弛法。

2.4.4　基于特征空间聚类的分割方法

特征空间聚类法进行影像分割是将影像空间中的像元用对应的特征空间点表示，根据它们在特征空间的聚集，对特征空间进行分割，然后将它们映射回原影像空间，得到分割结果。常用的有 *K*-均值聚类法、模糊 *K*-均值聚类法、ISODATA 聚类法等。在高分辨率图像上，地物景观的结构、纹理和细节等信息清楚地表现出来，让我们在获得丰富的地物光谱信息的同时还可以获取更多的关于地物结构、形状和纹理方面的信息。由于车道线的影响，路面上有许多对相互平行的直线，道路在高分辨率影像中的纹理特征清晰。从基于特征的角度看，目前研究中多数方法都是单纯地基于灰度特征或单纯地基于纹理特征来进行影像分割。实际上，某些地物影像的灰度或纹理特性不是很强，用基于单一特征的方法往往得不到满意的分割结果。如果能够综合应用灰度、纹理等特征及有关知识、规则进行遥感影像分割，无疑可以极大地提高分割精度。基于综合特征的遥感影像分割识别的主要步骤可以概括为特征提取和根据提取的特征进行聚类分割(马文，2006)。其具体方法实现步骤如下：

步骤一　影像预处理工作；

步骤二　对预处理后的影像中每个像素的邻域窗口计算灰度共生矩阵，并提取纹理特征值；

步骤三　同时计算每个小窗口的灰度均值，并将其作为灰度特征值；

步骤四　将灰度特征值和纹理特征值结合，得到一个综合特征向量，对该综合特征向量进行聚类分割，得到结果图；

步骤五　将该分割结果图与最大类间方差法分割的结果图求与运算，最后得到分割图像。

其具体算法流程如图 2-16 所示。算法流程的核心为影像的特征提取和聚类分别。下面具体介绍特征提取和聚类分别。

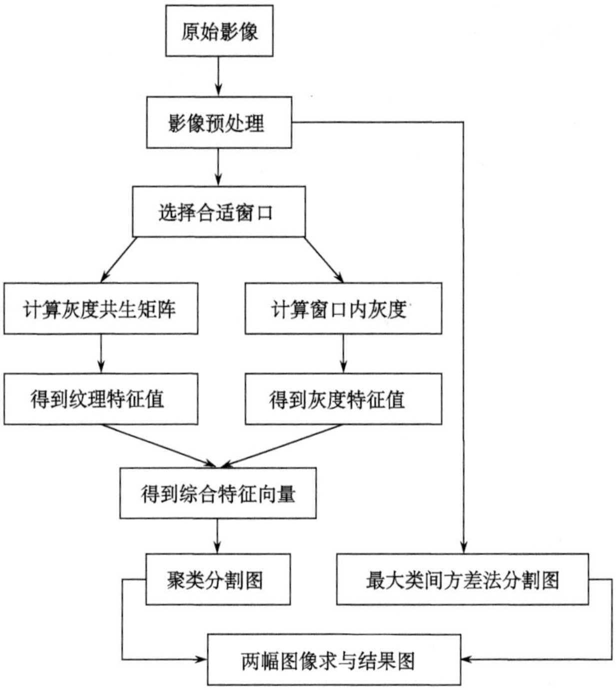

图 2-16　基于特征空间聚类的分割法流程图

1. 特征提取

无论从历史发展还是从当前进展来看，统计分析法仍然占据主导地位。由于地物的组成、空间分布的复杂性和多样化，使得遥感图像的纹理不具有像布匹花纹那样规则不变的局部模式和简单的周期重复，其纹理信息及重复往往只有统计学上的意义，使得结构分析方法在遥感图像中的应用效果不佳，所以遥感图像纹理分析主要采用的是统计纹理分析方法。

通过对影像进行纹理分析，将影像变换到纹理特征空间，进行影像分割、识别，这是影像理解的一种主要技术途径，其关键是纹理特征的选取。纹理特征的选取必须结合具体的应用，特别是影像分割选取的纹理特征要使得通过纹理特征变换后，特征空间中待分割的目标影像与背景影像的某个统计特征值，如方差、均值有显著变化，以利于分割阈值的确定。灰度共生矩阵反映了图像灰度关于方向、相邻间隔、变化幅度的综合信息，通过灰度共生矩阵选取的纹理特征值进行图像分割能取得较好的效果。

灰度共生矩阵纹理特征是目前应用最多的特征，它反映了图像中两个像素组合时的灰度配置情况，这种两像素的灰度配置信息能很好地表现出纹理特征，强调了灰度的空间依赖性。灰度共生矩阵法是 Harailkc 首先提出的一种纹理统计分析方法，以研究沿一定方向(0°, 45°, 90°, 135°)、相隔一定距离 d 的像元之间相关关系为目的。灰度共生矩阵强调的是空间的依赖性，其特点体现了在一种纹理模式下的像素灰度的空间关系。计算共生矩阵的方法如图 2-17 所示。

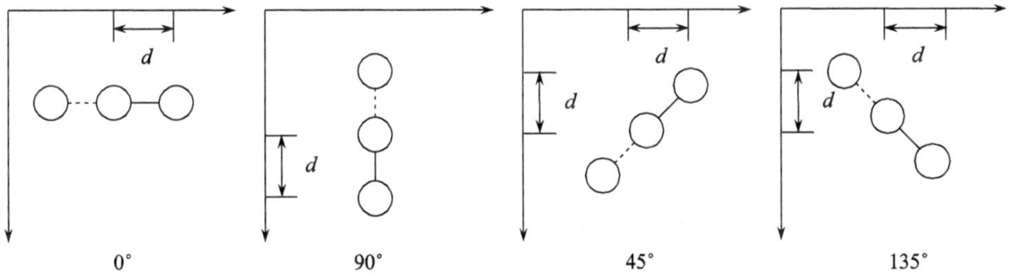

图 2-17　共生矩阵算法流程图

对灰度共生矩阵进行对称化和归一化处理得到灰度联合矩阵，灰度联合矩阵能提供多个纹理量，可以从多个侧面描述影像的纹理特征，因而其在纹理分类中得到广泛应用。其中，可以用于提取遥感图像中纹理信息的特征统计量主要有角二阶矩(能量)、对比度、熵、相关性等。

1) 角二阶矩(能量)

$$E(d,\varphi)=\sum_{j}\sum_{i}\left[p(i,j|d,\varphi)\right]^2 \tag{2-48}$$

角二阶矩是图像灰度分布均匀性的度量，由于是灰度共生矩阵元素值的平方和，所以也称为能量。当灰度共生矩阵中的元素分布较集中于主对角线时，说明从局部区域观察图像的灰度分布是较均匀的。从图像整体来观察，纹理较粗，此时 E 较大，即纹理含有较多的能量；反之，细纹理则，E 较小。式下的像素灰度的空间关系。计算共生矩阵的方法如图所示。

2) 对比度

图像的对比度表示纹理的清晰度，理沟纹越深则值越大。

$$I(d,\varphi)=\sum_i\sum_j(i-j)^2 p(i,j|d,\varphi) \tag{2-49}$$

3) 熵

几乎为零矩阵，则熵值 H 接近为零；若图像充满细纹理，则该图像的熵值最大。

$$H(d,\varphi)=\sum_i\sum_j p(i,j|d,\varphi)\log p(i,j|d,\varphi) \tag{2-50}$$

4) 相关性

相关性是用来衡量灰度共生矩阵的元素在行的方向或在列的方向的相似程度。

$$C(d,\varphi)=\frac{\sum_i\sum_j ijp(i,j|d,\varphi)-u_x u_y}{\sigma_x^2\sigma_y^2} \tag{2-51}$$

式中，$u_x=\sum_i i\sum_j p(i,j|d,\varphi)$；$u_y=\sum_j j\sum_i p(i,j|d,\varphi)$；$\sigma^2{}_x=\sum_i(i-u_x)^2\ \sum_j p(i,j|d,\varphi)$；$\sigma_y^2=\sum_j(j-u_y)^2\sum_i p(i,j|d,\varphi)$。

各纹理特征表现图像的侧重点不同，用不同的方式反映纹理，前 3 个特征值能较好地反映道路目标的纹理特征。因此，本书算法二将能量、对比度和熵这 3 个特征值与计算每个小区域内的灰度平均值一起组成综合特征向量。该特征向量综合了纹理信息和灰度信息。

由上述公式可以看出，计算共生矩阵纹理特征，取决于像素对的步长、相对方向及窗口大小这 3 个因素的影响。为了确定最佳参数，按表计算了不同窗口大小、步长和方向的特征值。根据计算结果，窗口的大小对共生矩阵的影响最大。窗口取得过小，甚至比目标的尺寸还小得多时，计算的结果是不可靠的；当窗口取得过大时，窗口内所包含的内容越多、越复杂，这同样会影响计算结果。另外，当计算窗口的尺寸由小取到大时，纹理图像的边缘会变得越来越模糊化，这也会影响道路分割的精度。

2. 聚类分割

当得到每个像素的综合特征向量后，特征相似区域表示为同类区域，通过聚类分析就得到道路分割结果。特征向量聚类法的核心是选取合适的聚类算法，利用 K 均值方法在特征空间内进行。K 均值聚类算法是一种较典型的逐点修改迭代的动态聚类算法，在处理大量数据集方面具有其他聚类算法无法比拟的优势。

K 均值算法的基本思想是给定一个例子集合 X 和一个整数 k，将 X 分割为 k 个聚类，并使得在每个聚类中所有值与该聚类中心的距离总和最小，其中聚类中是指该聚类的几何平均值。K 均值算法的目的是最小化所有点到聚类中心的平方距离和。

一般来说，K-均值算法需要预先设定类的数目。虽然 K-均值算法的收敛问题一直没有得到理论证明，但在很多情况下，其分类结果并不受初始中心的影响，因此 K-均值算法不失为一个很好的聚类算法。

2.4.5　基于特定算法的分割方法

基于特定算法的分割方法本节主要介绍以下七种方法，分别是：①基于数学形态学的方法；②基于统计模式识别的方法；③利用神经网络的方法；④基于信息端的分割方法；⑤基于模糊理论的分割方法；⑥基于小波分析的方法；⑦利用遗传算法的方法。

1. 基于数学形态学的方法

近年来，数学形态学已被发现是一种新型的数字影像处理方法和理论，其在边缘检测和影像分割中得到了广泛的研究和应用。它的基本思想是用具有一定形态的结构元素去度量和提取影像中的对应形状，以达到对影像分析和识别的目的。利用膨胀、腐蚀、开运算、闭运算 4 种基本运算进行推导和组合，可以产生各种形态学实用算法，其中结构元素的选取很重要。腐蚀和膨胀对于灰度变化较明显的边缘作用很大，可用于构造基本的形态学边缘检测算子。基本的形态学边缘检测算子易于实现，但对噪声敏感，适用于噪声较小的影像。基于形态学的影像边缘检测的关键是针对各种运算的特点，结合形态学多结构、多尺度的特性，构造优良的边缘检测算子，来较好地解决边缘检测精度与抗噪声性能的协调问题。

2. 基于统计模式识别的方法

图像的模式识别一般是在图像分割以后依据分割的结果，对图像所含的不同内容进行识别，但反过来它也可以用于图像分割网。

3. 利用神经网络的分割方法

这方面的研究文献层出不穷，神经网络由几层(一般为 2～4 层)结点。各层之间的结点相互连接，从而构成网络。网络都是经过一定数量的样本的学习，才能对其他未知的对象进行识别。它的缺点是训练样本的组织工作量较大，学习的时间较长；优点是它具有自组织、自学习、自适应特性。

4. 基于信息论的分割方法

基于信息论的分割方法利用的主要是信息论的熵的概念。它的缺点一般是要对图像的某些分布作出模型假设，如基于正态分布等。

5. 基于模糊理论的方法

模糊理论具有描述事物不确定性的能力，适合于影像分割问题。近年来，出现了许多模糊分割技术，它们在影像分割中的应用日益广泛。目前，模糊技术在影像分割中应用的一个显著的特点就是它能和现有的许多影像分割方法相结合，形成一系列集成模糊分割技术，如模糊聚类、模糊阈值、模糊边缘检测技术等。

6. 基于小波分析的方法

小波变换是近年来得到广泛应用的数学工具，它在时域和频域都具有良好的局部化性质，将时域和频域统一于一体来研究信号，而且小波变换具有多尺度特性，能够在不同尺度上对影像进行分析，因此其在影像处理和分析等多方面得到应用。二进小波变换具有检测二元函数局部突变的能力，因此可作为影像边缘检测的工具。影像的边缘出现在影像局部灰度不连续处，对应于二进小波变换的模的极大值点。因此，通过检测小波变换模的极大值点，可以确定影像的边缘。小波变换位于各个尺度上，而每个尺度上的小波变换都能提供一定的边缘信息，因此可进行多尺度分割，得到比较理想的效果。

7. 利用遗传算法的方法

遗传算法本身是一种优化方法，所以在需要进行数据优化的地方一般都可以应用这种方法。这种方法的优点是它搜索的结果是全局最优的，而且是比较稳健的。基于 Markov 随机场理论与贝叶斯统计方法的分割方法。其中一种方法是用 Markov 理论与 Gibbs 分布建立模型，用模拟退火法和最大似然估计方法求解。因为人眼对亮度具有适应性，在一幅复杂影像的任一点上只能识别几十种灰度级，但可以识别成千上万种颜色，所以在许多情况下，单纯利用灰度信息无法从背景中提取目标，还必须借助于色彩信息。由于彩色影像提供了比灰度影像更加丰富的信息，因此随着计算机处理能力的快速提高，彩色和多光谱影像分割正受到人们越来越多的关注。彩色影像和多光谱遥感影像能提供更高维的信息，因此基于特征空间的影像分析就成了影像分割的首选。

2.5 遥感数据同化技术

数据同化又称四维数据同化(four dimension data assimilation，4DDA)，是指在考虑数据时空分布及观测场和背景场误差的基础上，在数值模拟的动态运行过程中融合新的观测数据的方法。由于数据同化可以应用于地球系统科学研究的多个领域，因此不同领域专家对数据同化的内涵与外延有各自的表述(黄春林和李新，2004；李新和摆玉龙，2010；宫鹏，2009)。Allan 认为，数据同化是一种对海洋变量进行估计的通用方法，它联合观测数据和海洋学动态模型提供精确的海洋变量估计值，而这是其他方法所不具备的(Robinson and Lermusiaux，2000)。李新和黄春林(2004)认为，陆面数据同化是集成多源地理空间数据的新思路，其核心思想是把不同来源、不同分辨率直接和间接的观测数据与模型模拟结果集成，生成具有时间一致性、空间一致性和物理一致性的各种地表状态的数据集，并且认为在陆面数据同化系统上发展起来的陆地信息系统将会发展为未来 GIS 中的重要工具。宫鹏(2009)定义数据同化是在考虑数据时空分布和对模型观测做出误差估计的基础上，在数值模型的动态运行过程中融合新的观测数据的方法，其目的是生成具有时间、空间和物理一致性的数据集，他认为遥感数据的引入可以辅助改善环境模型的模拟精度，尤其是在提高模型对参数的空间不均一分布(异质性)的模拟方面，同时数据同化也可以改善遥感数据产品的精度，上述定义方法表述有差异，但所描述的数据同化本质是一样的，上述定义的数据同化包括 4 个基本要素:模拟自然界真实过程的动力模型;状态量的直接或间接观测数据;通过数据同化算法不断将新观测的数据融入过程模型计算中，校正模型参数，提高模型模拟精度;定量分析模型和预测值的不确定性。

目前的数据同化为支持多源遥感卫星的数据同化，美国在国家海洋和大气管理局(NOAA)、国家航空航天局(NASA)、NAVY 和 AirForce 分别建有 4 个卫星数据同化中心。后来，这 4 个卫星数据同化中心共同组成了一个卫星数据同化联合中心。类似地，其他国家的遥感数据同化工作也在展开和发展中，如欧洲中尺度数值预报中心、欧洲空间局 GMES 计划以及日本航天局等。

2.5.1　陆面数据同化

研究大尺度和流域尺度的水分和能量循环，获取完备的地球表层系统的时空信息，都离不开模型模拟和观测这两种基本手段，它们有着各自的优势，模型模拟的优势在于依靠其内在的物理过程和动力学机制，可以给出所模拟对象在时间和空间上的连续演进;而观测的优势在于能得到所测量对象在观测时刻和所代表的空间上的真值由于几乎所有地表变量在时间、空间上都具有高度的异质性，导致对它们的模拟和观测都具有很大的不确定性。从模型方面而言，现有的全球和区域气候模式，以及陆面过程模型通常都包含了复杂的陆面过程参数化方案，但是这些模型对陆面状况的模拟精度依然较差。例如，在全球土壤湿度项目(GSWP)中，研究人员利用 SIB2、SSIB、BATS、NOAA/NCEPETA 等 10 个具有代表性的陆面过程模型模拟全球水分，以期得到 1987～1988 年两年的全球土壤水分数据集。但是他们总结到，没有一个模型在任何一个地区精确地模拟了土壤水分值(Entin, 1999)。这一方面固然源于现有的模型还远未臻完美，各种物理过程和参数化方案还有待于改进；另一方面，也是因为很难确定某一特定地区陆面状况的初始值和水热、植物生理、生物物理参数值。从观测方面而言，尽管近年来加强了对地表能量和水分循环的观测，如 GEW-EX 的 CEOP 计划协调了全球 36 个观测区域，将布设在这些地区的通量，以及土壤水分和温度观测数据统一建库和分析图，但是直接利用这些数据，通过客观分析高分辨率地重建全球和区域的能水循环依然十分困难，主要原因是这些变量的空间变异非常强烈，加强的观测网相对于高度的空间异质性而言，依然显得稀少而薄弱。近年来，大量遥感数据被广泛地应用于反演地表变量，弥补了常规观测在数量上的不足。

但是，如果仅仅依靠遥感观测无法完整和连续地表达地表过程的时空演进信息。这主要是因为：①遥感观测获得的都是瞬时值，而地表过程无论在时间上还是空间上都是连续的，因此需要借助于模型，把瞬时观测转化为具有时空一致性的数据集。②遥感观测（如亮度温度）和地表水文变量之间的关系是隐含的，因此观测是间接的。一般来说，可以显式地建立地表变量和卫星观测值（如亮温）之间的正向模型，但是由于观测量往往少于要反演的复杂地表变量，而正向模型通常又是十分复杂的非线性模型，导致反演十分困难或即使微小误差也会导致“病态”反演。反演中往往需要增加许多先验信息的约束，以提高反演的可能性并增加反演精度。陆面过程模型和分布式水文模型作为反演中的一种物理约束，可以起到先验信息的作用。③遥感一般无法观测浅层地表以下的信息。例如，对于湿润土壤，微波遥感能探测表层几厘米的水分含量，但对于根区和深层土壤水分则无能为力，这对于水文过程也是重要的。④观测存在误差，误差既来源于仪器的偏差，也来源于对所观测的空间复杂异质的代表性。因此，模型模拟和观测的相互结合十分重要。

如果能够利用陆面过程模型来约束遥感反演模型，能够利用遥感数据来调整模型的运行轨迹，使积累的误差得到“释放”，从而最大限度地利用不同来源、不同空间和时间分辨率的观测数据，并将它们有机的融合，就可以获得更高分辨率、具有物理一致性和时空一致性的数据，就能更好地表达各种时空尺度上的水分和能量循环。陆面数据同化方法的出现和渐趋实用化，为我们达到这一目标提供了一条可行的途径。

陆面数据同化的核心思想是在陆面过程模型的动力框架内，融合不同来源和不同分辨率的直接与间接观测，将陆面过程模型和各种观测算子（如辐射传输模型）集成为不断地依靠观测而自动调整模型轨迹，并且减小误差的预报系统。其理论、概念和方法来源于大气和海洋科学，在数学上主要借助于估计理论、控制论、优化方法和误差估计理论（Talagrand，1997）。陆面数据同化起步于 20 世纪 90 年代末期，在吸收了大气数据同化和海洋数据同化丰富素养的基础上，正在快速发展，早期的工作包括在陆面过程模型的约束下，从被动微波遥感数据反演地表水分对已有的各种同化方法的分析比较。近年来，陆面数据同化已日趋成为陆面过程和水文研究中的热点和前沿，其发展阶段已经迅速跨过了幼年期，显现出它不同于大气和海洋同化的特征，它在理论和方法的探索、实用同化系统的建立等方面都取得了重要的进展（Sun et al.，2004）。最具代表性的事件是几个大区域同化系统的建立，包括北美陆面数据同化系统（NLDAS）和全球陆面数据同化系统（GL-DAS）、欧洲陆面数据同化系统（ELDAS），以及中国陆面数据同化系统（Mitchell et al .，2004；Odell et al.，2004.）

陆面数据同化系统（land data assimilation system，LDAS）是近年来将四维同化方法应用到地球表层科学和水文学中而迅速发展起来的新方法，它作为独立的领域出现是在 1995 年之后。针对地球表层系统科学数据稀缺而模拟又存在很大不确定性的现状，同化系统的发展有利于打破模拟与观测之间的隔阂，并在统一的框架内将它们集成起来，融合观测模型预报结果，获得时空连续的、大空间尺度和长时间周期的、更为精确的地球表层数据，这在一定程度上解决了陆地表面观测数据稀少、数据精度不高、分布不均的问题。同时近年来，遥感和作物模型结合也已越来越广泛地应用到作物估产、品质监测和农业面源污染监控中，其成为地球表层科学的一个活跃的研究方向。

2.5.2 陆面数据同化系统的构建方法

陆面数据同化系统构建的流程如下：①制备驱动数据，以及利用遥感和地表观测得到陆面过程模型所需的地表参数集；②驱动数据与地表参数进入陆面过程模型，生成当前时刻的状态变量；③同化当前时刻的地表观测、卫星、雷达数据，估计背景场误差，优化状态变量；④陆面数据同化继续向前推进，生成下一时刻的背景场。利用计算机程序设计语言构建陆面数据同化系统主要包括以下内容。

(1)数据的准备和预处理。其包括利用大气同化系统生成或通过观测得到的大气驱动数据(辐射、气温、风速、降水、气压等)，用于驱动陆面过程模型运行；利用遥感和地表观测制备的地表参数集(如土壤数据、高程数据等)，作为陆面过程模型的输入参数；来自地表观测、卫星、雷达资料等不同观测平台的观测数据，主要用于模型模拟结果的同化。

(2)陆面过程模型的选择和运行。根据具体的研究目的，选择适当的陆面过程模型，可以采用已有的或自己编写的模型计算机程序，将第 1 步中得到的大气驱动数据及地表参数集等作为输入数据，调用模型程序，通过运行模型，最终输出当前时刻的状态变量。

(3)陆面过程模型与辐射传输模型的耦合。微波辐射传输模型在同化系统中被作为观测算子，第 2 步中陆面过程模型输出的部分状态变量[如叶面积指数(LAI)、生物量、地表温度、土壤湿度等]通过计算和转化，可以作为辐射传输模型的输入参数，实现陆面过程模型与辐射传输模型的耦合，通过调用辐射传输模型计算机程序，将状态变量转化为亮度温度、后向散射强度等卫星传感器的观测量，并将其作为同化比较对象。

(4)陆面过程模型初始值和参数的优化。该过程即为同化过程，选择同化效果较好的同化算法，利用计算机语言实现，比较第 3 步中模型耦合后模拟的卫星传感器观测量与卫星、雷达等的观测数据，调用同化算法计算机程序，通过不断的循环，反复调整陆面过程模型的初始值或参数，逐步优化模型生成的状态变量，以减小模拟观测量与实际观测数据的差异，直至二者差异满足同化算法定义的最优化条件，此时陆面模型的参数即为最优参数。

(5)系统主程序设计。利用计算机程序设计语言，在分别实现了(2)、(3)、(4)部分功能的基础上，编写系统主程序，通过各部分提供的数据输入输出接口，调用实验数据，依次执行各个部分，利用数据的传递，最终实现几个部分的集成，包括陆面过程模型的运行及其与辐射传输模型的耦合、利用同化算法优化模型的初始值和参数、运行优化后的陆面过程模型得到输出数据，最终形成一个完整的陆面数据同化系统。

(6)系统检验。利用建好的系统模拟一组数据，将这组模拟数据与实际的实验数据进行比较，检验系统的同化效果。

陆面数据同化已逐步成为当前地球科学研究的新方向，它综合利用地表观测、卫星、雷达等数据，同步校正陆面模型和水文模型的输出，这在一定程度上解决了陆地表面观测数据稀少、数据精度不高、分布不均的问题。随着大气、海洋同化系统的不断发展，全球和大陆尺度的陆面数据同化系统的逐步建立，为陆面数据同化的进一步研究和发展奠定了坚实的基础。当前陆面数据同化系统正在向实时、在线的陆面信息系统(LIS)发展，碳循环、植被的动态变化、地下水的储量等的同化也逐步进入陆面同化系统，陆面过程模型和数据同化算法的改进和发展、高时间和空间分辨率的卫星和雷达数据出现，使开发流域尺度的陆面数据同化系统成为可能。但是，当前的陆面数据同化系统还存在一些问题有待于解决：①陆面过程模型包含了大量的参数和变量，在系统运行过程中会涉及庞大的矩阵运算，运算效率制约着陆面数据同化系统向高时空分辨率的同化系统发展。②陆面参数化方案比较计划(PILPS)的结果表明，20多个陆面模式在相同的初边值条件下，算出的陆面水热通量结果存在很大差异。陆面过程的复杂性导致陆面过程模型具有局限性，所以如何选择合适的陆面过程模型、如何进行参数优化、如何改进模型等，对于陆面数据同化系统来说，也是至关重要的。③无论是模型还是观测都存在着误差，如何采取有效的方法评价和估计模型与背景场误差，如何解决地理空间自相关性，提高数据的精度，对于陆面数据同化系统的输出结果有着重要影响。下面将对陆面过程模型、遥感数据及同化算法进行详细介绍。

1. 陆面过程模型

陆面过程是指发生在地表控制地气之间水分、量和动量交换的作用过程，包括地面上的热力过程、水文过程和生物过程，地气间的能量和物质交换及地面以下土壤中的热传导和水热输送过程等，几乎涉及了地球系统五大圈(大气圈、岩石圈、生物圈、土壤圈和冰冻圈)中所有的圈层。随着观测手段的不断改进和资料的不断丰富，以及对陆面过程重要性认识的逐步深入，复杂的陆面模式飞速发展起来，如BATS、SSiB和CLM等，这类陆面过程模型建立在土壤物理、植被生态、水文等研究的基础上，以植被为出发点，进而对其他类型的下垫面进行改进(张强, 1998)

陆面过程模型在陆面数据同化系统中起着重要作用：一方面，它与大气数据同化系统耦合，生成大气驱动数据，为陆面数据同化系统提供高精度的背景场；另一方面，它是陆面数据同化系统中最核心的部分，陆面过程模型对地表能量物质交换描述的准确性、合理性直接影响着陆面数据同化系统的输出结果以及下一时刻状态的预报，因此陆面过程模型的选择尤为重要。

2. 遥感数据

在陆面数据同化系统中，遥感数据同样起着十分重要的作用。它应用于系统的各个环节，充分显示了其优势。首先，陆面过程模型所需的许多初始参数都是通过遥感数据获得的。其次，遥感数据可以作为陆面模型的输入变量。例如，利用雷达数据可以提取降水、雪、地表温度等信息。然后，遥感数据还可以用来优化陆面模型的参数。陆面模型在进入陆面数据同化系统前必须对其参数进行优化，而遥感数据可以作为标准数据来优化模型参数，通过敏感性实验，不断改变陆面模型的参数，检验模拟结果是否与观测一致，达到优化参数的目的。最后，遥感数据还可以用来估计和优化模型状态变量。陆面模型运行获得的部分状态变量(LAI、生物量、土壤湿度等)，通过辐射传输模型或反方法，可以用来计算光谱反射率或后向散射强度，利用方差最小化原理调整模型状态变量，使得计算获得的光谱反射率或后向散射强度与通过遥感数据获得的光谱反射率或后向散射强度的方差最小化，最终得到优化的陆面模型状态变量(Bach and Manser，2003)。

3. 同化算法

不同同化算法的探索和调整能力不同，同化算法的优劣决定着整个系统的同化效果和运行效率，因此同化算法的选择十分关键。目前，陆面数据同化系统中常用的同化算法有最优插值法、四维变分法、Kalman 滤波法、集合 Kalman 滤波法、模拟退火算法等。

1) 最优插值法

最优插值法最早是用于把不规则观测站点的温度内插到规则网格的方法。该方法以线性最小平方估计理论为基础，其优点是它能够“自动”地处理精度不同的各种观测数据，此外，它考虑了观测和预报之间的一切线性相关及观测要素固有的统计结构(王跃山，1999)。

2) 四维变分法

四维变分法利用变分法的思想，把求解微分方程组问题转化成一个极值问题，它通过模式方程的解和不同时次观测资料的全局调整达到同化的目的。四维变分同化的基本原理如下:首先，构造了一个目标泛函(罚函数或目标函数),它的定义域是模式积分的时空域，函数由观测、分析和预报三者中两两的方差之和构成。他们把模式方程作为该泛函的约束条件，这样观测值的同化问题就转化为具有约束的变分问题。由于约束变分问题往往难于求解，他们应用 Lagrange 乘子，将模式方程加到方差和构成的泛函上，从而构造了一个新的泛函，于是问题进一步转化为无约束变分问题。然后，再通过罚函数算法，或者对偶算法，或者增广 Lagrange 算法，进一步将问题转化为无约束最优化问题，于是问题可解。四维变分同化方法的主要突破是采用了比逐步订正法、最优插值法和模式向前、向后积分法等更加优越的伴随方法，大大提高了计算效率(Talagrand，1997)。

3) Kalman 滤波法

Kalman(1960)针对过程状态估计提出 Kalman 滤波的思想。它分为时间更新和观测更新两个步骤。在时间更新阶段，根据前一时刻的模式状态生成当前时刻模式状态的预报值。在观测更新阶段，引入观测数据，利用最小方差估计方法，对模式状态进行重新分析。随着模式状态预报的持续进行和新的观测数据的陆续输入，这个过程不断向前推进。

4) 集合 Kalman 滤波法

集合 Kalman 滤波法是通过 Monte-Carlo 法(总体积分法)来计算状态的预报误差协方差。它是 Evensen(1994)根据 Epstein 的随机动态预报理论提出的。该方法将模式状态预报看成近似随机动态预报，用一个状态总体(设数目为 N)代表随机动态预报中的概率密度函数，通过向前积分，状态总体很容易计算不同时间的概率密度函数所对应的统计特性(如均值与协方差)。集合 Kalman 滤波的最大特点是它克服了 Kalman 滤波要求性化的模型算子和观测算子的缺点。

5) 模拟退火算法

模拟退火算法于 1982 年由 Kpatrick 等首次提出，它是一种基于 Monte-Carlo 代求解法的启发式随机搜索算法。它基于固体物的退火过程与问题求解过程的相似性，将问题的 S_i 和目标函数分别与固体的一个微观状态及其量相对应，并用控制参数 T 表示伪温度。让 T 从一足够高的值慢慢下降，对于当前状态 S 做随机扰产生一个新的状态 S'，计算新状态目标函数的增 ΔE,并以一定的概率 $\exp\left(\Delta E/T\right)$ 接受 S' 作为新的前状态。模拟退火算法不只是接受优化的解，也会以一定的概率接受非优化解。随着温度的降低，系统渐渐地不接受非优化解，并最终在温度趋于 0℃时收敛到解状态。这种过程能够有效地避免局部搜索算法陷入局部最优的通病。模拟退火算法的主要步骤如下：①设置随机的初始状态 S_0，一个确定的初始温度 T，以及温度下降系数 Beta；②随机扰动产生状态 S'，并计算；③如果 $\Delta E>0$，则接受 S'，否则，以一定概率 $\exp\left(-\Delta E/T\right)$ 接受 S；④在温度 T 下检验是否达到平衡，若不平衡则转到步骤②；⑤ $T=\text{Beta}\times T$；⑥检验是否达到理论最低温，若是，则退火过程结束，否则转到步骤②。

2.5.3 中国陆面数据同化系统

中国科学院寒区旱区环境与工程研究所和兰州大学大气科学学院等科研机构承担研发的中国陆面数据同化系统主要由 4 个模块组成，它们分别是陆面过程模型、观测算子、同化算法及数据集(包括驱动数据、参数集、观测数据及输出数据等)(李新，2007)。

其中，驱动数据集通常是由大气数据同化系统获得的大气状态数据(包括近地面的气温、风速、比湿、气压、降水，以及下行的长波和短波辐射等)；参数集主要包括陆面模型中所需要的静态参数和动态参数(如植被分类图、土壤数据集、高程数据集等)；观测数据包括来自各种观测平台(如站点观测、卫星、雷达等)的数据；输出数据则由具体的陆面模型决定，主要包括地表的土壤湿度、能量通量、径流及蒸散发等。

系统的总体框架图如图 2-18 所示。

其具体步骤如下：

(1) 采用大气同化系统对 NCEP 再分析资料做降尺度处理，产生时间分辨率为 1 小时，空间分辨率为 0.25"的驱动数据，采用“离线”方式驱动陆面过程模型。从遥感资料，如逐月的 MODIS 叶面积数据获取动态的生物物理参数，从植被图和土壤质地类型图计算植物的形态和生理参数及水热参数。

(2) 初始化模型，然后根据给定的概率分布(一般假定为多维正态分布)产生一组(称为一个集合)模型状态变量的随机矢量，用它们对模型初始场进行扰动，生成初始场的集合。

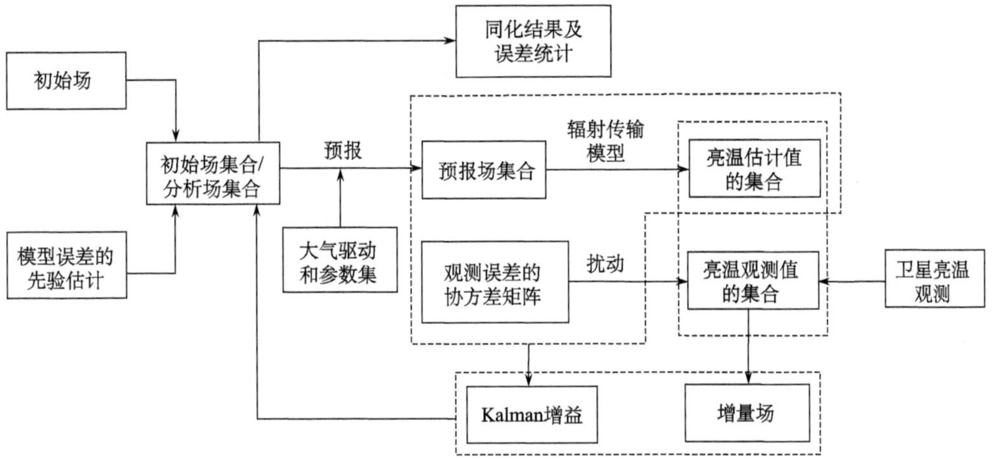

图 2-18　中国陆面同化系统框架

(3) 在给定初始场、参数和边界条件(大气驱动)之后，模型前向积分，计算得到每一个步长的预报结果，直至有下一个观测。

(4) 当有观测时，采用辐射传输模型或其他观测算子，将模型预报结果的集合“转换”为观测量估计值的集合。在中国陆面数据同化系统中，由于学者们所关注的地表状态主要为土壤水分和温度、积雪等水文变量，因此采用了对这些量很敏感的被动微波观测。

(5) 根据给定的概率分布产生一组期望值为 O，协方差为给定的先验观测误差的随机矢量，用它们对真实的卫星遥感亮温观测进行扰动，产生亮温观测值的集合。

(6) 从估计值和真实观测值的集合计算得到增量场，根据对集合中样本的误差，统计计算出 Kalman 增益，两者相乘，作为预报结果的更新量。

(7) 将更新量加到初始场得到分析场的集合，从分析场集合的统计量得到同化结果(一般为期望等一阶矩)和分析误差(协方差矩阵等二阶矩)，重新初始化模型，进入下一个同化周期。

2.6　遥感协同反演技术

随着遥感技术的迅速发展，从不同平台、不同传感器获取的多源、多时相、多分辨率、多频段遥感信息源，由于不同传感器成像机理不同，工作波长范围不同，在实际应用中，各自显示了自身的优势和局限性。在环境健康遥感诊断过程中，多源传感器数据的联合使用已经变得越来越广泛。其中，多源传感器数据进行遥感反演最为普遍的形式是用数据融合的方法从不同光谱、不同分辨率、不同时相的遥感数据进行分类或提取地表信息。近年来，许多研究者将多源遥感数据协同使用在遥感分类和反演的领域，取得了较好的研究成果，主要包括不同传感器的光学数据之间的遥感参数协同反演、不同传感器的微波数据遥感参数协同反演、不同传感器的激光雷达数据遥感参数协同反演、光学遥感数据与微波数据的主被动遥感参数协同反演、光学遥感数据与激光雷达数据的主被动遥感参数协同反演，以及光学遥感数据、微波数据及激光雷达数据等多源遥感数据之间的遥感参数协同反演。本书以光学遥感数据与微波数据的主被动遥感参数协同反演、光学遥感数据与激光雷达数据的主被动遥感参数协同反演以及光学遥感数据、微波数据以及激光雷达数据等多源遥感数据之间的遥感参数协同反演为例，重点介绍最新的遥感协同反演技术。

2.6.1 光学遥感数据与微波数据协同反演

陆表环境健康遥感诊断需要从土地利用/覆盖分类、地表温度反演、土壤湿度反演、地表形变提取等方面进行研究，实现定性、定量、几何、物理一体化综合分析的目的。现有的遥感数据源中光学遥感影像具有丰富的光谱色调变化，目标检测和识别都相对简单，但受天气状况和观测时刻的影响较大。相比之下，主动微波遥感影像具有全天候、全天时、多极化、穿透性好、纹理结构信息丰富等特点，但受频率、极化方式、目标几何信息、介电特性等影响，而且受 SAR 成像系统固有的斑点噪声影响，图像的解译能力降低，导致单独使用雷达图像来进行分类和信息提取变得非常困难。因此，主被动遥感数据各有应用优势，为挖掘主被动遥感信息在环境监测方面的优势，满足地表环境分类、定性、定量、几何、物理一体化监测的需求，遥感工作者从信息融合与分类、协同目标识别、协同参数反演与关联分析 4 个层次开展了众多研究。其包括具有代表性的城区、矿区、湿地等应用领域，综合信息融合、特征提取与目标识别、分类器集成、地表参数反演、地表形变监测等多种技术手段，多方面、多角度研究主被动多源遥感信息协同应用。按传感器获取能量时采用的波段的不同，可用于主被动遥感信息协同的数据源有可见光、红外和微波遥感影像。由于多源数据的获取方式不同，性能差异很大，所以它们在各自的应用领域存在明显的优劣势。

温度、土壤含水量、植被、积雪等地表参数是水文模型、气候和陆面过程模式的重要参数。施建成(2012)从微波遥感理论建模、积雪参数反演、地表温度反演、土壤水分反演和植被参数反演方面进行系统介绍和评述，认为有必要集成和发展现有遥感理论成果和反演方法，结合主被动雷达和光学等多源数据，开展地表关键要素定量反演和估算。

光学遥感数据和微波数据的主被动遥感数据协同处理可体现在光学为 SAR 提供参数，或 SAR 为光学提供参数，或两者综合，以及反演参数的整合方面。主被动 SAR 和光学数据协同体现在光学数据具有较高的空间分辨率、光谱分辨率和时间分辨率方面，特别是在监测连续变化方面具有更大的优势，但其受天气环境影响大，探测植被垂直分布能力不足；SAR 数据由于波长较长，具有一定的穿透性，主动 SAR 反演算法精度一般高于光学和被动 SAR 数据，但受背景影响较大、植被敏感，因此光学数据和主动 SAR 数据结合应用在参数反演方面，光学为 SAR 提供参数，或 SAR 为光学提供参数，或两者综合，以及反演参数的整合，如土壤湿度(陈书林等，2012；何媛等，2013)、植被生物量反演(赵杰鹏等, 2012)等，可以克服光学数据垂直探测能力不足和 SAR 受背景影响大的不足，有效提高反演精度。

本节就以土壤湿度和植被生物量为例，详细介绍基于光学遥感数据和微波数据的遥感参数主被动协同反演过程和方法。

1. 基于光学遥感数据和微波数据的土壤湿度反演

土壤水分是描述下垫面水与能量交换的关键因子，其在水循环中扮演着重要角色。土壤水分的估算也是其他学科，如气象学、水文学、生态学和农业等关注的重点研究对象。因此，探讨一套客观、动态、实时的土壤水分监测方法具有重要意义。相对于传统点上土壤水分监测手段，遥感具有大面积、宏观、实时和动态等无可比拟的优势。反演土壤水分的方法和模型非常多。光学遥感方面主要有植被指数法、植被-温度指数法、热惯量模型、蒸散模型等(刘振华和赵英时，2006；全兆远和张万昌，2007)。这些模型方法是通过地物反射辐射特征变化，来模拟地表覆盖类型、地表温度、土壤热惯量、地表蒸散发与土壤含水量之间的关系，以获取土壤水分，它们是一种间接的经验或者半经验模式。微波遥感方面主要是基尔霍夫模型、小扰动模型、MIMICS 等微波散射模型(Dobson and Ulaby，1996)。其基本原理是通过土壤介电常数，建立地表后向散射系数与土壤水分之间的联系，其物理意义明确，但常受到地表粗糙度、植被的干扰。可见，光学遥感和微波遥感模型土壤水分反演机理完全不同，两者各有优势与不足。目前，国际上越来越重视光学与微波的协同遥感，发射的很多卫星都同时携带光学和微波传感器。

本节以余凡和赵英时(2011)提出的基于 ASAR 和 TM 数据协同反演植被覆盖地表土壤水分的新方法为例，介绍光学遥感数据和微波雷达协同反演土壤湿度。综合光学微波遥感的各自优势，余凡和赵英时(2011)采用了以微波模型为主、以光学模型为辅的方法，将植被参数作为微波模型的输入来协同反演土壤水分，以提高土壤水分的反演精度。

MIMICS 模型是基于一阶辐射传输方程的双层物理模型，它能从不同角度和时相模拟高大树木的散射状况。该模型将覆盖于地表的植被分为两部分：冠层、茎杆层，冠层由枝条和叶子组成，并且枝条、叶子、树干等散射体用概率分布函数(PDF)来表述。总的散射由冠层直接散射、地表直接散射和两者相互间多次散射组成，适用于森林等高大植被。但是，MIMICS 模型输入参数复杂，难以在相对矮小的农作物区应用。余凡等在一阶微波辐射传输理论的基础上，对 MIMICS 模型进行简化，将散射分成植被和地表两层进行处理，其中植被层总的后向散射分为 4 个部分，并分别模拟了植被冠层后向散射截面、双向散射截面、消光系数与冠层含水量之间的经验关系，减少了模型的输入参数；同时，采用光学模型获取的植被参数作为微波模型的输入，并对冠层重叠造成的雷达阴影进行校正，最终在仅需较少参数的情况下，反演得到农作物覆盖区的地表土壤含水量，整个流程如图 2-19 所示。

在研究中，余凡等以 MIMICS 模型对冠层的特征描述为基础，将冠层作为一层处理，对 MIMICS 模型进行了简化，仅将总的后向散射分为 4 个部分：

$$\sigma_{pq}^{o} = \sigma_{pq1}^{o} + \sigma_{pq2}^{o} + \sigma_{pq3}^{o} + \sigma_{pq4}^{o} \tag{2-52}$$

式中，pq 代表极化状态；等号右边四项代表图 2-20 中相应的各种地表后向散射机制。

MIMICS 模型将植被个体考虑成同质，均匀分布，而现实中植被个体的高度是不一致的，因此同一雷达波束之内可能有多个植被冠层相互重叠的现象，造成雷达阴影效应。前人的研究表明，雷达的后向散射系数与植被的生物物理特性之间存在密切关系。因此，余凡等利用光学遥感数据反演叶面积指数分析了与雷达后向散射系数的关系。

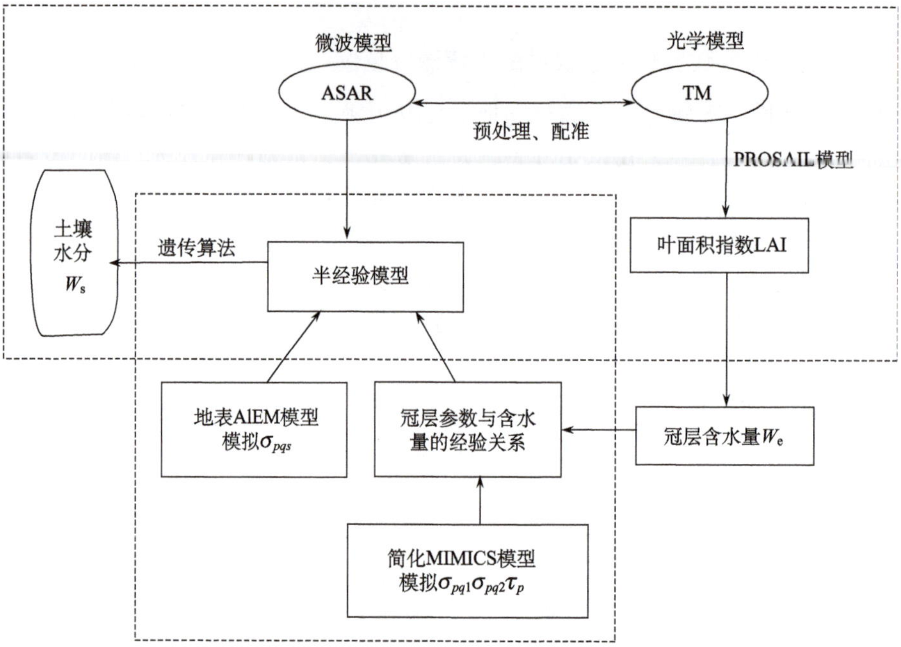

图 2-19　主被动遥感数据协同反演土壤水分流程图(余凡和赵英时，2011)

图 2-20　矮小植被后向散射机制(余凡和赵英时，2011)

①冠层直接后向散射；②冠层-土壤和土壤-冠层相互耦合作用的后向散射；
③土壤-冠层-土壤相互耦合作用的后向散射；④经过冠层双程衰减的土壤直接后向散射

卫星数据为 2008 年 7 月 7 日的 TM 和 2008 年 7 月 11 日的，是欧洲太空局 ENVISAT-1 卫星上载有的合成孔径雷达。研究区选定的是位于甘肃黑河流域中游的张掖地区盈科农业灌区，中心位置为 38.8653°N, 100.4198°E,海拔为 1519 m。该地区位于温带干旱荒漠气候区，多年平均降水量为 121.5 mm，年潜在蒸发量超过 2 340 mm，为降水量的 20 余倍。

在对地表土壤水分进行反演时，首先采用光学模型 PROSPECT 反演得到 LAI。由于研究区植被覆盖类型较为单一，长势差别不大，PROSPECT 模型很多输入参数(生理生化参数、叶片含水量等)不需要每个样点都测量，可以取一个重复测量的平均值即可。因此，对于植被类型单一的研究区，PROSPECT 模型能较容易地实现区域内 LAI 的反演。然后根据图 2-19 所示的主被动遥感数据协同反演土壤水分流程来反演土壤水分。

2. 基于光学遥感数据和微波数据的植被生物量遥感协同反演

光学遥感数据和微波数据的协同在植被生物量遥感反演方面的应用也非常广泛。因为利用两者的协同可以克服应用单一遥感数据所面临的问题。数据饱和和混合像元等问题一直存在于光学遥感估测生物量的研究中，将雷达数据和光学数据集成，可以有效地减少估算误差，提高生物量估算精度。Moghaddam 等(2002)将 Airsar 数据和 Landsat TM 数据结合起来获得了较单一数据源更好的效果。Treuhaft 等(2003)基于多源遥感数据雷达数据和光学数据，利用机载高光谱光学影像得到的叶面积指数，对多高度、机载、C 波段 SAR 极化相位信息进行归一化处理，进而利用归一化后的相位信息进行森林生物量的估测。

本节以高分辨率遥感数据和极化雷达数据为例，介绍协同反演森林生物量的技术方法。王昆(2013)研究了利用高空间分辨率遥感数据 QuickBird 和极化雷达数据联合反演森林生物量的方法。

1)基于 QuickBird 数据的林分生物量估计

在遥感数据的获取过程中，由于遥感系统空间、时间、光谱分辨率的限制，在记录复杂地表信息时，会产生不可避免的误差。遥感数据的质量受到误差的影响，进而影响图像分析精度。因此，在图像应用分析之前，有必要对其进行预处理，完成 QuickBird 遥感数据的预处理之后，需要利用 QuickBird 数据提取得到的参数与森林生物量建立相关关系。为了建立这种相关关系，王昆首先提取到了 QuickBird 数据的纹理特征，然后使用空间分析软件 ArcGIS10.0 和数据分析软件 SPSS 18.0 来建立样地生物量和 QuickBird 纹理特征值之间的联系；同时，还分析了 QuickBird 光谱特征值和生物量的相关性。

2)基于 PALSAR 数据的林分生物量估测

要想将 PALSAR 数据用于生物量反演，必须将森林样地生物量信息和雷达参数一一对应。为了达到这个目的，首先必须对雷达影像进行预处理。这些预处理的过程包括辐射定标、斑点噪声滤波、极化分解、正射校正和地形福射校正。森林参数与雷达后向散射系数有复杂的相关关系，生物量与其的相关性更加显著，但是有时简单的线性模型不能准确描述，有时因变量与自变量是通过一个已知或未知的非线性函数关系相联系。通过建立相应的线性模型、指数模型和对数模型，分别得到雷达后向散射系数与生物量估算结果的线性模型。单一的极化参数与森林生物量的相关性较小，而极化比值与生物量的相关系数比任何单极化的要高，利用极化比值建立生物量模型是一个较好的方法。森林生物量随着极化比值的增大而增加。

3）基于 QuickBird 影像和 PALSAR 影像的联合反演研究

由于高分辨率影像可以提供丰富的空间信息，反映森林冠层信息，而极化雷达影像对森林冠层具有一定的穿透性，波长越长，穿透能力越强，尤其是 L 波段的影像，可以很好地反映树干信息。将雷达影像的树干信息和高分辨率影像的树冠信息相结合，可以在很大程度上提高森林生物量的估测精度。

王昆(2013)所用的 QuickBird 数据获取于 2008 年 10 月 24 日，ALOSP-ALSAR 数据获取于 2009 年 9 月 26 日，因为影像的时相比较接近，所以利用这两景数据进行森林生物量协同估测研究。在两者进行协同反演时，为了使其保持一致，将 QuickBird 影像像元大小重采样为 12.5 m。在建立协同估测模型时，首先需要筛选出合造的变量。本文将自变量因子分为两组：一组为高分辨率影像纹理特征因子；另一组为雷达信号提取因子，进而在多元回归中采用不同的方法进入模型。

在 SPSS 软件中的具体操作步骤如下：首先，将雷达信号提取参数极化比值选入 Independent 列表，在 Method 一栏中选择 Enter 方法，此方法为对所选自变量实行强制进入；接着，点击 Next 重新选择自变量，这次将 QuickBird 影像空间纹理特征值选入自变量，在 Method 一栏中选择 Backward 方法，从而每组自变量采用限定的方法进入模型，最终得到预期的最优模型。

综上，高分辨率影像具有十分丰富的空间信息，可以用来提取森林冠层参数信息。极化雷达数据的极化散射矩阵信息可以分解为不同的散射分量，进而可以用来反演树干信息。目前，国际上高分辨率影像和雷达影像数据结合反演森林参数的方法还不够成熟，研究主要以光学数据作为辅助数据，制得分类图，进而基于此图，利用雷达数据进行生物量反演，或者利用两种影像的融合进行反演。如何进一步发掘纹理特征值的作用，纹理特征值和雷达后向散射信号之间的关系，以及开展两者联合反演森林参数，进而提高参数反演精度，是科研工作者努力的方向。

2.6.2　光学遥感数据与激光雷达数据协同反演

激光雷达技术和成像光谱技术、成像雷达技术一起并列为对地观测领域三大前沿技术，是世界各国当前和今后发展的对地观测的主要手段。激光雷达凭借其极高的角分辨能力、距离分辨能力、抗干扰能力，以及能够精确、主动、快速获取目标三维空间信息的优势，已成功应用于地形测绘、资源探测、环境调查及城市规划，乃至全球变化研究等领域。

激光雷达测高工作频段是可见光和近红外光，以激光束扫描的工作方式测量从传感器到地面上激光照射点的距离，即通过测量地面采样点激光回波脉冲相对于发射激光主波之间的时间延迟得到传感器到地面采样点之间的距离。国内外已经就激光雷达在林业上的应用进行了大量成功的尝试，尤其是在林木高度及垂直结构信息获取方面具有其他遥感技术无可比拟的优势。当前，应用激光雷达系统进行森林结构参数及生物量反演研究取得了很多进展，但仍存一些问题亟待解决(汤旭光等，2012)。如何将大光斑激光雷达数据与其他连续采样遥感数据(如成像雷达或光学遥感)结合，实现森林空间结构参数的无缝估算？这就需要光学遥感数据与激光雷达数据的协同反演，林业遥感方面的学者在这方面做了大量的研究。

用于林业的激光雷达主要有两种：记录完整波形数据的大光斑激光雷达与仅记录少量回波的小光斑激光雷达。前者主要通过回波波形反演大范围森林的垂直结构及生物量等参数，后者则利用高密度的激光云进行精确的单木水平上的高度估测及立木生物量估算等。大光斑激光雷达系统一般指光斑直径在 8～70 m，能够连续记录激光回波波形的激光雷达系统。回波记录的时间间隔决定了激光点内物质被感知的详细程度，每一时刻的回波都对应着一个强度/时间波形。由于大光斑连续回波的激光雷达的光斑通常都大于林木冠幅，光斑范围内往往包含了多种信息，这也是地面与植被共同作用的结果(Abshire et al., 2005)。目前发展的大光斑激光雷达系统是以美国为首的，主要有 NASA 的机载 LVIS 和 SLICER 系统与星载 ICESat/GLAS 系统。其中，机载激光雷达系统的光斑大小在 8～25 m，由于成本原因，仅进行小区域的飞行试验，而星载激光雷达系统的光斑直径约为 65 m，目前已经在全球获取了大量数据。

小光斑激光雷达系统一般是指光斑直径小于 1 m、离散记录少量激光回波数据的激光雷达系统。激光点的大小随着飞行高度的改变而改变，一般为 0.2～0.9 m。小光斑 LiDAR 系统首先被用于地形测绘，近年来才被用于林业。由于小光斑激光雷达的光斑尺寸小于林木冠幅，因此仅能用树冠的部分进行感应，需要在水平方向上增加采样频率，以弥补其在垂直方向上采样的不足，往往每株树有几十个到几百个激光回波点，从这些点云中估算立木的参数。目前，国外已经应用的小光斑激光雷达系统主要有瑞典的 TopEye 机载系统、德国的 TopoScan 系统、奥地利的 Riegle 系统和美国的 PALS 系统等。

本节分别以大光斑激光雷达和小光斑激光雷达为例，介绍与光学遥感数据协同反演森林结构参数。

1. 基于光学遥感数据和机载激光雷达的森林结构参数遥感协同反演

激光雷达技术首先被用于地形测绘，近年来才被用于林业。目前，激光测高的绝对精度可达 15 cm；相对精度能达到 5 cm。作为可以直接获取森林垂直高度的手段，LiDAR 成为林业应用中的突破性技术，用来估测一些重要的森林参数，如树高、林冠高度、郁闭度、林间空地和地上生物量，甚至区别树种等。目前，这种估计被分为两个层次：林分尺度森林调查和基于单株立木的清查，如单木分割、树高提取及树冠信息提取等。

小光斑 LiDAR 的回波信号是从能量超过某一给定噪声闭值开始，以一定的时间间隔进行记录的，离散回波的 LiDAR 系统仅记录超过某一阐值的几个回波或一个回波。因此，对小光斑离散回波的 LiDAR 系统而言，树高即是来自树顶的回波与来自地面回波数据的高程差。目前，小光斑激光雷达系统激光点的采样间隔大多小于 1 m，在实际数据获取时得到的是被测物体的激光“点云”。往往每株树有几十个到几百个激光回波点，从这些点云中可以估算每株树的参数。相对于林分尺度森林参数的估计，无论在数据或是技术方面，单木参数的估测都有进一步要求。首先，细化到单木需要 LiDAR 点云密度足够大；其次，单木分割成为不可避免的一项工作。

图像分割是高分辨率遥感影像分割的有利手段。利用先进的图像分割软件（如 eCongnition 软件），采用面向对象的多尺度分割方法，可以实现高分辨率遥感影像的分割，从而提取树冠水平方向的信息。

本节以周淑芳(2007)在重庆市江北区铁山坪林场的研究为例，介绍机载小光斑激光雷达数据与高分辨率数码影像数据协同提取单木参数技术。研究所用数据包括机载小光斑激光雷达数据及同步获取的高分辨率航空数码影像数据，飞行时间为 2006 年 9 月 24 日。其中，激光雷达数据由 ALTM-3100 型航摄仪获取，激光使用波长为 1064 nm，重复频率为 44 Hz，激光发散角为 0.3 mrad。光斑大小为 30 cm，平均激光点间隔为 0.52 m,采用线性扫描方式、扫描角度为 20°，扫描重叠率为 40%。航空像片数据与激光点云同步获取，空间分辨率为 0.3 m，空间分辨率为 0.6 m。利用机载小光斑激光雷达数据和同步获取的高分辨率光学遥感数据协同反演单木树高的具体步骤如下：针对 LiDAR 点云数据，分析各种点云数据过滤分类算法及其特点，并选用合理算法分离出纯粹的地表数据点和植被点，获取高精度的数字高程模型及纯粹的地物高度信息；针对高分辨率数码影像数据，利用自 LiDAR 数据获取的高精度 DEM 对其进行正射纠正，试验找到最佳多尺度分割参数组合对其进行分析，提取单木树冠大小信息；最后，结合树冠大小与地物高度信息，借助局部高程最大值估测单木树高。具体的技术路线图如图 2-21 所示。

试验区位于重庆市江北区铁山坪林场，属于天然林保护工程的重点地区。以试验区的机载激光雷达点云数据与高分辨率数码影像为数据源，综合运用 TIN 三角网过滤算法、边缘匹配过滤算法、平面最适过滤算法和高程闭值过滤算法等，有效地过滤非地面点数据，提取出高精度的 DEM；运用面向对象的多尺度分割方法，根据高分辨率影像的大小、颜色、形状特征，有针对性地设置不同的尺度和尺度内参数，从而有效地对高空间分辨率影像进行分割，获得的单木树冠多边形信息；通过建立树冠内高程最大值与实测树高的回归模型，以局部最大值对树高进行反演。树高估测结果总体平均精度为 93.78%，且均达到 86%以上。这充分表明，结合运用激光雷达数据与高空间分辨率影像得到的森林高度信息具有很高的精度。

2. 基于光学遥感数据和星载激光雷达的森林结构参数遥感协同反演

与机载激光雷达相比，星载激光雷达采用卫星平台，具有运行轨道高、观测视野广的优点，可实现全球范围覆盖，在估算大尺度森林高度方面具有无可比拟的优势。星载激光雷达数据能较好地反映森林的垂直结构信息。

GLAS (geoscience laser altimeter system, GLAS) 是美国 ICESat 卫星上搭载的激光雷达传感器，于 2003 年 1 月发射，轨道高度约为 600 km，回归周期为 183 天，可覆盖 86°N～86°S 的全球大部分地区。GLAS 系统以每秒 40 次的频率发射脉冲，通过发射和接收信号

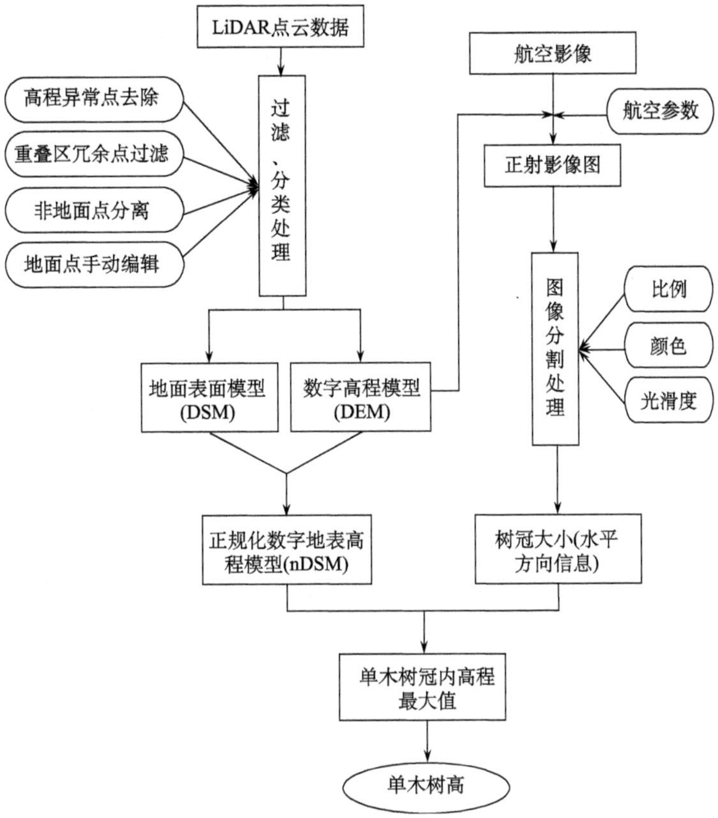

图 2-21　机载激光雷达数据和光学遥感数据协同反演树高的技术路线图

的时间差，计算卫星与地物目标之间的距离。激光雷达信号到达地表后形成直径约为 70 m 的近圆形光斑，同一轨道相邻光斑的间隔为 170 m，轨道间距离随纬度的变化而改变，在赤道附近轨道间距为 15 km，纬度 80°处的间距为 2.5 km（Abshire et al.，2005）。光斑范围内不同高度的目标均有反射回波，这些回波精确记录了光斑内所有目标的垂直结构信息，可用于森林冠层结构的精确反演。Lefsky 等（2005）和 Sun 等（2006）分别利用 GLAS 数据提取了平均树高，结果精度较高。星载激光雷达数据 GLAS 激光点呈离散分布且点密度很低，若要得到连续的高精度植被参数分布，需联合其他的连续成像遥感数据。融合激光雷达数据与光学遥感数据是估算大尺度连续森林冠层高度的有效手段。

本节以杨婷等（2014）基于星载激光雷达 GLAS 数据和 MODIS 光学遥感数据协同反演中国区域森林树高研究为例，介绍光学遥感数据和星载激光雷达的协同反演技术。杨婷等的策略是通过对中国地区的 GLAS 数据进行数据预处理、波形分解、特征参数提取，对 ASTER GDEM 数据计算地形指数，以及建立树高模型等一系列步骤，反演激光光斑内的森林植被高度，然后辅以森林植被分类数据，分别建立不同森林类型的 GLAS 光斑森林植被高度和 MODIS BRDF 数据的神经网络模型，并应用该模型制作中国地区连续森林植被高度分布图。

2.6.3　光学遥感数据、微波数据及激光雷达数据等多源遥感数据协同反演

LiDAR 数据可以提供详细的结构参数，光学数据可以提供精度较高的叶面积指数，SAR 数据波长较长具有一定的穿透性。通过 3 种遥感数据的协同使用，可以有效地提高遥感参数的反演精度。

本节以何祺胜(2010)在祁连山区利用3种遥感数据反演森林地上生物量的研究为例，介绍光学遥感数据、微波数据及激光雷达数据协同反演森林生物量技术。

1. 研究区

祁连山山地森林是我国西北干旱半干旱区典型的水源涵养林，属寒温性针叶林，是经过若干代的演替变化形成的适宜祁连山地理、气候条件的森林类型。根据本源涵养林分布立地条件和组成森林群落的主要建群种及优势种，将水源涵养林划分为乔木林、灌木林两大林型。乔木林分为青海云杉林、祁连圆柏林和杨桦林三大类型，灌木林分为干性灌丛林和湿性灌丛林两大亚型。青海云杉林和祁连圆柏林是主要的森林类型，广泛分布于东祁连山地，前者多组成纯林，构成林区森林资源主体；后者在中高山、亚高山地带阳坡，形成稀疏林分。干性灌丛林分布在较低海拔，是祁连山水源涵养林的先锋林型，湿性灌丛林分布在较高海拔，是祁连山水源涵养林的地带性林型(徐柏林等，2001)。

2. 遥感数据

1) LiDAR 数据

机载 LiDAR 数据获取时间为 2008 年 6 月 23 日，飞行区域为甘肃省张掖市大野口试验区，平均飞行高度约为 3560 m，距离地面飞行高度约为 760 m，飞行速度约为 227 km/h，共 7 条航带，平均扫描宽度约为 700 m，旁向重叠率约为 90%以上，地面覆盖面积约为 1.9km^2。飞机上搭载的 LiDAR 系统为 LiteMapper5600，其中激光扫描仪为 RieglLMS-Q560，波长为 1550 nm，激光脉冲长度为 3.5 ns，激光脉冲发散角≤0.5 mrad，地面平均光斑直径约为 38 cm，可分辨目标的最小间隔为 0.6 m，脉冲重复频率为 50 kHz，能够记录完整波形数据；另外，还同步获取了航空影像数据，相机型号为 DigiCAM-H/22，成像传感器的像元分辨率为 5440×4080(2200 万像素)，成像传感器尺寸为 36.72 mm×48.96 mm，像元尺寸为 9 μm，成像焦距为 50 mm。

2) ALOS PALSAR 数据

ALOS PALSAR 数据是日本于 2006 年 1 月发射的先进对地观测卫星(advanced land observing satellite，ALOS)所携带的 L 波段相控阵合成孔径雷达(phased array L-band synthetic aperture radar，PALSAR)数据。先进对地观测卫星 ALOS 是 JERS-1 与 ADEOS 的后继星，采用了先进的陆地观测技术，能够获取全球高分辨率陆地观测数据，主要应用于测绘、区域环境观测、灾害监测、资源调查等领域。ALOS 卫星载有 3 个传感器，

全色遥感立体测绘仪(PRISM)主要用于数字高程测绘；先进可见光与近红外辐射计-2(AVNIR-2)用于精确陆地观测；相控阵型 L 波段合成孔径雷达(PALSAR)用于全天时全天候陆地观测。ALOS 卫星采用了高速大容量数据处理技术与卫星精确定位和姿态控制技术，表 2-1 为 ALOS 卫星的基本参数。

表 2-1　ALOS 卫星基本参数

发射时间	2006 年 1 月 24 日
运载火箭	H-IIA
卫星质量	约 4000 kg
产生电量	约 7000W(生命末期)
设计寿命	3～5 年
轨道	太阳同步轨道 重复周期:46 天 重访时间:2 天 高度:691.65 km 倾角:98.16°
姿态控制精度	2.0×10^{-4}(配合地面控制点)
定位精度	1 m
数据速率	240Mbps(通过数据中继卫星)120Mbps(直接下传)
星载数据存储器	固态数据记录仪(90GB)

3)SPOT 数据

利用的 SPOT 数据是成像时间为 2008 年 8 月 10 日的 SPOT-5 多光谱数据，其中短波红外(SWIR)波段数据经过插值处理，分辨率也为 10 m。

SPOT-5 是由法国国家空间研究中心设计制造的地球观测卫星，该卫星于 2001 年年底发射升空，2002 年初正式运营。该星上搭载了高分辨率几何装置(HRG)、植被探测器(VEGETATION)和高分辨率立体成像(HRS)3 种成像装置。高分辨率几何装置可以获取全色波段和多光谱数据，其中全色波段分辨率最高达 2.5 m，多光谱数据分为 B1(0.49～0.61 μm)、B2(0.61～0.68 μm)、B3(0.78～0.89 μm)和 SWIR(1.58～1.75 μm)4 个波段，分辨率为 10 m(SWIR 波段为 20 m)。

3. 森林生物量协同反演研究

将 LiDAR 结构参数与光学数据叶面积指数、覆盖度协同到微波后向散射模型中，建立一个基于多源遥感数据的森林生物量协同反演模型。SAR 数据三维微波后向散射模型的输入参数包括植被参数、地表参数及系统参数等。其中，植被参数主要包括单棵树参数(枝密度、树枝天顶角概率密度分布、树枝长度与半径的联合概率密度分布、叶密度、树叶分布类型、树叶形状、树叶的长度和厚度，树枝、树干和树叶的介电常数)；林分结构参数(林分中每棵树的位置、胸径、树高、冠高、冠幅、树种、树冠类型，林分中最大树高和最小胸径值，模拟林分的范围等)。地表参数包括地表均方根高度、相关长度、土壤介电常数等。系统参数包括模拟雷达图像的像元分辨率、波长、入射角等。

在本书中，以人野口超级样地实测单木为基准，首先模拟了不同生物量水平的后向散射信号的变化。每木胸径、冠高、冠幅与树高的关系如图 2-22～图 2-24 所示，可以看出，每木胸径、冠高、冠幅与树高的关系较好，冠幅与树高的关系 R^2 在 0.6 以上，胸径、冠高与树高的关系 R^2 在 0.8 以上。激光雷达对树高的估测精度较高，可以采用与胸径、冠高、冠幅相关的方程进行拟合，从而建立模拟林分需要的每棵树的胸径、树高、冠高、冠幅。

假设树的分布为随机分布。假设叶片为针叶，假设树冠形状为圆锥形，则单位体积的数目 N 与叶面积指数(LAI)的关系可以表述

$$\mathrm{LAI}=N\cdot\pi rl\cdot\frac{1}{3}H_{\mathrm{c}}\cdot f_{\mathrm{c}} \tag{2-53}$$

式中，r、l 为针叶的半径与长度；H_{c} 为平均树木冠长；f_{c} 为冠层覆盖度；N 可以通过式(2-54)描述：

$$N=\frac{3\mathrm{LAI}}{\pi rlH_{\mathrm{c}}f_{\mathrm{c}}} \tag{2-54}$$

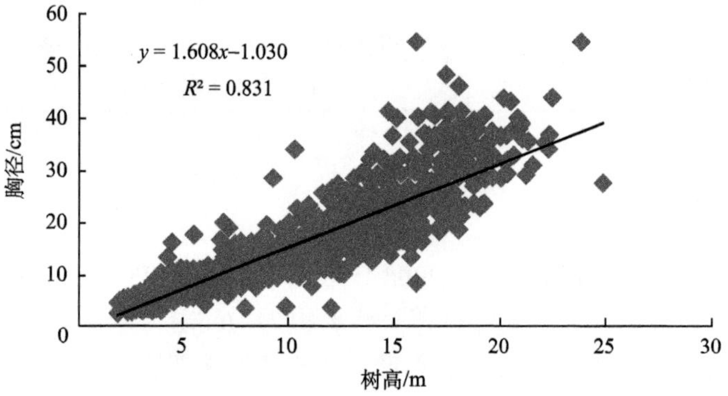

图 2-22　每木胸径与树高的关系

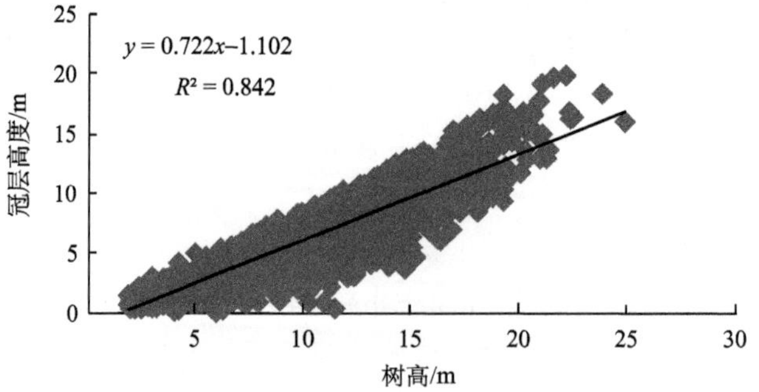

图 2-23　每木冠高与树高的关系

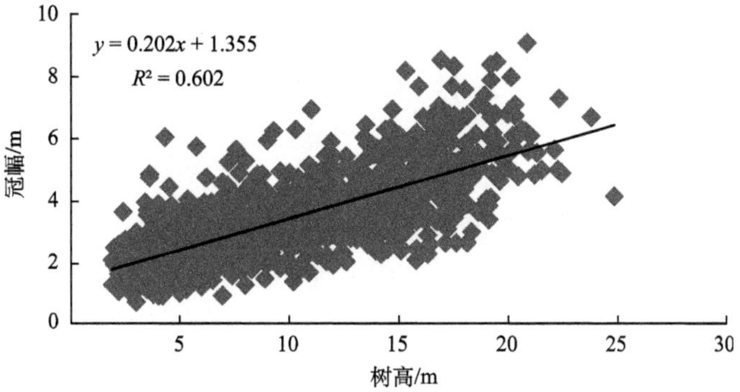

图 2-24　每木冠幅与树高的关系

在本书中，叶面积指数与冠层覆盖度为连接光学数据与微波后向散射模型的纽带，叶面积指数参数的引入用于量化微波后向散射 5 种散射分量的直接树冠后向散射和树冠地表双向散射，将总的后向散射减去这两种散射机制引起的植被层的衰减，可以认为能够更好地反映树干信息，从而能够建立与森林生物量的关系，因为树干是森林生物量的主体。

本书的研究从模型的角度，建立了将 LiDAR 结构参数与光学数据叶面积指数、覆盖度协同微波后向散射模型中的森林生物量协同反演模型，模拟了 100 m×100 m 森林范围，生物量范围为 0～140 t/hm^2，L 波段 HH、HV 极化随着生物量的增加而增加，如图 2-25 和图 2-26 所示。

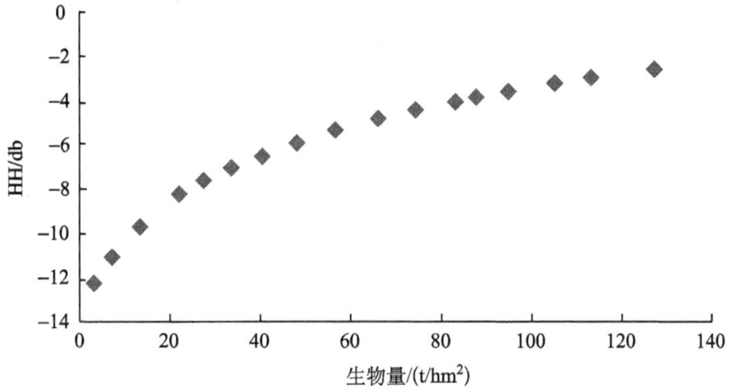

图 2-25　模拟的 L 波段 HH 极化与生物量的关系

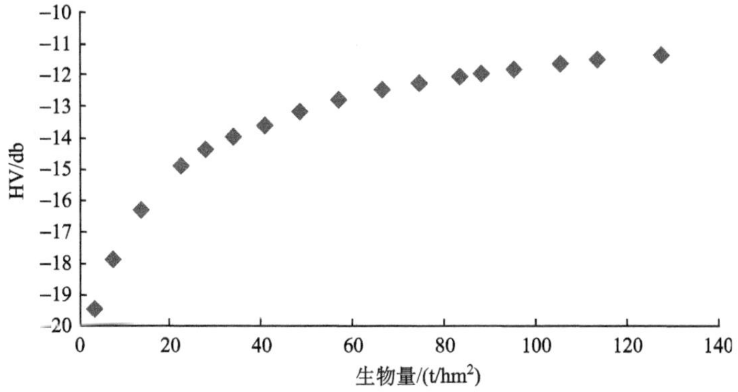

图 2-26　模拟的 L 波段 HV 极化与生物量的关系

2.7 小　结

本章重点介绍了环境健康遥感诊断关键技术中一些共性技术，包括几何校正技术、辐射校正技术、图像融合技术、遥感影像分割技术、遥感数据同化技术，以及多源遥感数据的协同反演技术等。这些共性技术是环境健康遥感诊断的基础，为关键技术提供技术保障。后面的章节将针对环境健康关键参数遥感获取技术，以及环境健康评价技术等关键技术进行详细介绍。

参 考 文 献

陈书林, 刘元波, 温作民. 2012. 卫星遥感反演土壤水分研究综述. 地球科学进展, 3(11): 1192-1203.

段瑞玲, 李庆祥, 李玉和. 2005. 图像边缘检测方法研究综述. 光学技术, 31(3): 415-419.

宫鹏. 2009. 遥感科学与技术中的一些前沿问题. 遥感学报, 13(1): 13-23.

郭金运, 朱明法, 徐泮林. 2004. 地图数据几何纠正时仿射变换与相似变换的对比分析. 测绘通报, 4: 23-24.

何祺胜. 2010. 基于多源遥感数据的森林生物量协同反演研究. 北京: 中国科学院遥感与数字地球研究所博士学位论文.

何媛, 文军, 张堂堂, 等. 2013. 卫星微波遥感结合可见光遥感估算黄河源区土壤湿度研究. 遥感技术与应用, 3(2): 300-308.

贺养慧. 2009. 多源遥感信息融合研究. 太原: 中北大学硕士学位论文.

黄春林, 李新. 2004. 陆面数据同化系统的研究综述. 遥感技术与应用, 19(5): 424-430.

金剑秋, 王章野. 2002. 多光谱图象的真实感融合. 中国图象图形学报(A 辑), 7(9): 926-931.

李新, 摆玉龙. 2010. 顺序数据同化的 Bayes 滤波框架. 地球科学进展, 25(5): 515-522.

李新, 黄春林, 车涛晋, 等. 2007. 中国陆面数据同化系统研究的进展与前瞻. 自然科学进展, 17(2): 163-173.

李新, 黄春林. 2004. 数据同化一种集成多源地理空间数据的新思路. 科技导报, (12): 13-17.

刘纯平. 2002. 多源遥感信息融合方法及其应用研究. 南京: 南京理工大学博士学位论文.

刘振华, 赵英时. 2006. 遥感热惯量反演表层土壤水的方法研究. 中国科学(D 辑): 地球科学, 36: 552-558.

马文. 2006. 高分辨率遥感影像道路分割算法研究. 南京: 河海大学硕士学位论文.

强赞霞. 2005. 遥感图像的融合及应用. 武汉: 华中科技大学博士学位论文.

全兆远, 张万昌. 2007. 土壤水分遥感监测的研究进展. 水土保持通报, 27: 107-113.

施建成. 2012. 微波遥感地表参数反演进展. 中国科学(D 辑): 地球科学, 3(06): 814-842.

汤旭光, 刘殿伟, 王宗明, 等. 2012. 森林地上生物量遥感估算研究进展. 生态学杂志, 31(5): 1311-1318.

田新光. 2007. 面向对象高分辨率遥感影像信息提取. 北京: 中国测绘科学研究院硕士学位论文.

王昆. 2013. 基于 QuickBird 和极化雷达数据的森林生物量估测方法研究. 北京: 北京林业大学硕士学位论文.

王跃山. 1999. 数据同化——它的缘起、含义和主要方法. 海洋预报, 16(1): 11-20.

吴艳. 2003. 多传感器数据融合算法研究. 西安: 西安电子科技大学博士学位论文.

邢帅. 2004. 多源遥感影像配准与融合技术的研究. 郑州: 解放军信息工程大学硕士学位论文.

徐柏林，王金叶，葛双兰. 2001. 祁连山(北坡)水源涵养林类型划分与组成结构分析. 甘肃林业科技, 26(3): 16-19.

杨婷, 王成, 李贵才, 等. 2014. 基于星载激光雷达 GLAS 和光学 MODIS 数据中国森林冠层高度制图. 中国科学: 地球科学, 44(11): 2487-2498.

阴国富. 2008. 基于阈值法的图像分割技术. 现代电子技术, 30(23): 107-108.

尹秉坤. 2007. 多传感器遥感图像信息融合算法研究. 武汉: 武汉科技大学硕士学位论文.

余凡，赵英时. 2011. ASAR和TM数据协同反演植被覆盖地表土壤水分的新方法. 中国科学: 地球科学, 41(4): 532-540.

张强. 1998. 简评陆面过程模式. 气象科学, 18(3): 295-304.

赵杰鹏，张显峰，包慧漪，等. 2012. 基于可见光红外与被动微波遥感的土壤水分协同反演. 红外与毫米波学报, 2(02): 137-142.

郑悦，程红，孙文邦. 2014. 邻域最短距离法寻找最佳拼接缝. 中国图象图形学报, 19(2): 0227-0233.

周丽雅. 2006. 遥感影像融合及质量评价研究. 郑州: 解放军信息工程大学硕士学位论文.

周淑芳. 2007. 基于机载LiDAR与航空像片的单木树高提取研究. 哈尔滨: 东北林业大学硕士学位论文.

Abshire J B, Sun X L , Riris H , et al. 2005. Geoscience laser altimeter system (GLAS) on the ICESat mission: On-orbit measurement performance. Geophysical Research Letters, 32: 1534-1536.

Bach H, Mauser W. 2003. methods and examples for remote sensing data assimilation in land surface process modeling. IEEE Transactions on Geoscience and Remote Sensing, 41 (7): 1629-1637.

Berns R S, Billmeyer F W, Saltzman M. 2000. Measuring color//Bill Meyer and Saltzmanpr Inciples of Color Technology. New York: John Wiley: 75-105.

Burt P J, Adelson E H. 1983. The Laplacian Pyramid as a Compact Image Code. IEEE Transactions on Communication COM, 31: 532-540.

Chavez P R, Sides S C. and Anderson A. 1991. Comparison of three different methods to merge multiresolution and multispectral data: Landsat and SPOT Panchromatic. PE&RS, 57(3): 295-303.

Dobson M C, Ulaby F T. 1996. Active microwave soil moisturere search. IEEE TransGeosci Remote Sensing, 24: 23-36.

Entin J K, Roboek A, Vinnikov K Y, et al. 1999. Evaluation of global soil wetness project soil moisture simulalion. Journal of the Meteorological Society of Japan, 77 (1B): 183-198.

Evensen G. 1994. Sequential data assimilation with a non linear quasi-geostrophic model using monte-carlo methods to forecast error statistics. Journal of Geophysical Research, 99 (C5): 10143-10162.

Haydn R, Dalke G W, Henkel J. 1982. Application of the IHS color transform to the processing of multisensor data and image enhancement. lnternational Symposium on Remote Sensing of Arid and Semi-Arid Lands , 599-616.

Kalman R E. 1960. A New approach to linear filtering and prediction problems. Trans ASME Series DJ Basic Eng, 82: 35-45.

Lefsky M A, Harding D J, Keller M, et al. 2005. Estimates of forest canopy height and aboveground biomass using ICESat. Geophys Res Lett, 32:

Mitchell K E, Lohmann D, Houser P R. 2004. The multi-institution North American land data assimilation system (NLDAS): Utilizing multiple GCIP products and partners in acontinental distributed hydrological modeling system. Journal of Geophysical Research, 109 (D07):

Moghaddam M, Dungan J L, Acker S . 2002. Forest variable estimation from fusion of SAR and multispectral optical data. IEEE Transactions on Geoscience and Remote Sensing, 40 (10): 2176-2187.

Nannicini G, Delling D, Liberti L, et al. 2008. Bidirectional A* search for time-dependent fast paths//McGeoch C C. WEA, 5038: 334-346.

Robertson A R. 1990. Historical development of CIE recommended color difference equations. Color Research & Application, 15(3): 167-170.

Robinson A R, Lermusiaux P F J. 2000. Overview of Data Assimilation. Cambridge.

Rodell M , Houser P R , Jambor U , et al. 2004. The global land data assimilation system. Bulletin of the American Meteorological Society, 85(3): 381-394.

Scott K P. 1998. Radiometric Calibration of on-orbit Satellite Sensors using an Improved Cross-calibration Method. Dissertation of Doctoral Degree. Tucson: The University of Arizona, 73-134.

Shetigara V. 1992. A generalised component substitution technique for spatial enhancement of multispectral image using a higher resolution data set. Photogrammetric Engineering and Remote Sensing, 58(5): 561-567.

Sun C, Walker J P, Houser P R. 2004. Amethodology for snow data assimilation in a land surface model. J. Geophys. Res., 109: D08108.

Sun G Q, Ranson K J, Zhang Z J. 2006. Forest vertical parameters from lidar and multi-angle imaging spectrometer data. J Remote Sens, 10: 523-530.

Talagrand. 1997. Assimilation of observations, an introduction. Journal of Meteorological Society of Japan, 75(1): 191-209.

Treuhaft R N, Asner G P , Law B E. 2003. Structure-based forest biomass from fusion of radar and hyperspectral observations. Geophysical Research Letters, 30(9): 1472.

第3章　环境健康关键参数遥感获取技术

根据环境健康的内涵、影响因子和评价原则，曹春香(2013)建立了环境健康评价指标体系，把区域环境影响评价指标体系为4个层次，由1个目标层、5个准则层、13个要素层及若干个指标参数层构成(图3-1)。其中，目标层为环境健康遥感诊断指标体系；准则层包括生态环境健康状况、大气健康状况、水体健康状况、灾害影响程度、人类健康状况五大准则；13个要素层则分别隶属于五大准则层，每一个要素分解后的指标层将由若干个遥感参数或统计数据构成。为了建立环境健康遥感诊断指标体系，更好地实现环境健康评价和诊断，准确地获取环境健康相关参数是关键。本章面向环境健康遥感诊断指标体系的5个准则层，详细论述了环境健康关键参数遥感获取技术。

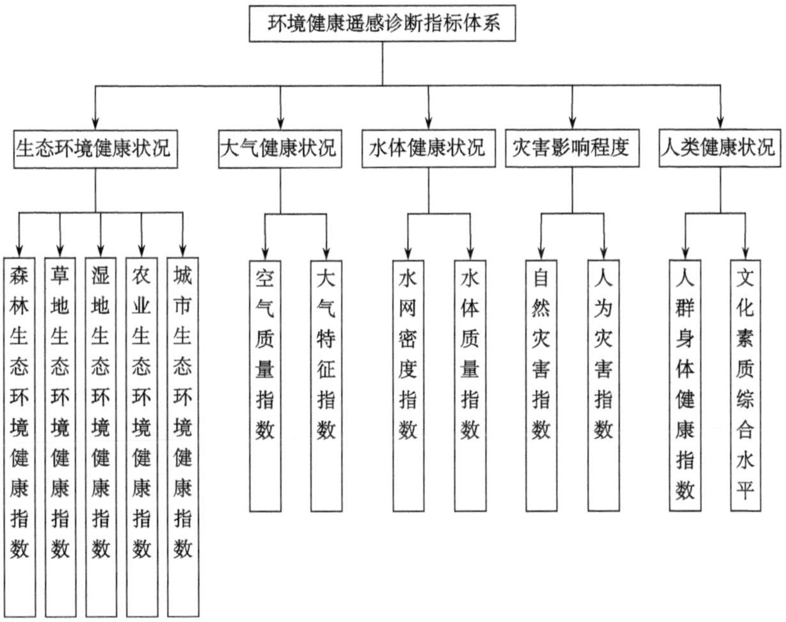

图3-1　指标体系框架图(曹春香，2013)

3.1　生态环境健康

由于现代科学技术的高速发展，全球经济高速增长，与此同时，全球性和区域性的环境问题(如温室效应、水资源和水污染问题、酸雨、生物多样性衰减、水土流失、土地荒漠化等)逐渐加剧，严重威胁到人类生态系统的健康。健康的生态系统是衡量生态系统结构、功能的标准，是实现自然生态系统、社会经济生态系统和人类生态系统协调发展的基本条件，也是实现区域可持续发展的保障。健康的生态系统是针对某一个或某一尺度的生态系统而言的，但是某一个或某一尺度不健康的生态系统必然会影响到其他生态系统或区域复合生态系统的健康程度。

健康的生态系统对胁迫因子具有很强的负荷能力和恢复能力，因此对生态系统健康评价最重要的指标应是生态系统的完整性(integrity)、适应性(adaptability)和效率(efficiency)。这一胁迫因子的负荷能力和恢复能力可以表现在很多方面，不同的生态系统有不同的表现形式。评价生态系统健康首先要选用能够表征生态系统主要特征的参数。针对曹春香(2012)建立的环境健康评价指标体系框架，本节从森林生态环境健康、草地生态环境健康、湿地生态环境健康、农业生态环境健康，以及城市生态环境健康五大生态系统健康诊断所需的主要关键参数，论述其遥感获取技术。

3.1.1　地表反照率

地表反照率作为整个太阳光谱的半球反射积分值，其随时空的变化而变化，在一般情况下，其变化较为缓慢，但在气候环境突然改变(暴风雪、沙尘暴等)的情况下，其值变化非常显著。地表反照率是研究气候模型、天气预报、资源管理的一个重要参数，其在森林生态环境健康、草地生态环境健康、湿地生态环境健康、农业生态环境健康，以及城市生态环境健康遥感诊断中发挥着非常重要的作用。

遥感是获取大区域乃至全球地表反照率的唯一手段。随着卫星遥感对地观测和信息处理技术的迅速发展，利用卫星遥测方法估计全球的行星反照率，进而推算地表反照率得到广泛应用(Geleyn and Preub，1983)。在大气层顶，卫星传感器接收到地面向上的辐射能量由三部分组成，即由于大气中分子、气溶胶的作用，从大气直接反射到太空的大气反射辐射；进入大气的太阳辐射经过地面反射辐射和大气层的削弱后到达大气层顶的反射辐射；由于大气和地面之间的多次散射而产生的向上反向散射部分。因此，遥感传感器观测的是大气-地球系统对太阳短波辐射的反射。晴空行星反照率与地面反照率分别表征晴天无云大气-地球系统和地表面对太阳辐射的反射能力(祝昌汉等，1993)。

Chen 和 Ohring(1984)研究指出，行星反照率与地表反照率之间存在简单的线性关系。从物理意义上看，行星反照率不是地表和大气反照率的简单相加。当仅考虑一次地面反射时，行星反照率为地表反照率的一次函数。但若考虑到大气与地表面反照率之间的多次反射时，行星反照率与地表面反照率之间应该是抛物线的关系(祝昌汉等，1993)。建立合理的行星反照率与地表反照率之间的关系，是通过遥感图像准确反演地表反照率的必要条件。

卫星遥感器不能直接测量地表反照率，而直接测量的是来自一定方向的地球系统(包括地面和大气)的辐射，因此，遥感反演地表反照率受到以下几个因素的限制：①大气对遥感数据的影响；②常用的遥感器只能获取有限波段的反射率值，不能连续覆盖整个可见光和近红外波段；③大多辐射仪只能观测偏离天顶的某一个或几个固定方向上的反射率，而反照率是反射率对所有观测方向的积分。

鉴于以上限制条件，用遥感反演地表反照率必须要对原始遥感数据进行处理，处理步骤如图 3-2 所示，各步骤详细介绍见文献(王介民，2004)。研究者们较早利用 Landsat-MSS 卫星的 TM/ETM+影像数据来反演地表反照率，Duguay(1992)以实测数据为基础，在 ETM+影像完成地形与大气校正的基础上，建立了窄波段反照率向宽带反照率的转换公式。Laflaur 等(1997)利用经过大气校正的遥感数据和地面观测值，建立了不同地表特征反照率估算的经验公式。Liang(2000)建立了用 Landsat-TM 数据估算地表反照率的通用公式，该公式适应于不同的大气和地面条件。

$$\alpha = 0.356\rho \text{TM}1 + 0.130\rho \text{TM}3 + 0.373\rho \text{TM}4 + 0.085\rho \text{TM}5 + 0.072\rho \text{TM}7 - 0.0018 \quad (3\text{-}1)$$

式中，ρ 为卫星光谱波质的光谱反照率。

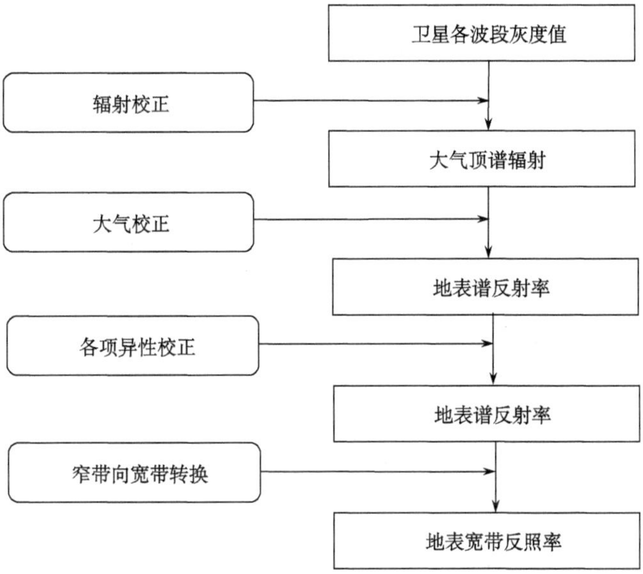

图 3-2　多光谱卫星遥感反演地表反照率流程图

随着 1999 年 Terra 卫星的发射，人们更加关注利用 MODIS 数据来反演地表反照率(王开存等，2004)。MODIS 是 Terra 和 Aqua 卫星上都装载的重要传感器，是 EOS 计划中用于观测全球生物和物理过程的仪器，具有波段多、光谱宽、应用广、接收简单和数据更新快等优点(曲辉和陈圣波，2002)。之前，利用卫星遥感资料反演地表反照率已是一种比较成熟的方法，但由于卫星资料反演的反照率的精度未能达到模型输入的要求，反演结果还没有直接应用于陆面过程模式。MODIS 反照率数据产品的出现，使反照率直接作为应用模型的输入参数成为可能。MODIS 反演地表反照率的相关计算采用半经验的核驱动线性双向反射率分布函数(bi-directional reflectance distribution furction，BRDF)，由多天、多角度和无云大气校正反演每 16 天 1 次的全球 1 km 地表谱反射率，再由窄带—宽带转换生成三波段(0.3～0.7 μm 、0.7～5.0 μm 、0.3～3.0 μm)反照率产品。

不同分辨率的全球陆地表面反照率产品对于全球和区域气候模型的研究是非常有价值的。Liang 等(2003)研究发现，由 ETM+反演的 30 m 分辨率的地表反照率与 MODIS 反演的 1 000 m 分辨率的地表反照率具有很好的相关性。鲍平勇等(2007)对洛河流域同时相 ETM+和 MODIS2 类遥感数据反演的地表反照率进行了对比分析，发现各类地物的 MODIS 反照率均小于 ETM+反演的反照率，并得出两类传感器对应地物反照率的转换关系。

目前，应用的遥感反演反照率模型主要有统计模型和双向反射模型两种。统计模型反演地表反照率是根据各波段在太阳辐射中所占的权重来反演全波段反照率。假设下垫面各波段的反射率为ρ_i，相应能量为E_i，当总入射能为 E 时，则反射能E_r表示为

$$E_r = E_1\rho_1 + E_2\rho_2 + \cdots + E_i\rho_i \tag{3-2}$$

则当下垫面为朗伯体时，反照率 A 为

$$A = \frac{E_1}{E}\rho_1 + \frac{E_2}{E}\rho_2 + \cdots + \frac{E_i}{E}\rho_i \tag{3-3}$$

该方法计算地表反照率时需要知道各波段太阳辐射能在总能量中所占的权重。

自然的下垫面大多是不均匀的，粗糙度也各不相同，不存在严格意义上的朗伯体，在由卫星观测反演地表反照率时，大多辐射仪只能观测偏离天顶的某一个或几个固定方向上的反射率，而反照率是反射率对所有观测方向的积分，因此，入射光和反射光的方向性特征对地表反照率的影响就变得非常突出。为解决这一问题，使双向反射模型在反演模型中具有较高的应用前景，根据反照率的定义，它可以表示为

$$\rho(z) = \frac{1}{\pi}\int_0^{2\pi}\int_0^{2\pi} \rho(z,\theta,\varphi)\cos\theta\sin\theta \mathrm{d}\theta\mathrm{d}\varphi \tag{3-4}$$

式中，$\rho(z,\theta,\varphi)$为双向反射率分布函数（BRDF）；$\rho(z)$为入射角 z 时的反照率。因此，计算反照率的关键问题是如何获取双向反射分布函数，然后求出半球反照率。目前，BRDF 计算模型较为成熟的是被称为核驱动的计算模型，所谓核，就是能够定量描述下垫面几何生理和物理特征的数理模型，其形式分为 4 类（徐兴奎和刘素红，2002）：①统计经验模型；②辐射传输模型；③几何光学模型；④混合模型。因此，核驱动模型，即求解 BRDF 与“核”之间的线性或非线性关系。

虽然双向反射模型理论性较强，但需要大量连续时间序列的遥感观测数据，其计算速度较慢，还不能完全满足 GCM 模型的需要，所以在大区域反照率反演中，统计模型还是比较实际的，而且对于同一种下垫面，其物理性质随空间的分布变化很小，因此统计模型具有很好的移植性。

地表反照率是制约陆面辐射能收支的关键因子，也是生态环境健康诊断研究的重要参数。在全球生态环境健康变化日益突出的今天，准确地观测和反演地表反照率，可以极大地完善相关陆面过程和气候模式，其对准确评价生态环境健康及生态系统内部运行规律等具有重要意义。

3.1.2 地表温度

地表温度是区域和全球地表物理过程中的关键因子，其在地表和大气交互及能量交换中起重要作用，对地表能量平衡的研究以及气候、水文、生态及生物等学科研究都有重要意义。传统地面定点测量获取温度的离散性和覆盖范围的有限性导致其难以满足各

应用需求，而遥感反演地表温度的方法基于热红外遥感数据，可获得大范围在空间和时间上连续的地表温度，对大中尺度地气作用相关领域研究具有极大价值，也可广泛用于农业监测土壤墒情及农作物含水量，环境监测城市热岛效应、地表干旱及森林火灾等；其在军事伪装及能源矿物探测等社会经济领域也有重要的应用价值。

20 世纪 60 年代至今，国内外卫星和热红外传感器在数量和质量上都得到迅速发展。始于 20 世纪 70 年代的我国气象卫星事业也在 40 年里取得了辉煌成就，成功发射了 12 颗卫星，现在轨正常运行卫星有 5 颗，成为继美国和欧盟后世界上第 3 个同时拥有极轨和静止气象卫星的国家。现今在轨服役的极轨卫星主要有风云三号系列星，静止卫星有风云二号系列星，它们均搭载有可探测热红外地表信息的传感器。

热红外传感器的发展是卫星数据反演地表温度发展的基础。现今国内外热红外传感器无论是数量还是质量，都较 20 世纪 60 年代有了极大提高。目前，国外用于反演地表温度的数据主要有美国 NOAA 卫星的 AVHRR 数据，Terra 和 Aqua 卫星的 MODIS 和 ASTER 数据，Landsat 卫星的 TM/ETM+数据。

随着遥感数据的广泛应用，研究者利用各种近似和假设提出了多种陆面温度反演方法，可分为单通道算法、多通道算法，以及多角度算法。

1. 单通道算法

单通道算法是指利用传感器一个大气窗口的热红外通道获得的辐射能，加上大气廓线数据(包括温度、湿度及压力廓线)，结合大气辐射传输方程，来修正大气和比辐射率的影响，从而得到地表温度。单通道算法主要有辐射传输方程法、普适性单通道算法及单窗算法。

1) 辐射传输方程法

基于辐射传输方程，用大气廓线数据对遥感影像大气校正，从而得到地面发射辐射，进而得到地表温度。这种算法过程复杂，并且需要同步大气廓线数据，由于测量的难度大，大气数据不可能与卫星同时获取，因此大气剖面数据的非真实性、非实时性导致地面热辐射的模拟会有较大误差，影响了地表温度的反演精度(覃志豪等，2001)。

2) 普适性单通道法

普适性单通道法只需已知大气水汽含量，不需大气廓线等参数就可以根据式(3-5)得出地表温度。

$$\begin{cases} T_{\text{surface}} = \gamma\left[\varepsilon^{-1}\left(\psi_1 L_{\text{sensor}} + \psi_2\right) + \psi_3\right] + \delta \\ \gamma = \left[\dfrac{c_2 L_{\text{sensor}}}{T^2_{\text{sensor}}}\left(\dfrac{\lambda_e{}^4}{c_1} L_{\text{sensor}} + \lambda_e{}^{-1}\right)\right]^{-1} \\ \delta = -\gamma L_{\text{sensor}} + T_{\text{sensor}} \end{cases} \tag{3-5}$$

式中，ε 为地表比辐射率；L_{sensor} 为热辐射强度；T_{sensor} 为遥感器探测的亮温；λ 为有效波

长；C_1 和 C_2 为大气参数；大气参数 ψ_1、ψ_2、ψ_3 是大气水汽含量 w 的函数，针对 TM 6 波段的 ψ_1、ψ_2、ψ_3 计算公式为

$$\begin{cases} \psi_1 = 0.147\,14w^2 - 0.155\,83w + 1.1234 \\ \psi_2 = -1.1836w^2 - 0.376\,07w - 0.528\,94 \\ \psi_3 = -0.0455w^2 + 1.8719w - 0.390\,71 \end{cases} \tag{3-6}$$

该算法简单、计算快速，将大气水汽含量带入计算即可，省去了大气模拟误差(甘甫平等，2006)。

3) 单窗算法

单窗算法由覃志豪等(2001)提出，利用已知的地表辐射率、大气透射率和大气平均作用温度 3 个参数，根据地表热辐射传输方程反演地表温度。将 Planck 函数泰勒一阶展开，引入偏导参数 L，然后用统计数据对其进行回归分析，建立 L 与通道亮温之间的关系，从而能够解得地表温度 T_s：

$$T_s = \frac{1}{C}\left\{a(1-C-D) + \left[b(1-C-D) + C + D\right]\cdot T_{\text{sensor}} - DT_a\right\} \tag{3-7}$$

式中，$C = \varepsilon \cdot \tau$，$D = (1-\tau)\left[1 + (1-\varepsilon)\cdot\tau\right]$； a, b 为参数 L 回归分析后的回归系数；T_{sensor} 为传感器接收到的辐射亮度温度；T_a 为大气平均作用温度。则此时参数为地表比辐射率 ε，大气透射率 τ 以及大气平均作用温度。当这几个参数估计无误时，温度反演精度可在 0.4 K 以内，当有误差时，精度可达 1.1 K。

该算法引入大气平均作用温度，基于对大气垂直差异的考虑，大气上行辐射通常大于下行辐射，而对于绝大多数自然表面，地表比辐射率通常为 0.96～0.98，大气下行辐射的系数项很小，因此用大气上行辐射温度代替下行辐射温度对地表热辐射的反演影响不大，则引入大气平均作用温度来代替上行的温度和下行的温度，统一只用一个大气温度。大气平均作用温度可以通过分析研究区域观测大气或是标准大气的剖面资料，推算水分和气温在大气剖面各层的比率分布，根据大气水汽比率分布规律及实时大气总水汽含量，推算大气剖面各层的水分含量；根据气温比率分布与已知地面附近的当地气温数据推算大气剖面各层的气温分布，之后结合低层大气温度推算地表温度，大气透过率根据大气水分含量或地表附近空气湿度来估计。

Sobrino 等(2004)对以上 3 种方法进行了对比分析，结果显示，后两种方法都不需要用到大气同步廓线数据，但是精度比传统算法高。

2. 多通道算法

多通道算法主要包括分裂窗算法和温度发射率分离算法。

1) 分裂窗算法

分裂窗算法起源于 20 世纪 70 年代，最早用于海面温度反演。由于其成功反演了海面温度，20 世纪 80 年代开始，被用于陆面温度的反演。其原理是大气窗口 10～13 μm

相邻通道有不同的大气吸收作用，可通过这两个波段的不同亮温组合来进行温度反演。Anding 等(1970)最早提出分裂窗算法，并将其用于海面温度的反演。此后，又有 Prabhakara 等(1974)和 McMillin(1975)做出了进一步的研究，均是利用两个热红外窗口亮温的线性组合求得海面温度。由于分裂窗算法在海温反演中的成功应用，该算法开始被尝试用于陆面温度反演上。Price(1984)最先把分裂窗算法引用到农田地区的温度反演中，于是开始了该算法在陆面温度反演中的应用。此后，许多用于陆面温度反演的分裂窗算法被提出。Becker 和 Li(1990)根据热辐射传导的地方特性，结合地表实测数据，分析了不同大气状况下，地表发射率、温度对 NOAA-9 第 4、第 5 通道辐射亮温的影响，提出了针对天顶角大于 46° 区域的局地分裂窗算法，说明该算法已经得到了广泛的应用。在此基础上，Wan 和 Dozier(1996)提出了一种广义的地表温度反演分裂窗算法。该算法中考虑了大气柱水汽含量、观测角度的变化，并进一步通过把水汽含量、表层气温、地表温度、观测角度的变化范围分成几段来优化系数，提高算法精度，大大降低了对地表发射率不确定的灵敏度。

自分裂窗算法用于陆面温度反演以来，许多研究者从不同角度出发，采用一些假设和近似，给出了很多不同的算法形式，都各有特点。分裂窗算法一般使用的数据为 NOAA/AVHRR 的第 4、第 5 通道，MODIS 第 31、第 32 通道，或是 GMS5/VISSR 的两个红外分裂窗口通道。在分裂窗算法的推导中，热红外遥感中的未知变量比波段方程数多，因此地表温度反演算法的推导都是根据一些模拟简化过程来从波段方程中求解地表温度变量，不同的简化方式产生了不同的算法。截至 2007 年，世界上针对 NOAA/AVHRR 的第 4、第 5 通道数据已经约有 17 种分裂算法被提出(孟凡影，2007)。

分裂窗算法是应用最广、最成熟的方法，其精度较高，并且不需要输入大气廓线值。大气效应和地表比辐射率是影响分裂窗算法精度的两个重要因子，目前的算法研究也多是集中在这两个因子的校正上。分裂窗算法还不完善，如仅限于晴空大气条件下的反演，否则需要输入大气总水汽含量，以求尽可能消除大气影响。对于混合像元只能给出有效均值温度。该算法中的系数对整幅图像相对固定，会产生较大误差，且对地表发射率信息较为敏感，为此常用它来反演地表发射率已知或近似灰体(如水体或植被)的地表(甘甫平等，2006)。

2)温度发射率分离算法

分裂窗算法多是在地表比辐射率已知的基础上发展的，其在很大程度上受地表比辐射率精度的影响，要保证算法反演结果的精确度就需要对不准确的比辐射率进行校正，这个也是分裂窗算法及其他地表温度反演算法的瓶颈所在，但它却是温度发射率同时反演算法的优势，可以同时反演温度和发射率。目前，温度发射率同时反演算法有参考通道法、发射率标准化法等基本方法。

在许多种温度发射率同时反演算法中比较有代表性的是 Gillespie 等(1998)提出的 ASTERTES 算法，其吸收了 NEM(normalized emissivity method)、RAT(ratio method)、MMD(minimum maximum difference)三种算法的优点，经过改进后，由基于这 3 种算法的 3 个模块组成。在结果分析中，准确度和精度在同一个级别，但是来源却不一样，前者误差主要来源于大气补偿，后者误差来源于比辐射率最小值 MMD 回归的散度。系统误差交叉于实验的 5 个波段直接影响地表温度，但是每个波段的误差影响地表比辐射率的反演。该算法的精度取决于发射率经验关系的可靠性和大气纠正的准确性，在用于不同传感器时，要建立与之相适应的发射率经验关系，并设法提高大气校正精度。该算法温度反演精度可达 1.5 K，地表发射率可达 0.015。但是这个算法在陆地和海洋上效果不同，对海洋表面温度的反演精度低于 MODIS 分裂窗算法，因此其主要集中在陆地上应用。

昼夜法是指使用热红外波段白天和夜晚同步数据对地表温度和比辐射率进行同时反演的算法。该算法的思想由 Becker 和 Li(1995)首先提出，为了解决热红外波段反演地表温度信息不够的问题，加入了波段的夜晚信息。随后通过使用夜晚的独立温度光谱指数(Temperture independent spectral indices, TISI)和白天的 TISI 的经验关系，提出了一种只用 AVHRR 白天的热红外数据来计算地表发射率的方法。Wan 和 Li(1997)提出的新的针对 MODIS 传感器设计的地表温度反演算法比较完整地实现了 Becker 和 Li 的思想，实现了地表温度和地表发射率的同时反演。该算法使用 MODIS 第 20、第 22、第 23、第 29、第 31～33 这 7 个波段的数据，用这 7 个波段的白天、夜晚配对数据，基于 3 个假设(地表比辐射率的变化时植被覆盖和地表湿度的函数；3.5～4.2 μm 波段范围内大多数地面材料的地表反射率有大的光谱变化，但它们的 BRDF 各向异性因子却只有极小的变化，因此可以估计一个因子用于第 20、第 22、第 23 这 3 个波段；晴空条件下对地面朗伯体的假设)，构建查找表，表中的大气透过率、路径辐射、下行热辐射及太阳散射辐射可以通过 MODTRAN 计算得到；然后，用统计回归的方法和最小二乘方法求解算法中构建的 14 个方程，便可以得出通道平均地表比辐射率和地表温度。

当系统校准误差在 0.5%以内时，在中纬度夏季条件下，较广泛的地表温度范围内反演的地表白天和夜晚温度的标准差为 0.4～0.5 K，反演得到的第 31 和第 32 波段的地表比辐射率的标准差达到 0.009，最大的温度反演误差在 2～3 K。

3. 多角度算法

由于热红外波段获取的数据承载的地表信息含有地表比辐射率和地表温度，因此已知的条件少于要求的未知量，必须另外加入信息求解。此外，由于热红外波段间获取数据的物理过程相似，并且不同通道间地表比辐射率差异、大气效应差异和地表温度差异都不大，带来了波段间较高相关性，直接影响了反演结果精度的提高(陈良富等，1999)。

有些学者开始研究将多角度信息融合到热红外波段中，于是就有了单通道多角度法、多通道多角度法。单通道多角度法是利用一个大气窗口的热红外通道，通过多角度观测，得到多个辐射能，基于同一个物体在不同角度的观测下，经过的大气路径不同则大气吸收也不同，但是大气的透过率随角度的变化而变化，因此利用单通道多角度法便可以通过亮温的线性组合消除大气吸收作用。同时，根据大气上、下行辐射随观测角度变化而变化的关系，也可消除大气程辐射影响。该算法最早用于海水表面的温度反演，在陆温上应用很少。

多通道多角度法是多通道和多角度法的组合，利用多通道和多角度法对大气吸收作用不同的消除作用，来剔除大气对温度反演的影响。但是目前该算法只被用于海温反演，正被尝试用于用一像元内的植被温度和土壤温度进行分解，即提取组分温度信息。目前这些算法在陆面温度的反演中应用较少，但是却有很好的反演地表组分温度的前景。直接用热红外波段，通过分裂窗等传统地表温度反演算法反演出来的温度是像元的平均值。由于海洋表面均一，地表变化不大，所以像元平均温度可以为真实温度。但是由于陆面成分复杂，遥感影像中像元多是混合像元，而应用中需要的地表温度多是组分的温度，如需要根据植被的温度估算对二氧化碳的吸收量，运用像元平均温度是没有实际应用价值的。如果要反演组分温度，就需要加入多角度信息。因此，近几年开始有学者着手研究多角度热红外数据反演地表组分温度。

徐希孺等(2001)在建立非同温混合像元热辐射方向性模型的基础上，提出了一种利用多角度热红外遥感模型和遗传算法进行混合像元组分属性同步反演的方法，反演精度有望达到 1K 以内；庄家礼和徐希孺(2000)在连续植被热辐射方向性模型的基础上，采用遗传算法，从模拟和实测的热红外多波段、多角度遥感数据中同时反演混合像元的组分温度、叶面积指数等多维参数，从而为地表组分温度的精确反演提供了一种新途径。大量试验表明，在宽松的先验知识的条件下，利用遗传算法反演组分温度效果非常好。何立明等(2002)发展了一种利用 ATSR-2 双角观测数据能够同时进行大气校正和反演地表组分(植被和土壤)温度的迭代算法。该算法将全球通用二次方(QUAD)算法用于大气校正，LSF 模型用于计算等效方向发射率，通过迭代，实现同时进行大气校正和反演地表组分温度的目的，在可接受的范围内，土壤和植被温度可以被分离开来；另外，在已知传感器通道响应函数和像元组分比辐射率波段变化的情况下，只要恰当地拟合出黑体温度和其宽波段热辐射的对应经验关系式，并计算一个通道响应函数加权平均的比辐射率，则从混合像元的宽波段多角度热红外观测，仍可较准确地反演组分温度。

3.1.3　植 被 参 数

归一化植被指数、叶面积指数、植被覆盖表、植被几何参数以及植被生产力参数是表征植被生长状况的重要因子，也是环境绿被遥感诊断重要参数，本节将特点介绍。

1. 归一化植被指数

归一化植被指数(NDVI)是遥感影像中，近红外波段的反射值与红光波段的反射值之差比上两者之和，即(NIR−R)/(NIR+R)。NIR 为近红外波段的反射值，R 为红光波段的反射值。归一化植被指数是反映植被长势和营养信息的重要参数之一。

归一化植被指数主要用来检测植被生长状态、植被覆盖度和消除部分辐射误差等。归一化植被指数的取值范围是−1～1，负值表示地面覆盖为云、水、雪等，对可见光高反射；0 表示有岩石或裸土等，NIR 和 R 近似相等；正值表示有植被覆盖，且随覆盖度的增大而增大。

NDVI 具有一定的局限性，主要表现在用非线性拉伸的方式增强了 NIR 和 R 反射率的对比度。对于同一幅图像，分别求比值植被指数(RVI)和 NDVI 时会发现，RVI 值增加的速度高于 NDVI 增加的速度，即 NDVI 对高植被区具有较低的灵敏度；NDVI 能反映出植物冠层的背景影响，如土壤、潮湿地面、雪、枯叶、粗糙度等，且与植被覆盖度有关。

目前，在 NASA 的官方网站上可以直接下载 NDVI 产品数据。这些产品数据主要是空间分辨率分别为 500 m、1000 m 等的 MODIS 产品。另外，如果需要获取其他空间分辨率的归一化植被指数，也可以通过获取相应空间分辨率的遥感影像，根据 NDVI=(NIR−R)/(NIR+R)进行波段运算，不过这对遥感影像的质量要求比较高，需要影像上的云量比较少，必要的话还需要进行去云处理。

NDVI 是最常用的植被指数，虽然 NDVI 对土壤背景的变化较为敏感，但由于 NDVI 可以消除大部分与仪器定标、太阳角、地形、云阴影和大气条件有关辐照度的变化，增强了对植被的响应能力，所以它是目前已有的 40 多种植被指数中应用最广的一种，许多研究已经表明，NDVI 与 LAI、净初级生产力(NPP)、光合有效辐射吸收系数(fAPAR)等生物物理参数有着密切的关系。

2. 叶面积指数

叶面积指数(LAI)是陆面过程中一个十分重要的结构参数，是表征植被冠层结构最基本的参量之一，它控制着植被的许多生物、物理过程，如光合、呼吸、蒸腾、碳循环和降水截获等。LAI 既可以定义为单位地面面积上所有叶子表面积的总和，也可以定义为单位面积上所有叶子向下投影的面积总和。Chen 等(2001)将 LAI 定义为单位地面面积上总叶面积的一半。这种定义的好处在于，当叶子的角度分布是球形(随机分布)时，所有凸面形状叶子的相对消光系数可以看作是常数 0.5。传统的 LAI 地面测量获得信息有限，而且不能呈面状分布。所以大区域研究 LAI 仅仅靠地面观测是行不通的，卫星遥感为大区域研究 LAI 提供了唯一的途径。

直接方法地面直接测定的方法是一种经典的、成熟的和相对精确的方法，可作为间接方法的有效验证。直接测量法主要包括叶子的采集和叶面积的测量。叶子的采集分为非破坏性采集方法和破坏性采集方法。前者如落叶箱法，即将有防风侧面的开口盒子放在植被中间，定时重复采样。破坏性采集方法主要有代表植株法和区域采样法。叶面积的测定方法主要有传统的格点法和方格法、仪器测定法等。

卫星遥感方法为大范围研究 LAI 提供了有效的途径。目前，主要有 3 种遥感方法可用来估算叶面积指数，即统计模型法、光学模型法和神经网络模型法。同时，为了不断提高测量精度，众多学者从不同的层面，提出了许多有益的方法和技术。

1)统计模型法

利用遥感定量统计分析叶面积指数的依据是植被冠层的光谱特征。绿色植物叶片的叶绿素在光照条件下发生光合作用，强烈吸收可见光，尤其是红光，因此红光波段反射率包含了植冠顶层叶片的大量信息。在近红外波段，植被有很高的反射率、透射率和很低的吸收率，因此，近红外反射率包含了冠层内叶片的很多信息(张晓阳和李劲峰，1995)。植被的这种光谱特征与地表其他因子的光学特性存在很大差别，这就是 LAI 遥感定量统计分析的理论依据。统计分析法是以 LAI 为因变量，以光谱数据或其变换形式(如植被指数)为自变量建立的估算模型，即$\text{LAI}=f(x)$。式中, x为光谱反射率或植被指数。以植被指数作为统计模型的自变量是经典的 LAI 遥感定量方法，在多光谱和高光谱领域均有用植被指数估算叶面积指数的研究和应用。

2) *光学模型反演法*

统计模型分析法形式灵活，但属于经验性的，需要对不同的数据源重新拟合参数，也需要模型不断调整。因此，许多学者致力于研究出具有普适性的 LAI 定量模型。目前，相对成熟的是基于物理光学基础的光学模型。LAI 光学模型建立的基础是植被的非朗伯体特性，即植被对太阳光短波辐射的散射具有各向异性，反映在遥感上就是从地表反射回天空的太阳辐射和卫星观测的结果很大程度上依赖于太阳角和卫星观测角的关系，这种双向反射特性可以用双向反射率分布函数来定量表示，这就给 LAI 定量模型的创立提供了理论契机。从 20 世纪 80 年代中期开始，植被双向反射特性研究逐渐成为遥感界十分活跃的研究领域之一，并出现了各种各样的植被双向反射分布函数模型，定量提取 LAI 等生物物理信息成为该类模型的一个重要的研究方面。光学模型就是基于植被的 BRDF 模型，它是建立在辐射传输模型基础上的一种模型，具有相当强的物理基础，不依赖于植被的具体类型或背景环境的变化，因而其具有普适性。

辐射传输模型是模拟光辐射在一定介质(如大气和植被)中的传输过程，最初用于研究光辐射在大气中传输的规律，后来被移植到植被对太阳光辐射的吸收和散射规律研究中。对于某一特定时间的植被冠层而言，一般的辐射传输模型(宫鹏等，1996)为

$$S=F\left(\lambda,\theta_{\text{s}},\psi_{\text{s}},\theta_{\text{v}},\psi_{\text{v}},C\right) \tag{3-8}$$

式中，S 为叶子或冠层的反射率或透射率；λ为波长；θ_{s} 和 θ_{v} 分别为太阳天顶角和方位角；ψ_{s} 和 ψ_{v} 分别为观测天顶角和方位角；C 为一组关于植被冠层的物理特性参数，如植被 LAI、叶面指向和分布、植被生长姿态和叶-枝-花的比例与总量等。

一般辐射传输模型以 LAI 等生物物理、生物化学参数为输入值，得到的输出值是 S。从数学角度看，要求得 LAI，只需得到上述函数的反函数，以 S 为自变量，即可得到 LAI 等一系列参数，这就是光学模型反演 LAI 的基本原理。

用于反演 LAI 的光学模型比较多，其中研究较多的是任意倾斜叶子散射(SAIL)模型，该模型简化了对冠层结构的描述，对输入参数的要求也不高，只需要叶子的反射率和透射率、背景土壤的光学特性、LAI、平均叶子倾斜角度和太阳入射漫辐射分量。另外，影响力较大的还有 Li 和 Strahler(1985)的几何光学模型，该模型从像元尺度出发，建立了森林结构参数(植被覆盖度、平均树高度、平均冠幅尺寸等)与冠层双向反射分布函数的关系，且考虑了共同遮蔽效应。在此基础上发展起来的 4-尺度模型(Chen and Leblanc，1997)则突出了植冠不同尺度结构(树群、单冠、分枝和抽枝)的影响，而且引用了一些新的模拟方法，如用 Neyman 型分布来模拟树木的非随机分布；利用树冠之间与树冠之内的间隙尺度分布来计算地面和树叶的热点(所谓热点是指当视角与太阳高度角一致时，地物的反射率最大),以及根据视觉因子，采用多级散射方案来计算到达遮蔽

树叶和背景的反光量等。目前，在加拿大北部森林生态系统和大气研究(BOREAS)区内已经开展了利用地面和航测资料对4-尺度模型的验证工作，并且4-尺度模型已被用来研究不同的植冠参数对卫星遥感反演生物物理学特性的影响(Leblanc et al.，1999)。

3)神经网络模型反演法

需要注意的是，一般比较复杂的光学模型都不能直接用来反演LAI，而是把LAI作为输入值，采用迭代的方式用优化技术逐步调整模型参数，直到模型输出结果与遥感观测资料达到一致，最后的迭代结果就是反演结果。对于一般的遥感图像处理而言，这种迭代非常耗时，而且有些模型过于复杂，以至于几乎不能用这种方式来反演。解决这个问题的一种途径是利用新的技术手段——神经网络模型反演算法，如 Gong 等(1999)用神经元网络技术对 Liang 等(1993)的辐射传输模型进行反演，得到较好的LAI反演估计结果。

另一种途径就是采用一种查找表的方法(LUT)(Myneni et al.，1997)，该方法是先在遥感输入条件变化范围内用复杂的反演模型得出LUT，然后在使用时迅速使每个像元点的结果与遥感输入值相匹配，这样就可以根据LUT找到对应的生物物理参数。

3. 植被覆盖度

植被覆盖度是指植被(包括叶、茎、枝)在地面的垂直投影面积占统计区总面积的百分比。容易与植被覆盖度混淆的概念是植被盖度，植被盖度是指植被冠层或叶面在地面的垂直投影面积占植被区总面积的比例。两个概念的主要区别就是分母不一样。植被覆盖度常用于植被变化、生态环境研究、水土保持、气候等方面。

植被覆盖度的测量可分为地面测量和遥感估算两种方法。地面测量常用于田间尺度，遥感估算常用于区域尺度。

植被覆盖度测量的传统方法是地面测量，最简单的方法就是目估法，但该方法主观性太强，因而产生了一系列采样方法，如样方法、样带法、样点法等。为了获得更准确的数据，科学家又发明了用于采样的仪器——空间定量计、移动光量计等，这种方法提高了测量的精度，但野外操作不便。为了研究植被覆盖度的规律，统计学思想被引入到植被覆盖度监测中。通过一定数量的地面测量，然后对实测数据进行时间或空间上的分析，寻找植被覆盖度的时空分布规律，形成经验模型，但这种方法一般只适用于特定的区域与特定的植被类型，局限性太大，不易推广。遥感技术的发展为植被覆盖度的测量提供了一个新的发展方向，尤其是为大范围地区的植被覆盖度监测提供了可能。由遥感数据计算出的植被指数可以直接反映地表植被的状况，因而引起了普遍重视，纷纷研究植被指数与植被覆盖度的关系，建立使用植被指数估算植被覆盖度的模型。一种思路是延续统计学的思想，分析植被指数与植被覆盖度的相关关系，寻找对植被覆盖度最为敏感，且对背景因素最不敏感的植被指数，建立估算植被覆盖度的线性回归模型、非线性回归模型；部分学者直接利用与植被覆盖度相关关系好的植被指数估算植被覆盖度，并不需要建立回归模型；另一种思路是不通过相关、回归分析，而通过理论分析对像元进行分解，建立植被指数与植被覆盖度的关系模型。

近年来，植被覆盖度测量又有了新的发展趋势。数码相机的出现使得植被覆盖度的地面测量更加方便、快捷且准确。高光谱遥感数据包含更丰富的植被信息，多源遥感数据(多时相、多光谱、多传感器、多平台和多分辨率)的综合应用，遥感技术与 GIS 技术的结合，将更多的辅助数据引入到植被覆盖度的测量，它们都大大提高了利用遥感技术监测植被覆盖度的精度。

遥感技术为监测大面积区域的植被覆盖度，甚至全球的植被覆盖度提供了可能。由此涌现出的遥感测量植被覆盖度的方法也比较多，其中应用最广的方法还是植被属性与简单光谱指数的相关分析法。由于这种方法的局限性与改进的观测仪器的出现，产生了一些基于影像反射物理模型的新方法。现有的遥感测量植被覆盖度的方法可以归结为 3 种：混合模型法、覆盖度-幅射关系模型法与植被指数法。其中，混合模型法用于植被组分的分离；覆盖度-幅射关系模型法通过分析两者之间的相关关系，建立模型；植被指数法使用植被指数直接估算植被覆盖度，所用的植被指数可能是现有的植被指数，也可能是研究者专为植被覆盖度测量而发展出的新植被指数。

陈晋等(2001)认为，利用遥感资料估算植被覆盖度的方法大致可分为经验模型法与植被指数转换法。张云霞(2003)基于陈晋的分类方法，针对草地的植被覆盖度测量，建议将亚像元分类方法从植被指数转换法中分离出来，即分为 3 类：经验模型法、植被指数法与亚像元分类方法。

李苗苗(2003)根据前人的研究思路，建议将遥感测量植被覆盖度的各种方法分为以下 3 种：回归模型法、植被指数法与像元分解模型法。这种分类方法与上面 3 种分类体系都有相似之处，但定义并不一致，对一些遥感测量方法的归属也不相同。

1) 回归模型法

回归模型法，又称为经验模型法。通过对遥感数据的某一波段、波段组合或利用遥感数据计算出的植被指数与植被覆盖度进行回归，建立经验模型，并推广模型，以求取大范围区域的植被覆盖度。

以往的研究表明，植被覆盖度与植被指数具有很强的相关性，相关的形式可能是线性或非线性的，因而回归的模式也可能是线性或非线性的，以此将回归模型法分为线性回归模型法与非线性回归模型法。也有部分学者同时使用线性回归模型法与非线性回归模型法进行研究。

回归模型一般都具有局限性，只适用于特定的区域与特定的植被类型。回归模型一般都不易推广，不具有普遍意义，但对于局部区域的植被覆盖度测量具有较高的精度。

2) 植被指数法

植被指数法是指直接利用植被指数近似估算植被覆盖度，所使用的植被指数一般植被指数法相对于回归模型法更具有普遍意义，模型经验证后可以推广到大范围地区，形成通用的植被覆盖度计算方法。但这种方法在局部区域对植被覆盖度的估算精度可能会低于回归模型法。

3) 像元分解模型法

像元分解模型法的原理是图像中的一个像元实际上可能由多个组分构成，每个组分对遥感传感器所观测到的信息都有贡献，因此可以将遥感信息(波段或植被指数)分解，建立像元分解模型，并利用此模型估算植被覆盖度。

分解像元的途径是建立遥感信息的混合模拟模型，目前已开发出的模型主要有 5 种，分别为线性分解模型、概率模型、几何光学模型、随机几何模型和模糊分析模型。

其中，最常用的就是线性分解模型。线性模型假定像元信息为各组分信息的线性合成。线性混合模型基于以下假设：到达传感器的光子只与一个组分发生了作用，如果与多个组分发生了作用，则产生的非线性混合和线性混合是基于同一个概念，即线性混合是非线性混合在多次反射被忽略的情况下的特例。线性像元分解方法最大的限制是，为了方便求解，区域内地物类型，特别是主要地物类型不能超过所用遥感数据波段数，否则将导致结果误差偏大。马超飞等(2001)提出了利用线性混合像元分解方法，对影像逐个像元中的植被覆盖度进行计算和提取。

在线性像元分解模型法中有一个最简单的模型，即像元二分模型。像元二分模型假设像元只由两部分构成：植被覆盖地表与无植被覆盖地表。所得的光谱信息也只由这两个组分因子线性合成，它们各自的面积在像元中所占的比率，即为各因子的权重，其中植被覆盖地表占像元的百分比，即为该像元的植被覆盖度。因而，可以使用此模型来估算植被覆盖度。由于该模型中需要有全植被覆盖的像元，这就限制了低分辨率遥感数据的使用，因为对于很多地区来说，在低分辨率数据中都很难找到全植被覆盖的像元。

4. 植被几何参数

广义的植被结构参数包括物理参数和化学参数。物理参数包括几何参数和生态参数，生态参数有 LAI 总量、绿色植被覆盖率、叶生物量、总生物量等，几何参数有平均树高、最大树高、标准树高等。化学参数包括植被叶绿素含量、碳氮元素等化学组成成分。

植被结构参数中的几何参数包括冠下杆高、冠内杆高、冠下胸径、冠层高度、冠下半径、冠顶半径等。其中，冠层高度是植被结构参数中最重要的组织部分，它在环境健康诊断中应用最多。下面对利用遥感手段对森林树高反演的关键技术进行论述。

国内外已经就激光雷达在林业上的应用进行了大量成功的尝试，尤其是在林木高度测量与林分垂直结构信息获取方面具有其他遥感技术无可比拟的优势。尽管光学遥感和微波遥感的出现弥补了传统方法的不足，但两者在获取森林垂直结构信息方面具有局限性，而且还会出现信号饱和的问题。

另外，普通的光学传感器只能用于提供森林水平分布的详细信息，而很难提供垂直分布的信息。

近年来，迅速发展的主动遥感雷达展现出其独特的优越性，相对于被动光学遥感和微波遥感，激光雷达不仅可以克服信号饱和的缺陷，还可以获取森林垂直结构信息，从而提高森林三维结构参数估计的准确性。而激光雷达遥感根据采样方式和配置不同(离散回波还是波形激光雷达)，可以高精度地提供森林水平和垂直的信息。

当前，在森林结构参数估测领域所用到的雷达数据主要有两类：一类是大光斑雷达，可以连续完整地记录下激光回波波形数据，通常该光斑的尺寸会大于林木冠幅，因此一般是利用回波波形来估测大范围的森林结构参数；另一类是小光斑雷达，其光斑尺寸通常小于林木冠幅，因此一般是利用高密度的激光点云数据来估测单木的结构参数。此外，根据搭载平台的不同，大光斑雷达又可以分为机载大光斑雷达和星载大光斑雷达。本书以星载大光斑雷达数据为例，介绍森林树高反演的方法。

目前，可以获取的星载激光雷达数据是搭载在美国科学试验卫星冰、云和陆地高程卫星(ICESat)上的地学激光测高系统(GLAS)传感器数据。ICESat 于 2003 年 1 月 13 日由加利福尼亚的 Vandenberg 空军基地发射，是 NASA 从 1999 年开始的地球科学计划的部分。ICESat 的主要科学目的是测量冰原地形，以及地形随着时间的动态变化；次要的目的包括云和气溶胶厚度特征的测量，地表高程和植被覆盖及海冰厚度的测量等。这些数据主要用来研究地球的气候变化，通过研究冰原地形和海平面的变化来预测未来全球气候的变化情况。

ICESat 上搭载的 GLAS 是由美国航空航天局的戈达德宇航中心(NASA/GSFC)研制的。GLAS 是第一个对地球进行全球连续观测的激光雷达设备，图 3-3 显示的是搭载在 ICESat 卫星上的 GLAS 系统对地测量的示意图。它包括一个用来测量距离的激光系统、一个全球定位系统(GPS)和一个行星姿态测定系统。激光系统每秒 40 次发射红外(1064 nm)和绿色(532 nm)脉冲的短脉冲。脉冲分别来自于两方面的反射：一是来自于

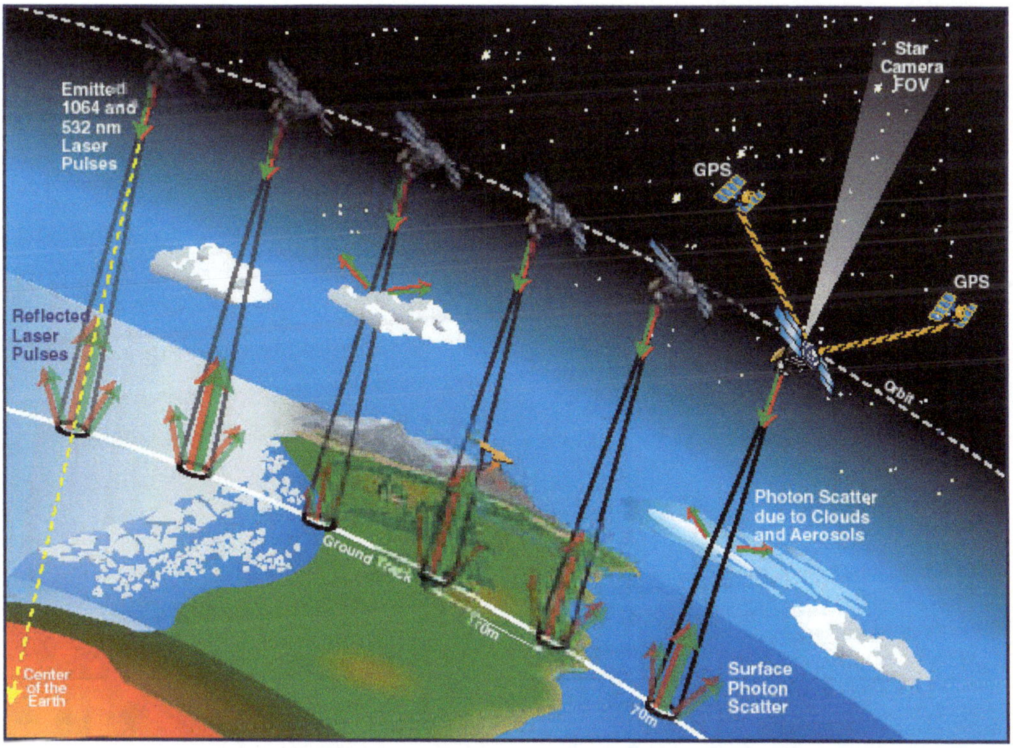

图 3-3　ICESat GLAS 系统沿着地球轨道对地测量的示意图

地球表面；二是来自于大气(包括云的内部)，本书采用的脉冲信号来自于地球表面的脉冲信号。GLAS传感器的光斑直径大约为70 m，每个光斑沿着地球表面大约间隔为170 m，表3-1给出了详细的GLAS传感器参数。

表 3-1　GLAS 传感器的具体参数

脉冲波长/nm	脉冲频率/Hz	脉冲宽度/ns	光斑大小/m	脚印间隔/m	被测对象
532	40	4	70	170	云、气溶胶
1064	40	4	70	170	冰川、陆地

美国国家冰雪数据中心(NSIDC)共发布了15种GLAS数据产品的初级产品(L-1)和应用数据产品(L-2)。目前，各种产品的最新发布版本是Release-33，它实际上GLAS版本6.0，这个版本相对于以往版本有很多变化和进行了很多改进，它包括两种格式的数据文件(一种是以二进制形式存储的；另一种是以层次型数据格式HDF5存储的)。具体的GLAS数据产品及各产品的用途见表3-2。

表 3-2　标准 GLAS 数据产品列表

产品	产品全称	级别	产品用途
GLA01	GLAS/ICESatL1A 全球测高数据	L1A	原始波形数据
GLA02	GLAS/ICESatL1A 全球大气数据	L1A	原始大气数据
GLA03	GLAS/ICESatL1A 全球工程数据	L1A	原始的管理数据，用来校正 GLA01 和 GLA02 产品
GLA04	GLAS/ICESatL1A 全球激光点数据	L1A	原始的卫星姿态和位置数据
GLA05	GLAS/ICESatL1B 全球基于波形的范围校正数据	L1B	全球基于波形的输出参数及计算地表坡度的参数等
GLA06	GLAS/ICESatL1B 全球高程数据	L1B	高程数据，包括地表高程和粗糙度等信息
GLA07	GLAS/ICESatL1B 全球后向散射数据	L1B	后向散射强度数据
GLA08	GLAS/ICESatL2 全球行星边界层和高架气溶胶层高度	L2	提供行星边界层数据和气溶胶层的两端高度
GLA09	GLAS/ICESatL2 全球不同云层高度	L2	提供不同云层高度
GLA10	GLAS/ICESatL2 全球气溶胶垂直结构数据	L2	提供气溶胶垂直结构数据
GLA11	GLAS/ICESatL2 全球薄云和气溶胶光学厚度数据	L2	包含薄云和气溶胶光学厚度的信息
GLA12	GLAS/ICESatL2 南极和格陵兰岛冰川高程数据	L2	提供了冰川的地表高程信息
GLA13	GLAS/ICESatL2 海冰高程数据	L2	提供了海冰的地表高程信息
GLA14	GLAS/ICESatL2 全球地表高程数据	L2	提供陆地表面高程信息
GLA15	GLAS/ICESatL2 全球海洋高程数据	L2	提供海洋表面高程数据信息

在以往的研究中，利用GLAS数据提取森林树高主要有两种常用的方法：一种是利用GLA01原始波形数据，通过波形处理方来获取森林树高；另一种方法是利用GLA14

数据产品，通过 GLA14 数据获取的参数信息计算森林树高。实际上，无论利用哪种方法提取森林树高，其基本原理都是相同的，就是确定森林冠层的回波信号和地面的回波信号，通过计算冠层回波信号和地面回波信号之间的高程差值，求得森林树高。其基本原理示意图如图 3-4 所示。

图 3-4　GLAS 数据提取森林树高的基本原理

其中，利用 GLA01 数据提取森林树高的流程主要分为以下几步：①由于 GLA01 数据是原始的波形数据，在利用其提取森林树高之前，需要对波形数据进行滤波处理。首先通过高斯低通滤波去除高频噪声，高斯滤波算子的窗口大小与 GLAS 的发射脉冲相近，从而可以达到 GLAS 数据波形平滑的目的。②从 GLA01 数据分别计算信号开始和结束时的噪声的均值和标准差。③确定信号开始与结束的位置，主要方法是分别比较信号开始时和结束时的波形能量与背景噪声的比值(Lefsky et al., 2005)。④用高斯波峰拟合波形的多峰，采用最小二乘非线性拟合求出新 6 个波峰的最优解。⑤确定地面回波位置，从回波信号结束的位置查找地面回波的波峰。如果地面回波的波峰与信号结束的位置非常接近时(一般小于发射脉冲宽度的一半)，需要继续查找。⑥计算波形开始距离与地面回波之间的距离，从而求出树高(于颖等，2010；Sun et al.，2011)。相对于利用 GLA01 数据提取森林树高而言，利用 GLA14 数据产品计算森林树高的流程要简单得多。这主要是因为 GLA14 数据是由 GLA01 数据经过处理得到的二级产品。GLA14 数据包含有用以提取森林树高的回波信号开始的参数、回波信号结束的参数、地面回波信号的参数(i_SigBegOff、i_SigEndOff 和 i_gpCntRngOff)。通过计算回波信号开始的位置与地面回波之间的距离就可以求出森林树高，即

$$H = E_{\text{Siganalbeginning}} - E_{\text{Signalground}} \tag{3-9}$$

式中，H 为森林树高；$E_{\text{Siganalbeginning}}$ 为回波信号起始位置的高程(树冠的高程)；$E_{\text{Signalground}}$

为地面回波信号的高程（地面高程）。

当地面平坦时，回波信号结束的位置和地面回波信号的位置是相同的。此时，由GLAS 回波信号起始位置和地面回波信号位置之间的距离计算得到的森林树高是准确的。然而，地球表面并不是完全平坦的，大部分区域都是复杂起伏的。在不同的区域，地球表面的海拔高度、地形坡度和粗糙度都不尽相同。同时，由于 GLAS 数据的光斑直径为 70 m 左右，这样就使得 GLAS 光斑内可能包括比较复杂的地形，从而导致激光雷达光斑内上坡的地面回波与下坡的森林回波产生混叠效应；同时，斜坡使激光雷达光斑内包含的实际面积增大，比相同情况下平地的森林包含更多的树，从而对利用此地形下 GLAS 数据提取的森林树高的精度产生影响。

倪希亮（2013）提出了基于地形校正的星载激光雷达森林树高提取算法，此获取了中国区域的森林树高（图 3-5）。该方法综合考虑了地形和激光雷达地面最低点指向（地面粗糙度）对植被的激光雷达波形和植被高度反演的影响，提出了用以量化地形、光斑大小及波形脉冲能量分布（地表粗糙度）对激光雷达提取森林树高影响的公式，建立了植被高度（H）、冠层顶部回波信号位置与地面回波信号之间的距离（或者冠层顶部回波信号位置与最后一个回波高斯波峰位置的距离H_{100}）、地形坡度（θ）和光斑大小（d）的相关关系式，其公式如下：

$$E_{100} = H + d \times \tan\theta / 2 \tag{3-10}$$

式中，$\tan\theta$ 为地面坡度的正切值。

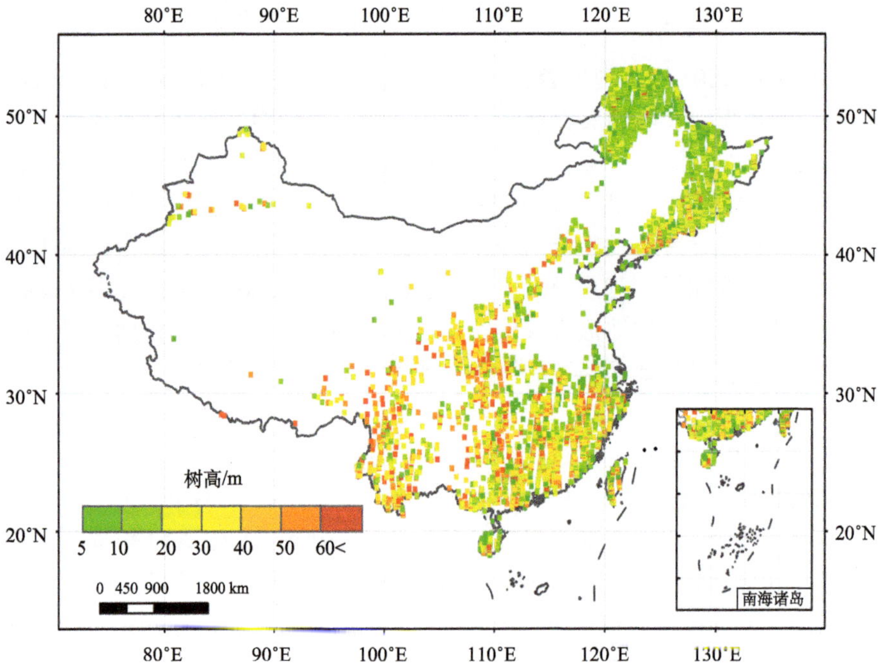

图 3-5　星载激光雷达反演得到的中国森林树高

5. 植被生产力参数

近年来，碳循环问题已成为全球变化与地球科学研究领域的前沿与热点问题。陆地是人类赖以生存与持续发展的生命支持系统，也是受人类活动影响最大的区域，陆地碳循环是全球碳循环的重要组成部分，它在全球碳收支中占主导地位，陆地生态系统碳储量及其变化在全球碳循环和 CO_2 浓度变化中起着非常重要的作用，也是全球碳循环中最复杂、受人类活动影响最大的部分，已成为国际地圈生物圈计划(IGBP)、世界气候研究计划(WCRP)和全球环境变化国际人文因素计划(IHDP)等重大科学计划的主题(IPCC，2000)。

植物通过光合作用吸收大气中的 CO_2，将碳储存于植物体内，固定为有机化合物，同时植物又通过自身的呼吸作用(自养呼吸)和土壤及枯枝落叶层中有机质的腐烂(异养呼吸)使 CO_2 返回大气，这样就形成了大气—陆地—植被—土壤—大气整个陆地生态系统的碳循环。植被净初级生产力(net primary production，NPP)是一个定量描述生物圈生产能力特征的指标，而且是可以在全球尺度上进行模拟的基础生态系统变量，它是植被通过光合作用同化的大气中碳量与暗呼吸消耗碳量之差，反映了植物群落在自然条件下的生产能力(李克让，2002)。

近 30 年来，随着遥感和计算机技术的发展，以美国为主的众多气候、生态和遥感实验室开发了大量的陆面过程模式、生态模式和遥感光合效率模式，来模拟全球、区域和景观尺度上的碳通量/碳储量。

通过全球范围内执行模式对比计划，研究不同模式对不同区域不同植被类型的模拟准确度和使用范围，如 VEMAP[VEMAP 是 IGBP 核心计划陆地生态系统全球变化(global change in terrestrial ecosystems，GCTE)]项目中的一个研究课题，对比了 3 种生物地理模式和 3 种生物地球化学模式，发现在目前气候条件下，这几种生物地理模式的结果输出彼此是很接近的(VEMAP，1995)。

近年来，中国广泛开展了有关植被净初级生产力的研究，许多学者利用不同类型的模型估算了中国植被净初级生产力，得到不同的 NPP 值，为中国植被净初级生产力的比较研究提供了参考依据(朴世龙等，2001；孙睿和朱启疆，2000)。

利用光合效率模式 CASA、GLOPEM、GEOLUE 及生态过程模式 CEVSA 和 GEOPRO，计算中国的植被净初级生产力，通过多个不同类型的模式，基于不同机理和不同输入参数，利用多个模式输出的值，估算中国植被净初级生产力的可能数值区间和变化趋势，为植被净初级生产力总量的中国国家本底确定提供参考，为中国碳的《京都议定书》国际谈判及作物估产提供参考依据。下面就光能利用率模型和生态过程模型进行简要介绍。

1) 光能利用率模型

光能利用率模型以光能利用率的理论为基础，利用植被所吸收的太阳辐射及调控因子来估算植被净初级生产力的模型，利用植被所吸收的光合有效辐射(APAR)和光能转化效率 ε 计算植被 NPP。GLOPEM(global production efficiency model)模式是基于植物光合作用和自养呼吸等生态机理过程的光能利用效率模式；CASA(the Carne-gie Ames Stanford Approach)模式是最早将光能效率模型概念应用到全球尺度上进行植被生产力研究的。GEOLUE 模型是根据光能利用率的原理，设计了新的动力学框架，根据中国的实际情况，对模型进行了参数本地化处理设计的光能利用率模式(Potter et al., 1993；Melillo et al., 1993)

根据光能利用率机理，NPP 计算可以表示为

$$\mathrm{NPP} = \sum_{t} \mathrm{FPAR}_t \times \mathrm{PAR}_t \times \varepsilon_{\mathrm{g}} \times (1 - R) \tag{3-11}$$

式中，FPAR_t 为植被吸收光合有效辐射的比例；PAR_t 为在时间 t 的光合有效辐射；ε_{g} 为植被吸收的光合有效辐射的有机物转化率，即所吸收的光合有效辐射的利用效率；ε_{g} 受温度、水分和叶子生长季候的影响；R 为植物自养呼吸消耗系数。ε_{g} 由式(3-12)得到

$$\varepsilon_{\mathrm{g}} = \varepsilon \times \varepsilon_{\mathrm{T}} \times \varepsilon_{\mathrm{V}} \times \varepsilon_{\mathrm{W}} \times \varepsilon_0 \tag{3-12}$$

式中，ε 为环境胁迫系数；ε_0 为植物最大光能利用率；ε_{T} 为空气温度对植物生长的影响系数；ε_{V} 为水汽压亏缺对植物生长的影响系数；ε_{W} 为水分胁迫影响系数。

2) 生态过程机理模型

生态过程机理模型是从机理上模拟植被的光合作用、呼吸作用、蒸腾蒸发及土壤水分散失过程的模型，将土壤-植被-大气连续体(SPAC)作为一个系统，进行各层的物质、能量交换模拟。根据植物生理、生态学原理，通过将太阳能转化为化学能的过程和植物冠层蒸散与光合作用相伴随的植物体及土壤水分散失的过程进行模拟，从而实现对陆地植被 NPP 的估算 CEVSA(carbon exchange between vegetation, soil, and atmosphere)模式基于植物光合作用和呼吸作用，以及土壤微生物活动等过程，对植被、土壤和大气之间碳交换进行模拟的生物地球化学模式。

在 CEVSA 模式中，综合考虑了光合作用、气孔导度、呼吸作用、氮吸收和蒸发蒸腾量各地球化学过程来决定植被净初级生产力 NPP 和叶面积。大气 CO_2 通过植物光合作用转化为有机碳，从而进入生态系统碳循环过程。光合作用速率决定于叶肉组织光合酶对 CO_2 的利用效率和 CO_2 向叶肉组织的扩散速率。由生物化学过程决定的光合速率(A_{b})可表达为

$$A_{\mathrm{b}} = \min\{W_{\mathrm{c}}, W_{\mathrm{j}}, W_{\mathrm{p}}\}(1 - 0.5 p_{\mathrm{o}} / \tau p_{\mathrm{c}}) - R_{\mathrm{d}} \tag{3-13}$$

式中，W_{c} 为由光合酶，即二磷酸核酮糖-羧化酶-氧化酶(rubisco)活性所决定的光合作用速率，与叶片氮含量直接相关；W_{j} 为由光合反应过程中的电子传递速度决定的光限光合作用速率，决定于叶片吸收的光合有效辐射；W_{p} 为由光合反应过程对磷酸丙糖(Triosephosphate)的利用效率决定的光合作用速率，决定于叶片对光合产物的利用和输出能力；p_{o} 和 p_{c} 分别为叶肉组织中 O_2 和 CO_2 的分压，决定于大气 CO_2 分压和叶片气孔传导度；τ 为二磷酸核酮糖-羧化酶-氧化酶对 CO_2 浓度的特定反应参数；R_{d} 为白昼非光合呼吸速率。

GEOPRO 模式(geo_process model based eco-system photo synthesis theory)是在参考

了 Biome_BGC、BEPS、Century、CLM 等模式的基础上，发展起来的生态过程模式。GEOPRO 模式将 Farquhar 光合作用机理作为整个模式碳循环的核心,Farquhar 模型模拟了光合作用的羧化和电子传递两个基本过程。Farquhar 模型光合作用机理表述如下(Falkowski et al., 2000；高志强等，2004)

叶的光合作用速率为

$$A = \min\{W_{\rm c}, W_{\rm j}\} - R_{\rm d} \tag{3-14}$$

式中，A 为叶的光合作用速率；$W_{\rm c}$和 $W_{\rm j}$ 分别为受二磷酸核酮糖-羧化酶-氧化酶活性限制的光合作用速率和光限光合作用速率；$R_{\rm d}$为白天叶的暗呼吸。

$$\text{NPP}_{\rm day} = \text{GPP} - R_{\rm m} - R_{\rm g} \tag{3-15}$$

$$R_{\rm m} = \sum\left[M_i r_{{\rm m}i} Q_{10}^{(T-Tb)/10}\right] \tag{3-16}$$

式中，$\text{NPP}_{\rm day}$ 为天的植被净生产力；$R_{\rm m}$ 为维持性呼吸量；i 为叶、干和根的指示数；M_i 为各组分的生物量；$r_{{\rm m}i}$ 为维持性呼吸系数；$R_{\rm g}$ 为生长性呼吸总量；本书设 GPP 的固定比例为 0.25。

从前面叙述中可见，虽然光能利用率模式 CASAGLOPEM 和 GEOLUE 的基本机理是相似的，但是 3 个模式在计算 FPAR_t 、PAR_t 、$\varepsilon_{\rm g}$ 、R 这 4 个参数时使用的方法却不尽相同,导致 3 个模式的输入参数也不同;生态过程机理模式 CEVSA 和 GEOPRO 的核心机理是相似的，但是在机理的应用方面却不同，模式对能量循环和水分循环的计算也截然不同，模式的动力学框架也不一样，需要输入的参数等差别也很大。由此可见，本书用的 5 个模式的模拟机理不一样、动力学框架不一样、输入及初始化参数不一样，导致模式输出同一区域、同一时间的数据不具有原理的相关性，是相互独立的数据，所以这 5 个模式输出的 NPP 数据的时空变化就具有了相互验证及可比性，输出参数的某种变化就有可能反映了某种地表过程的变化规律。

3.1.4　土壤参数

地表粗糙度、土壤含水量、土壤热通量和有机质含量是影响植被和农作物生长的参数，也是环境健康遥感诊断的重要参数，本节将详细介绍这些参数。

1. 地表粗糙度

地表粗糙度通常有两种理解：一种是从空气动力学角度出发，因地表起伏不平或地物本身几何形状的影响，风速廓线上风速为零的位置并不在地表(高度为零处)，而在离地表一定高度处，这一高度则被定义为地表粗糙度，也称为空气动力学粗糙度；另一种主要是从地形学角度出发，将地面凹凸不平的程度定义为粗糙度，也称为地表微地形。空气动力学粗糙度并非像机械加工上仅指物体表面的粗糙程度，而主要是从多相流体力学上，指出物体表面对流经流体的流型、流态及阻滞力影响的一个综合力学参数。空气动力学意义上的地表粗糙度表征地表与大气的相互作用，反映地表对风速的消减作用，以及对风沙活动的影响，其已被广泛应用于表征各种地表类型(如沙地、植被、冰雪面和海面等）的空气动力学性质。

蔡祥等（2010）为了实时获取土壤表面粗糙度数据，设计了一种基于激光三角测距原理的土壤表面粗糙度专用测量装置。其采用激光扫描测距仪测量微位移，精度高、响应速度快，显著提高了土壤表面粗糙度的测量精度。但是很明显，其测量的不是动力学意义上的粗糙度，而是地形学角度的粗糙度。慕青松等（2003）则建立了一个描写粗糙壁面附近流场的理论模型，并进行了相应的数值分析，结果发现，粗糙度具有随边界层外部风速的增大而减小的动力学特性，这与实验结果相符合，说明粗糙度不但是一个与壁面形态有关的几何参数，而且是一个与粗糙壁面附近流场流动情况有关的动力学参数，从理论上打破了粗糙度仅依赖于粗糙壁面几何形态的传统看法。刘小平和董治宝（2003）用流体力学的量纲分析法和数学方法，从两个不同的角度推导了空气动力学粗糙度，阐述了空气动力学粗糙度的物理与实践意义，简明介绍了它的分类和各种不同下垫面空气动力学粗糙度的主要研究成果。张雅静和申向东（2008）利用数值计算的方法，对内蒙古四子王旗草地地表的空气动力学粗糙度进行了模拟计算、绘图及分析。通过研究得到了在 8 种植被密度和 6 种植被高度的情况下，空气动力学粗糙度与风速的关系，并与野外实验数据进行对比分析，发现模拟值可以很好地反映空气动力学参数的性质。

由于通过遥感手段可以容易获取植株密度和植株高度等参数，因此通过建立植被密度、风速与空气动力学粗糙度的关系，可以进一步得到土壤空气动力学粗糙度，进而有助于进一步研究草地风沙运动机理和草地环境健康状况。例如，张杰等（2010）应用中国西北半干旱区定西试验站 2005 年的观测资料，估算了典型的稀疏农作物区空气动力学粗糙度，结合空气动力学模型，分析了稀疏植被区空气动力学粗糙度的时间变化及其与风速、植株密度的关系，并得出空气动力学粗糙度的参数化方案。研究分析发现，当植株高度低于 0.2 m 时，风速的影响较大；当植株高度超过 0.2 m 时，植被高度和植株密度、叶面积指数对空气动力学粗糙度的影响较大，结合遥感反演的叶面积指数，采用空气动力学粗糙度和叶面积指数及风速的关系，成功反演了空气动力学粗糙度。

基于雷达或热红外遥感数据也可以有效地反演土壤粗糙度。朱彩英等（2004）确定以 SAR 图像的后向散射系数与地表的几何特征参数、介电常数等具有定量关系的 SPM 模型为基础，提出了运用 TM 热红外图像和地面同步观测的微气象数据相结合的热惯量-土壤湿度反演模型，从 SAR 图像的后向散射的复合信息中解析出像元尺度的非体散射地表的几何特征信息，在 SAR 图像和 TM 图像空间尺度转换的基础上，得出非植被区的等效几何粗糙度信息，再应用作物高度的光谱模型，最终生成了试验区像元尺度的地表等效几何粗糙度的二维分布图。

2. 土壤含水量

在地球系统中，地表土壤水分是陆地和大气能量交换过程中的重要因子，并对陆地表面蒸散、水的运移、碳循环有很强的控制作用，大面积监测土壤水分在水文、气象和农业领域具有较大的应用潜力。微波遥感由于其波长相对较长，使得其受天气状况的影响较弱，并且对地物具有一定的穿透能力，长波段微波能够穿透植被；更重要的是，在微波波段，土壤水分和介电常数密切相关，因此基于微波遥感手段可以很好地反演土壤水分含量。

被动微波遥感是监测土壤含水量最有效的手段之一，相比主动微波雷达，被动微波辐射计具有监测面积大、周期短、受粗糙度影响小、对土壤水分更为敏感及算法更为成熟的优势。然而，微波辐射计观测到的亮温除了受土壤水分影响外，还要考虑如植被覆盖、土壤温度，以及地形、地表粗糙度、土壤纹理和大气效应及地表的异质性等其他因子的影响。主动微波遥感的优势在于可以根据目标对象的不同选择发射合适波长、极化方式和观测角度的微波信号，进而可以利用多角度多极化的优势更准确方便地反演土壤水分含量，且相对来说，一般主动微波遥感的空间分辨率更高，其影响因素也更少。目前，已研究出许多使用主被动微波遥感数据反演土壤水分的算法，其中大部分是围绕着土壤湿度与亮温温度之间的关系进行的，同时也考虑其他各种不同因子对地表微波辐射的影响。

在微波遥感中，常使用亮度温度的概念来表征地表微波辐射。在低频波段，可以对普朗克公式进行近似逼近，得到瑞利-金斯公式，由此即得到微波辐射亮温的简单表达式。

$$T_{B(p)} = T_s(1-R) = T_s e_{s(p)} \tag{3-17}$$

式中，p 表示水平或垂直极化；T_B 为观测到的微波亮温；T_s 为辐射层的物理温度；e_s 为光滑表面的微波发射率；R 为地表反射率。对于均一介质(即土壤水分廓线和温度廓线是常数)，其平滑表面的反射率 R 可以从菲涅耳公式[$R = f(E,H)$]计算得到，E 为复介电常数；H 为入射角。对于土壤来说，E 主要由土壤水分含量来确定，在某些程度上跟土壤纹理和结构属性有关系。基于该基本原理，即可建立辐射亮温和土壤水分含量之间的关系模型，进而反演土壤含水量。从反演所用的数学方法来看，目前存在 3 种主要的土壤水分反演方法，即经验统计算法、正向模型反演算法和神经网络反演算法(钟若飞等，2005)。

1) 经验统计算法

所谓经验统计方法，即是对一系列观测数据作经验性的统计描述和相关分析，建立遥感参数与地面观测数据间的线性回归方程，主要是建立亮度温度等参数和土壤含水量之间的经验统计关系。其缺乏理论基础的支持，受到特定的研究对象和研究区域的限制，不具有普遍适用性，但由于其简单方便实用，在土壤水分的遥感反演中一直被广泛使用。

例如，在 20 世纪 70 年代初，NASA 在亚历山大农田进行的航空微波辐射计飞行实验，同步观测了 0～15 cm 的土壤湿度，通过对实验数据进行分析，得出了亮度温度与土壤湿度之间的线性关系，在一定的范围和地表条件下，这种简单的线性关系被证明是有效的。Pellarin 等使用统计的方法，基于全球的 L 波段模拟的亮温数据进行水分的反演，所反演的土壤水分可以表示为由不同角度和双极化计算出来的微波指数的线性组合，最后得到了一副全球的土壤水分反演图，尽管是基于模拟的数据，但该统计方法在评估 L 波段的辐射计在全球土壤水分监测的潜力上是十分有效的。

2) 正向模型反演算法

所谓遥感正向模型，是指描述在遥感过程中，从电磁波传播所经媒质中提取的特征参数和传感器所接受信号之间关系的模型。在被动微波遥感中，这个正向遥感过程是指随机粗糙地表的微波辐射在经过植被、大气等介质到被传感器接收的整个过程。正向模型的输入是地表的各个参数，输出则为传感器所观测的辐射特性。一般微波遥感正向模型中包含的未知参数较多，大多数模型不能求出其反函数的解析表达式，因此要由辐射观测值得到地表参数，通常得借助数据方法进行迭代反演，即基于某种正向模型，建立观测亮温 T_B 与土壤水分等参数的非线性方程，然后用迭代法和最小二乘法解非线性方程，求出土壤水分含量等地表参数。其计算公式如下所示：

$$T_{B(i)} = S_i(x_1, x_2, \cdots, x_p; s_{1i}, s_{2i}, \cdots, s_{ri}) + E_i \tag{3-18}$$

式中，$S_i(x_1, x_2, \cdots, x_p; s_{1i}, s_{2i}, \cdots, s_{ri})$ 即为正向模型；$s_{ki}(k = 1, 2\cdots, r;\ i = 1, 2\cdots, q)$ 表示不同传感器的配置参数，代表相应的观测条件；E_i 为由正向模型得到的输出值和亮温观测值的残余误差。模型的反演则是要寻找使遥感观测和遥感正向模型输出差异 E_i 最小的模型输入参数 x_i 作为反演结果，在现有的遥感反演计算中，这个过程一般都是通过构建“代价函数”，选择各种最优化算法来完成的。

Shi 等基于 IEM 模拟了 L 波段的裸露土壤的辐射数据，并基于减小地表粗糙度影响的思想，借助于优化手段，通过建立由亮温和地表温度得到的有效反射率和跟土壤水分直接相关的光滑地表反射率的关系，得到一种裸露土壤表面水分反演算法，研究表明，这种由正向模型得到的结果往往比传统的统计模型的反演效果要好。

3) 神经网络反演算法

可替代数理统计的一种方法就是神经网络算法，神经网络有着很多传统工具不具备的特点，其中最大的一个优点即为理论上它可以逼近任意复杂的非线性关系，不需要专门涉及特别复杂的反演算法，并且不依赖于物理正向模型，可以省去许多直接分析物理模型的麻烦，因此常被用作地表参数的反演。本书可以将地表参数与发射率之间的关系看成是一个复杂的非线性关系，首先使用理论模型生成一组合适的输入输出数据集，然后利用该数据集进行神经网络训练，生成这个理论模型的训练集，一旦完成训练，就可以用训练好的网络进行参数反演。

从土壤水分反演中所使用数据的传感器参数配置及待反演的地表参数来分类，可分为以下 3 类土壤水分反演算法(钟若飞等，2005)：基于单通道的单个参数反演算法、基于双极化多通道两参数同时反演算法，以及基于双极化多通道三参数同时反演算法。

1) 基于单通道的土壤水分反演算法

早期用于野外航空试验的机载微波辐射计通常只有单个频率和单个极化，利用这种机载微波辐射计只能得到一个观测值，因此也只能反演出一个地表未知参数，即土壤水分。基于这种单通道机载微波辐射计发展起来的算法主要有单通道土壤水分反演算法，这种算法使用半经验的 S-X 模型估算植被的影响，使用 Q/H 模型估算粗糙度的影响，将介电常数模型引入土壤纹理信息来求算土壤水分。

2) 基于双极化多通道两参数同时反演算法

极化特征是微波遥感区别于可见光和热红外遥感的重要技术特征之一。基于不同极化方式的微波辐射对地表参数的响应都不一样，因此可以基于各种极化方式的差异来反演各种地表参数。一般而言，土壤水分反演在植被稀疏地区是可行的，在植被覆盖较密的地区仅仅使用高频很难进行有效反演。陈亮等(2009)基于微波散射理论模型-高级积分方程模型(AIEM)建立了一个针对 SMOS 传感器的参数配置，包含各种地表粗糙度和介电特性的裸露地表辐射模拟数据库，发展了 L 波段多角度地表辐射参数化模型。在此基础上，利用 SMOS 多角度双极化特点，建立了土壤水分反演算法。该算法可以消除粗糙度对土壤水分反演的影响，同时最小化反演过程中辅助信息引入带来的影响。

3) 基于双极化多通道三参数同时反演算法

同时反演 3 个参数的算法主要是随着一些新的星载传感器的发展而发展起来的，在 AMSR/E 还没上天之前，围绕着 AMSR/E 的算法和验证工作已经展开了，最终美国 Njouku 的算法成为 AMSR/E 土壤水分反演的标准算法。该算法选择 S-X 模型作为正向模型，通过迭代的方法来实现正向模型计算的亮温值与传感器观测值拟合误差最小，由此得到要反演的地表参数，使用模拟的方法表明，该算法在植被含水量小于 1.5 kg/m^2 的地区，其土壤水分的反演精度可以达到 0.06 g/cm^3。该算法在半干旱地区可以达到预期的精度，能较好地反演出土壤水分的变化。为了通过多极化雷达数据得到地表土壤水分，可以对水云模型的参数进行修改，从总的极化雷达后向散射中去除植被影响，再应用简化的裸露地表模型和多极化数据特征消除地表粗糙度的影响。

目前也有研究协同主被动微波遥感数据反演土壤含水量等参数。例如，基于 ALOS/PALSAR 数据建立裸露地表粗糙度计算模型，利用模拟数据，分析地表辐射亮温随土壤水分和粗糙度的变化规律，在此基础上构建神经网络模型结合粗糙度计算结果和微波辐射计飞行数据反演研究区域的土壤水分含量。地面同步测量数据的验证结果表明，该方法充分发挥了主被动微波数据各自的优势，同时避免了主被动协同过程中的尺度问题，为流域尺度的土壤水分监测提供了一种新的有效的途径。

土壤水分是地表水存储的组成部分，其是水文、气象和农业环境研究中重要的参数，在地表与大气传输中扮演着重要的角色，基于遥感数据，尤其是主被动微波遥感影像反演土壤含水量，为地表与大气环境变化研究提供了重要的参考。

3. 土壤热通量

土壤热通量(又称“土壤热流”)是不同深度土壤间，由于多种因素共同作用而产生的土壤中的热量交换，它是影响陆地表面能量平衡的重要因素之一，是土壤-植被-大气系统能量辐射平衡的关键参数，土壤热通量的方程可以表示为

$$Q_A(z,T) = \lambda\frac{\partial T}{\partial z} = -\rho cK\frac{\partial T}{\partial z} \tag{3-19}$$

式中，$Q_A(z,T)$为土壤深度为$Z(m)$处、温度为T℃时的土壤热通量；λ为土壤导热系数；c为土壤比热，ρ为土壤密度；K为土壤导温率。如何方便、准确、高效地获得土壤热通量，是各领域专家学者一直面临的问题。

由于土壤温度在表层变化剧烈，热流变化主要发生在表层，土壤热通量一般随土壤深度近似呈指数衰减。土壤热通量可由热通量板测量，但热通量板通常有一定埋深，其测量值不能代表地表的土壤热通量。王旭等(2005)运用土壤热通量板、常规微气象观测系统等设施，对鼎湖山针阔混交林的土壤热通量和微气象因子进行了系统研究，结果表明，不同热通量板测值之间的差异可达10%以上。

目前的边界层观测站、自动气象站及生态网络站等，大多有数层的土壤湿度和温度观测资料。基于热扩散方程，通过积分这些温湿资料来计算地表热通量仍是估计热通量的基本方法。Tanaka等(2001)应用该方法计算了青藏高原安多站的地表热通量；Ma等(2002)通过建立与净辐射的关系来近似求地表热通量，但有关参数因地区而异，且所得土壤热通量在相位上有一定误差。阳坤和王介民(2008)发展了一种由多层土壤温度和湿度观测资料估算土壤热通量的新方法。该方法首先求解一维热扩散方程，得到土壤温度的基本廓线，然后校正所求温度廓线与观测值的偏差，最后积分温度廓线，得到土壤各层的热通量。该方法不需要事先给定不易准确测量和推求的热传导系数值。通过与实测资料对比、模型合成数据试验及敏感性分析等，表明该方法的计算结果稳定可靠，对土壤表层数厘米深度内有无观测资料也不敏感。

虽然利用地面观测数据计算土壤热通量的研究很多，但由于土壤热通量不仅受土壤性质和含水量的影响，而且还受地表覆盖和地形的影响，其时空差异较大，不能简单地进行空间插值，而地面观测数据有限，因此通过计算的方法难以准确获得区域尺度上土壤热通量的分布特征。基于遥感手段尽管不能直接计算瞬时土壤热通量，但可以通过土壤热通量与中间参数，如地表温度、土壤含水量、净辐射等的统计关系模型，间接获得土壤热通量的分布特征。基于土壤热通量和净辐射统计关系的热通量遥感估算模型有很多，如式(3-20)～式(3-23)。

$$G = 0.4\cdot\exp(-0.5\cdot\text{LAI})R_n \tag{3-20}$$

$$G = 0.583\cdot\exp(-2.13\cdot\text{NDVI})R_n \tag{3-21}$$

$$G = T_s/\rho\cdot(0.0032\cdot\rho_{avg} + 0.0062\cdot\rho^2{}_{avg})(1-0.978\cdot\text{NDVI}^4)R_n \tag{3-22}$$

式中，LAI为叶面积指数；G为土壤热通量；R_n为净辐射；NDVI为归一化差值植被指数；T_s为研究区地表温度；ρ为地表反射率；ρ_{avg}是日平均地表反射率。

$$G = \left[f_v\cdot F_v + (1-f_v)\cdot F_s\right]R_n \tag{3-23}$$

式中，f_v为地表覆盖度；F_v与F_s分别为植被和土壤的G/R_n(土壤热通量/净辐射)，其他参数含义同以上公式。还可以通过谐波法来估算土壤热通量。由于谐波法计算复杂，可以将谐波法进行简化，简化后模拟的土壤热通量过程与简化前的过程比较一致。此外，还可以将谐波法和双源遥感模型耦合起来估算土壤热通量和地表蒸散，由于土壤热通量分担了部分显热通量的估算误差，潜热通量的模拟精度明显提高，土壤组分对地表总潜热通量的贡献越大，这种提高越显著。

4. 有机质含量

土壤有机质(soil organic matter，SOM)包括各种动植物残体，以及微生物及其生命活动的各种有机产物，是土壤固相物质的组成部分，也是植物营养的仓库，它对于促进土壤结构形成、改善土壤物理性质、提高土壤的保肥能力起着非常重要的作用，是土壤重要的组成部分，也是土壤肥力的核心指标之一。作为陆地生态系统的动态组成部分，土壤有机质参与大气圈和生物圈两个碳库之间的循环，对全球范围内生态环境的稳定和健康有重要意义。

土壤作为一个连续体，土壤有机质空间分布呈现异质性。土壤有机质含量的多少及其时空分布特征为气候、母质、地形、生物和时间，以及人类活动等因素综合影响所致。利用普查和实地测量取样，借助地统计学等数学理论估测土壤有机质时空分布特征的方法存在缺陷，一方面，耗费大量的人力、物力，且区域甚至全球尺度下的研究实现困难；另一方面，研究的周期长、实时性差，不能实现连续动态的观测。遥感作为一门新兴的空间信息技术，与传统的地面土壤调查相比，可在短时间内对同一地区实施重复观测，获得大尺度区域的观测数据，因而能为区域的土壤表层有机碳储量及动态变化、时空变异性研究提供准确可靠和快速有效的基础资料，具有重要应用价值。多光谱和高光谱影像是最常被用于土壤有机质含量反演的遥感数据，基于这些数据的反演方法主要有以下几类。

1) 基于遥感影像的直接估算法

该方法的基本原理在于土壤有机质含量不同，其光谱反射率也不同，遥感影像上的反射光谱特征，即为土壤有机质含量的差异性体现，通过遥感影像光谱特征与实地取样测量土壤有机质数据的相关性计算和检验、模型的拟合与验证，直接反演获得遥感观测区域的土壤有机质空间分布格局。

Frazier 和 Cheng (1989) 研究华盛顿州东部的 Palouse 地区的土地，利用 TM 波段比值来判断研究区由侵蚀引起的古土壤的裸露。其利用 TM 影像 1/4、3/4 和 5/4 的波段比值对夏天休耕地进行有机碳制图；利用 3/4、5/4 和 5/3 的波段比值判断游离态铁/碳的含量，来估计古土壤的侵蚀情况。Karneili 等 (1998) 发现，土壤有机质吸收特征主要表现在 1720 nm、2180 nm 和 2309 nm 处。为了确定能否利用裸土的航空遥感影像估算土壤有机碳含量，Chen 等 (2000) 在美国南部乔治亚州 Crisp 县 115 hm^2 的试验田中选择 28 个采样点，分析地表土壤有机碳含量与航空像片的红、绿、蓝波段图像亮度值之间的统计关系，建立一个对数方程来预测地表有机碳含量。

$$\mathrm{SOC} = \mathrm{e}^{1.714\,99 - 0.015\,76 \cdot R + 0.012\,81 \cdot G - 0.011\,38 \cdot B} \tag{3-24}$$

式中，R、G、B 分别表示红、绿、蓝波段的图像亮度值。笔者利用式 (3-24)，采用两种方法对表层有机碳进行分类，并另外采集 32 个土壤用于检验预测效果，两种方法的正确分类率分别为 77.4%和 74.2%。结果表明，基于裸露地表的高分辨率遥感影像能够定量化分析土壤表层有机碳含量的空间变异性。该方法简便、准确，也可以用于实际的农业生产管理。

Fox 等(2002)利用数字摄影系统对美国中西部两个区域的裸土进行拍摄。该研究首先将每景图像中研究区内所有像元亮度值代入下式

$$\mathrm{NIR} = \alpha \cdot R + \beta \tag{3-25}$$

式中，R、NIR 分别为红波段和近红外波段亮度值；α、β 分别为土壤线的斜率和截距。计算土壤线和土壤线中红波段和近红外波段最小点的亮度值，然后计算每个像元亮度值与土壤线最小点亮度值之间的欧氏距离，最后得出沿土壤线像元的欧氏距离与表土有机质含量的关系：

$$\mathrm{OM} = a \cdot \mathrm{e}^{-b \cdot D} \tag{3-26}$$

式中，OM 为有机质含量；D 是欧几里得距离；a 和 b 分别为回归参数，为确定土壤线、进行表层土有机质制图和为土壤采样提供指导。

基于遥感影像的直接估算法实施过程简便，可操作性强，在区域土壤有机质空间分析中具有很好的发展前景，但该方法只能局限于裸露土壤的观测，且土壤表面特征(表面粗糙度、土壤质地等)及土壤水分含量等也会影响土壤有机质遥感估算的准确性。

2)基于植被指数的间接估算法

由于目前技术的局限性，植被冠层覆盖下的土壤特性(如土壤有机质、养分含量)还不能直接使用遥感影像数据来探测。基于植被指数建立土壤有机质光谱模型是一种普遍使用的方法，其关键在于找出不同土壤对植被所产生的不同光谱响应。

20 年前，有学者就建立了归一化差异植被指数 NDVI 与土壤有机碳之间的相关模型；之后，也有人借助 Landsat 7 ETM+的遥感影像，分析了土壤有机质含量与地形指数、土壤调节植被指数的相关性，但基于多元线性逐步回归分析模型的预测结果不甚理想；基于 MODIS 的中高分辨率遥感影像记录的地形信息和增强植被指数(EVI)也可以进行土壤有机质空间估计和动态监测，从而定量地确定其动态变化的影响因素。总而言之，一切其他可以影响土壤有机质含量的因素都可以通过遥感技术手段间接反映土壤有机质空间分布状况及动态变化，其中比较成熟的是归一化差异植被指数与土壤有机质之间的关系模型，但目前也只是集中在小区域，尚未广泛应用到更大的区域尺度，因此需要更多的地域和尺度的实验来验证，并且需要采取各种数学手段不断完善预测模型。

随着高光谱分辨率光谱仪系统的出现，光谱分辨率大幅度提高，使得精细光谱特征分析和地物参数的定量反演精度更高。基于高光谱遥感影像反演土壤有机质含量逐渐成为一种趋势。刘焕军等(2007)通过对黑龙江省典型黑土区土壤样品高光谱反射率的室内测定，研究了典型黑土可见光/近红外波段光谱的反射特性，利用多元统计分析方法，建立黑土有机质含量高光谱预测模型，并对模型的稳定性和预测能力进行检验，结果表明，620～810 nm 波段范围是黑土有机质的主要光谱响应区域，最大响应值在 710 nm 附近；

归一化一阶微分模型为最优预测模型，该模型及其检验的决定系数 R^2 都在 0.9 以上，模型的总均方根差 RMSE 均小于 2.1，模型具有很好的稳定性和预测能力，可以用于黑土有机质含量的快速测定。周萍等(2008)阐述了使用航空成像光谱仪 OMIS-Ⅰ数据，并结合 ASD(350～2 500 nm)便携式光谱仪获取野外光谱数据，对山东省烟台市招远市东良乡原状农用土有机质含量进行反演，从而实现有机质填图。程朋根等(2009)通过两种不同的尺度进行了土壤有机质含量的预测，在全县范围(大尺度)内运用地统计方法进行最优无偏内插估计，得到全县土壤有机质含量的空间分布格局。在小尺度高光谱 Hyperion 影像范围内，确定 623.6 nm 处反射率倒数的对数的一阶微分与 564.4 nm 处反射率倒数的对数的一阶微分的比值为土壤有机质的敏感变量，运用多元统计分析方法，确立各土壤有机质高光谱定量最佳反演模型，并把该模型应用于高光谱影像，进行有机质含量定量填图，取得了很好的预测效果。同时，为了进行客观比较，基于同一尺度利用 30 个样点进行地统计空间插值定量预测，比较两种预测结果，通过分析得出，由于地统计学受到样点数目、分布和间距情况等的影响，其预测效果不如高光谱遥感反演模型。

随着遥感技术的发展，尤其是高光谱成像光谱技术的进步，基于遥感技术的土壤有机质的监测将被注入更多的新元素，从而得到进一步的发展，而这也为土壤-植被-大气复合生态系统的环境监测提供更多更新的数据支持，为环境健康诊断评价提供新的思路。

3.2 大 气 健 康

随着社会的发展，工业化进程的不断加剧，能源的消耗快速增加，大气污染问题日益突出，不仅影响着区域大气环境质量，而且对居民的健康构成严重威胁。近年来，国内外大量的流行性病学研究证实，大气污染物可引起呼吸系统及心脑血管等多种疾病，如肺炎、高血压、心脏病等，尤其是在大气污染严重的城市，这些疾病的发病率已增加了 30%(郝素琴，1999)。据世界卫生组织(WHO)估计，全球因大气污染每年死亡的人数约有 300 万人，占总死亡人数的 5%(陆如山和胡世平，2002)。城市大气污染造成每年约 80 万人死亡、世界人口总预期健康寿命减少约 460 万年，每年因汽车尾气污染死亡的人数是交通事故的两倍。因此，大气污染对人体健康影响的研究已成为环境和公共卫生领域学者关注的热点问题。

目前，影响我国大气质量的污染物主要有粉尘、SO_2、NO_x、CO_x、铅、氟化物等，这些化学物质进入人体之后，就可能引起人体的生理功能、结构发生异常反应，甚至呈病理变化，使人体产生疾病、缩短寿命或者导致死亡。本节以大气气溶胶、有害气体和颗粒物浓度为例，论述了大气健康参数的遥感获取技术。

3.2.1 大气气溶胶

气溶胶指由固体或液体小质点分散并悬浮在气体介质中形成的胶体分散体系，又称为气体分散体系。其分散相为固体或液体小质点，其大小为 10^{-7}～10^{-3} cm，分散介质为气体。云、雾、尘埃、未燃尽的燃料产生的烟，气体中的固体粉尘等都是气溶胶。大气中悬浮着均匀分布的相当数量的固体微粒和液体微粒，如海盐粉粒、灰尘(特别是硅酸盐)、烟尘和有机物等多种物质，所构成的稳定混合物统称为气溶胶粒子。气溶胶的消除主要靠大气的降水、小粒子间的碰并、凝聚、聚合和沉降过程。

气溶胶按其来源可分为一次气溶胶(以微粒形式直接从发生源进入大气)和二次气溶胶(在大气中由一次污染物转化而生成)两种。它们可以来自被风扬起的细灰和微尘、海水溅沫蒸发而成的盐粒、火山爆发的散落物，以及森林燃烧的烟尘等天然源，也可以来自化石和非化石燃料的燃烧、交通运输，以及各种工业排放的烟尘等人为源。

气溶胶粒子浓度大时可以导致大气能见度降低，使到达地面的太阳光减少，降低地表温度，影响植物生长。同时，气溶胶能为酸雨的形成提供良好的反应条件，这就促进了酸雨的形成。气溶胶不仅对能见度和气候有巨大的作用，而且对人体健康和生活质量也有巨大的影响。人们在呼吸时吸入的不是纯净的空气而是气溶胶，显而易见，在空气质量不好的地方，如工业、矿山、被污染的地方的空气对人体都是有害的。一般而言，粒径大于 10 μm 的不能通过呼吸道进入人体，小于 0.1 μm 的可以在呼吸道自由进出，0.1～10 μm 的可以通过呼吸进入呼吸道，0.1～4 μm 的在肺部沉积，0.1～2.5 μm 的沉积最多。

随着遥感技术的发展，遥感技术具有的大尺度、多时相、多分辨率等优势，使大范围监测大气气溶胶状况成为可能。气溶胶粒子对入射辐射的散射和吸收作用，可以使入射辐射的性质和强度发生变化，通过测量入射辐射的变化，可以反演气溶胶粒子特性，这是遥感气溶胶的基本原理。利用遥感方法可以直接得到气溶胶辐射特性。按照遥感传感器平台的特性，遥感气溶胶反演分为地基遥感反演和卫星遥感反演两种。

1. 地基遥感反演

目前，国内开展的地基遥感反演方法主要有太阳直接辐射的宽带分光辐射遥感、多波段光度计遥感、根据天空散射光亮度分布遥感、全波段太阳直接辐射遥感、华盖计遥感，以及激光雷达遥感等。

1) 太阳直接辐射的宽带分光辐射遥感

根据 Angstrom 公式，气溶胶的光学厚度与波长的关系符合以下公式

$$\tau(\lambda) = \beta\lambda - \alpha(1) \tag{3-27}$$

式中，τ 为大气气溶胶光学厚度；β 为整层大气气溶胶的浓度；α 为 Angstrom 大气浑浊度参数,α 与气溶胶的粒子谱分布有关。

按照式(3-27)，如果已知气溶胶在两个波段的消光，即可求出 β 和 α 的值。根据世界气象组织的推荐，利用波长范围分别为 0.53～2.80 μm 、0.63～2.80 μm 、0.7～2.8 μm 的 OG1、RG2、RG83 种滤光片测量太阳直接辐射，然后把 3 种滤光片测得的太阳直接辐射相减，可以获得到达地面的 0.53～0.63 μm 、0.63～0.7 μm 波长范围内的太阳直接辐射，根据这两个波段的大气上界太阳辐射常数，可以解方程组得到 β 和 α 的值，从而得到气溶胶浓度和粒子半径的信息(尹宏，1993)

2) 多波段光度计遥感

多波段光度计是利用可见光到近红外波段范围内一系列窄波段滤光片(通常半波宽度小于 20nm)测量大气对太阳直接辐射的消光，然后反演大气气溶胶光学厚度和粒子谱。这是目前在气溶胶遥感方法中比较准确，也是应用较多的一种方法。中国较早利用多波段光度计遥感气溶胶的工作是赵柏林等(1980)开展的，他们利用自己研制的 7 波段光度计，对北京地区气溶胶进行了遥感观测并反演了粒子谱；毛节泰等(1983)分析了这次遥感得到的气溶胶光学厚度的特征、变化规律及与气象条件的关系。

3) 根据天空散射光亮度分布遥感

来自太阳的入射光被大气分子和大气气溶胶散射，使整个天空都呈现光亮的状态，天空亮度的分布是由太阳位置和大气中散射质点的特性决定的，分析天空的亮度特征，可以得到气溶胶信息。邱金桓等(1995)在详细分析了天空亮度与气溶胶光学特性和地面反照率关系的基础上，提出了通过测量 1°～30° 的体散射函数、10°的散射相函数、40°的加权相函数及 90°的天空亮度，可以分别反演气溶胶粒子谱，气溶胶折射率实部、虚部，以及地面反射率的方法。黎洁和毛节泰(1989)也提出了一个利用多波段光度计观测太阳直接辐射与太阳所在地平纬圈天空亮度的相对分布同时反演大气气溶胶光学厚度和相函数的方法，并从相函数和光学厚度进一步推算了大气气溶胶的粒子尺度谱和气溶胶粒子折射率，得到北京地区在采暖期气溶胶平均折射率为 1.517+0.034 i，在非采暖期平均折射率为 1.533+0.016 i，折射率虚部与利用积分片测量的结果基本一致；赵增亮和毛节泰(1999)又对这种方法做了改进，提出了完全通过测量多个天顶角方向的天空亮度相对分布反演气溶胶光学厚度和相函数的方法，避免了仪器定标，反演得到的北京地区 600 nm 处气溶胶不对称因子为 0.6～0.7。

通常情况下，利用观测天空散射亮度反演气溶胶光学特性的方法受到地面反照率的影响，为消除地面反照率的影响，邵鸿飞等(1999)提出了利用“频率相近，但气体吸收系数相差很大”的两个波段，构造一个无量纲量，可以使地面反照率的影响减至最小，该方法只是一个理论上的结论，还需要实际遥感的结果作为验证。利用天空亮度分布遥感气溶胶特性，可以充分利用气溶胶的散射信息，但该方法只适用于大气水平均匀的情况，这种条件只有在晴朗的天气情况下才能满足，不适合污染较为严重的天气情况，该方法的适用范围受到限制。

4) 利用全波段太阳直接辐射遥感

利用窄波段光度计测量气溶胶光学厚度是一个比较准确有效的方法，但目前还不具备在全国范围内布点进行常规遥感的条件，而国内有几十个日射站全年进行全波段太阳直射辐射的测量。为了能充分利用这些辐射资料研究大气气溶胶特性，邱金桓(1995)在分析了全波段太阳直接辐射对气溶胶光学厚度及粒子谱敏感性的基础上，提出了从晴天全波段太阳直接辐射信息确定 0.7μm 波长气溶胶光学厚度的方法；1997 年他又对这个方法做了改进，在加上了能见度信息的基础上，提出了利用全波段太阳短波直接辐射和能见度信息，同时反演整层大气气溶胶光学厚度和平流层光学厚度的方法，并将其用于长时间序列大气气溶胶特性的研究。该方法充分利用了已有的观测资料，可以得到不同地区气溶胶长时间的变化特性，对研究气溶胶特性非常有利，但由于云的影响不能完全去除，遥感的准确度会受影响，具体的准确度需要通过与光度计等遥感手段作对比来确定。

5) 华盖计遥感

华盖计是利用测量太阳附近的天空亮度(华盖区)反演气溶胶特性的一种方法。这个区域较强的天空亮度主要是由气溶胶粒子较强的一次前向散射引起的。通过测量气溶胶的直接消光和华盖区天空亮度，可以反演较大半径粒子的气溶胶光学厚度、粒子谱等信息。

6) 激光雷达遥感

以上方法都是以太阳为光源的被动遥感，并且局限于研究整层气溶胶的特性，而激光雷达是一种主动遥感手段，利用激光雷达可以得到气溶胶的垂直分布信息。20 世纪 60 年代中期，中国研制成功第一台激光气象雷达(吕达仁，1999)，并开展了一系列激光雷达探测大气的研究。邱金桓等(1984)于 1982 年 5 月首次用激光雷达遥感了沙尘暴粒子的消光特性和沙尘暴垂直分布特性，由于当时所用的激光雷达功率较小，所以只探测到垂直高度大约 2 km 的范围，结果显示，沙尘暴发生时气溶胶光学厚度可以有一个量级的变化；他们对 1988 年 4 月发生的沙尘暴进行了激光雷达探测，垂直高度达到了 6 km 以上，揭示出沙尘暴垂直结构依赖于风场结构。Yang 等(1986)还从理论上研究了利用多波段激光雷达反演气溶胶粒子谱和复折射率的方法。激光雷达可以遥感气溶胶粒子随高度的分布特征，近几年利用激光雷达遥感气溶胶的研究得到了很大重视，但由于激光雷达设备费用较高，目前仅在合肥、北京等地利用激光雷达进行长期遥感气溶胶的工作。中国科学院安徽光机所利用自己研制的 523 nm、1064 nm 双波长激光雷达，从 1995 年开始进行大气气溶胶的水平和垂直消光特性探测，积累了大量数据，得到了不同大气条件下典型的气溶胶垂直分布廓线和气溶胶指数的特征。

2. 卫星遥感反演

地面遥感气溶胶可以得到较为准确的气溶胶信息，但是目前这种方法只能在有限的区域进行，不能用来遥感大范围气溶胶光学特性，利用卫星遥感可以弥补这个不足，特别是在环境恶劣的边远地区和广阔的海洋地区，卫星遥感方法更能显出它的优势。

国际上开展卫星遥感气溶胶的工作始于 20 世纪 70 年代中期，中国科学家从 80 年代中期开始也进行了这方面的研究。赵柏林和俞小鼎(1986)利用 NOAA AVHRR 资料，进行了遥感海上大气气溶胶的研究，由于处于尝试阶段，仅对渤海上空一个点进行了遥感。Zhou 等(1994)利用 NOAA AVHRR 资料，分析了 1993 年 4 月北京、天津上空沙尘暴的特性，得到在沙尘暴发生时，AVHRR 可见光通道 1 和可见光通道 2 的反射率都有增加，沙尘暴强度越大，反射率增加越大，但仅给出了反射率增加的大小，没有根据卫星反射率的变化对沙尘暴进行定量研究。刘莉(1999)利用 GMS-5 可见光通道研究了遥感湖面上空气溶胶光学厚度的方法和可行性。韩志刚(1999)利用 ADEOS 上辐射偏振探测器(POLDER)的资料，进行了遥感草地上空气溶胶的实验研究。

总的来说，中国科学家已对卫星遥感气溶胶进行了一些研究，但相对于国际上在这个领域的研究工作来说，还需要加大研究力度，特别应注重利用卫星遥感中国地区大范围气溶胶光学特性，发挥卫星遥感的优势，此外还要注意利用新的探测器来研究大气气溶胶。

3.2.2 有 害 气 体

大气污染物是大气环境污染的主要因素。大气污染物的种类达数千种，其中有害气体有一百多种。有害气体通常指人为或自然条件下产生的二氧化硫(SO_2)、氮氧化物(NO_x)、臭氧(O_3)、氟化物、一氧化碳(CO)、二氧化碳(CO_2)等对生物有机体有毒有害的气体(盛业华和郭达志，1994)。

国际上有多种卫星遥感数据适宜检测大气有害气体，有的还是为检测有害气体而专门设计的。科研人员利用丰富的遥感数据对大气有害气体作了大量研究。例如，TOMS 自 1979 年以来一直是观测 O_3 的重要传感器，其精度在不断改进，对 O_3 的研究主要是针对柱浓度的观测和分析。结合不同波段的辐射信息，还可以测量到 O_3 的垂直分布状况。早在 1995 年，搭载于 ERS-2 卫星上的 GOME(global ozone monitoring experiment)探测仪就开始了对 NO_2 的全球观测，Fujii 等(1992)根据树叶中 SO_2 含量及重金属含量与遥感数据中植被指数的关系估计大气污染情况，并在分析图像特征的基础上，结合区域内工厂 SO_2 排放量数据绘制区域 SO_2 分布廓线等。Lamsal 等(2008)使用大气化学传输模式输出的 NO_2 廓线信息和卫星遥感数据，计算了北美部分地区地面 NO_2 的浓度，并和地面观测进行了比较研究。差分光学吸收光谱技术(DOAS)是一种有效的反演有害气体的方法，该技术应用某种气体的吸收波段对应的波谱特征来反演该气体浓度，已应用于对 O_3、SO_2、NO、NO_2 的反演。

总的来看，遥感监测有害气体的方法有两种：一种是根据有害气体污染与植被的响应关系来研究；另一种是根据光在传输过程中会被气体分子选择性地吸收这一特性来研究。在国内，研究人员早就发现有害气体污染与植被的响应关系(冯富成和高会军，1998)，并利用植被的反应特征对有害气体进行遥感监测。周斌等(2001)运用光在传输过程中会被气体分子选择性地吸收这一特性，使用差分光学吸收光谱法(DOAS)测量大气有害气体。魏合理和胡欢陵(2001)利用 NO_2 在 430～450 nm 波段范围峰谷结构的吸收特征，反演出大气中 NO_2 的含量及其变化。江文华等利用全球臭氧监测实验卫星(GOME, global ozone monitoring experiment)资料，以及地面 NO_2 平均质量浓度值，研究了北京市 NO_2 的季节和年度变化特征。Li 等(2010)运用臭氧监测仪(OMI)和 MODIS 数据，对一次包含 SO_2 和灰尘的雾霾传送和演化进行了跟踪监测。

3.3 水体健康

以江河、湖泊与湿地等形式存在的陆地水体环境对环境健康有着重要影响，其用以表示水环境(水体)质量优劣程度和变化趋势，以及水中各种物质的特征指标。环境质量参数有很多，在评价水环境污染程度时，一般选取物理的、化学的、生物的水质参数，包括水的浑浊度、透明度、色度、嗅、味、水温、pH、生化需氧量(BOD)、化学需氧量(COD)、溶解氧(DO)、微量有害化学元素含量、农药及其他无机或有机化合物含量、大肠杆菌数、细菌含量等。

卫星遥感技术的迅速发展为陆地水体的动态监测带来广阔前景。基于卫星遥感技术可以获取陆地水体的重要物理参数。本书重点介绍对环境健康状况有着重要影响的水体面积、水深、水质参数、水体叶绿素浓度及悬浮物浓度等遥感探测技术。

3.3.1 水体面积

基于遥感监测水体面积的方法主要是利用水体在不同波段的光谱特征，具体的方法包括目视解译法、遥感图像分类法、植被指数模型法等。近年来，随着遥感技术的发展和影像空间分辨率的提高，一些新的方法逐渐发展起来，如面向对象分类的方法等。

基于不同的学科需求和研究角度，专家学者对水体面积的遥感提取方法有不同的分类和总结。对这些水体的遥感提取方法已有大量的研究，其中最常见的有目视解译法、指数模型法、监督分类法和决策树分类法。下面将分别阐述利用这 4 种方法提取水体面积。

1. 目视解译法

目视解译法最先被用于遥感影像提取水体面积信息。这主要是使用多光谱影像的多波段信息进行假彩色合成，在假彩色合成影像上，根据水体的光谱特征目视解译出水体，进而计算出水体面积。

由于目视解译完全依靠人的视觉观察和主观经验，因此用于解译的遥感影像的波段选择和组合显得尤为重要。以 TM 影像的多光谱波段为例，一般采用遥感影像目视解译中最佳波段选择的最佳指数方法，得到了最佳波段组合的结果，最佳指数越大，则这样的波段组合越适合于目视解译提取水体信息。

最佳指数因子(optimum index factor，OIF)概念是由美国查维茨教授提出的，其数学公式为

$$\mathrm{OIF}=\sum_{i=1}^{3}S_i \Big/ \sum_{i=1}^{3}|R_{ij}| \tag{3-28}$$

式中，S_i 为第 i 个波段的标准差；R_{ij} 为 i、j 两波段的相关系数。

2. 遥感影像分类法

1) 非监督分类与监督分类

遥感影像的非监督分类也称为聚类分析或点群分析，即在多光谱图像中搜寻、定义其自然相似光谱集群的过程。非监督分类不需要人工选择训练样本，仅需要极少的人工初始输入，计算机按照一定规则，自动根据像元光谱或空间等特征组成集群组，然后分析者将每个组和参考数据进行比较，将其划分到某一类别中去，如 ISODATA 方法、K 均值法等。监督分类又称为训练场法，是在已知类别的训练场地上提取各类别的训练样本，通过选择特征变量，确定判别函数或判别式，把影像中的各个像元划归到各个给定的分类，具体包括平行六面体法、最小距离法、最大似然法等。监督分类的优点是分类结果与实际地物吻合较好，但工作量较大，且要求训练区域具有典型性和代表性，适合于有先验知识时使用。利用 Landsat MSS 提取水体时，单波段(波段 7)密度分割法与波段 5 和波段 7 组合的非监督分类法所获得的水体表面积仅差 3%。

2) 决策树分类

决策树归纳是经典的分类算法，它采用自顶向下递归的各个击破的方式构造决策树。树的每一个结点上使用信息增益度量选择测试属性，可以从生成的决策树中提取规则。理论上，决策树隶属于专家智能决策支持系统，已成为专家系统和数据挖掘领域的核心分析工具。由于水体和云阴影的光谱特征比较接近，利用阈值法难以直接分离它们，所以一般用近红外波段阈值法先将包含云阴影信息的水体信息提取出来，然后采用决策树方法自动提取湿地水体信息。这种结合近红外波段阈值法的决策树分类法能有效去除云阴影，高精度获取湿地水体信息。

3. 植被指数模型法

利用植被指数等遥感影像光谱变换形式提取水体面积主要是利用水体与植被、城市和土壤之间的光谱反射率在不同波段，尤其是在可见光和近红外波段存在的显著差异，这是目前利用可见光遥感数据提取水体面积的基本原理。利用可见光和近红外波段影像构建的几种常用的波谱指数均可以较好地提取水体信息，提取效果从好到差依次是归一化差值水体指数法、近红外波段分割法、归一化差值植被指数法和比值植被指数法。其中，水体指数模型在选择合适阈值的情况下，水体提取的总体精度最高可达 98%左右，且提取过程对阈值的影响不敏感。

4. 面向对象分析方法

面向对象的方法是近几年随着高空间分辨率影像的日益广泛使用而提出来的。它主要是利用高分辨率影像上水体的形态信息(如河流的典型长条状等)提取其分布，进而计算水体面积。翟辉琴(2006)提出基于数学形态学的方法对遥感影像上的水体进行提取的思路。翟辉琴基于 QuickBird 和哥伦比亚红河卫星影像开展水体提取实验。利用数学形态学的基本运算组合成的各种算子，通过选择合适的结构元素，对图像进行预处理后再分割，可以完成遥感影像上灰度变化较小的水体提取，其结果优于直接对原图像进行形态梯度法、均值分割的结果。

基于以上各种遥感方法可以有效地提取水体分布，计算水体面积，从而服务于监测水资源状况，为水体环境监测和评价提供重要的基础数据，最终保障人民生产生活对水资源的需求。

3.3.2 水　深

水深是另一个水量参数，也是重要的水文要素。利用遥感手段测量水深，可以发挥遥感的快速、大范围、准同步、高分辨率获取水下地形信息的特长，对于掌握洪涝及风暴潮灾的水淹没范围和淹没程度来说十分有效，可以及时取得淹没状况的第一手资料，同时还可以根据灾前、灾中及灾后的水深分布来评估灾害损失。水深遥感方法还可以用于大范围海域的水深图制作。对于江湖海岸地形演变分析、水利工程土方计算、航道开挖、监测与疏浚、滩涂围垦与开发领域，水深遥感也发挥着重要作用，因此水深对水体环境诊断与评价有重要意义。

在基于卫星遥感数据进行水深测量的研究方面，美国密执安环境研究所的研究人员早在 19 世纪 60 年代中后期就开始了这方面的研究工作，并在原理和方法上作出了巨大贡献。目前在水深提取方面已有大量研究成果，如基于底层反射模型的水深测量定量研究分析法、线性多波段提取水深值法等。基于遥感卫星影像的水深探测应用已经非常广泛，其方法主要可以概括为以下几类。

1. 波浪法

波浪法是根据波浪模式(波速、波浪周期和波浪折射等)与水深及海底地形等的关系，重力波在浅水区产生的折射，潮流线在经过浅水区所引起的水面粗糙度的变化及内波在图像上形成的图谱，通过分析得出水深。其优势在于对水质和海底底质类型空间差异性大的区域探测水深较为有效，但其可探测的水深有限。

2. 密度法

密度法则是根据水体的物理光学理论，分析浅水区水体中光的辐射传输过程，由此建立水体光谱反射率与水深的解析关系式。根据解算方法的不同，又可分为解析法、统计模型法。

1) 解析法

解析法主要是通过建立传感器接收到的辐射亮度与底质反射率、水深等的解析表达式，进而解算出水深，其公式为

$$R=\frac{R_{\mathrm{b}}(1-x^2)\cosh(KZ)+(x-R_{\mathrm{b}})\sinh(KZ)}{(1-x^2)\cosh(KZ)+(1-xR_{\mathrm{b}})\sinh(KZ)} \tag{3-29}$$

式中，R_b 为水体底部反射率；$x=a/a+b$，a 和 b 分别为水体的吸收系数和后向散射系数；$K=(a^2+2ab)^{1/2}$。

理论解析法是根据光在水体的辐射传输过程中的物理光学特性而建立的光辐射传输方程，具有明确的物理意义。但该模型需要一系列水体辐射参数，这些参数与水体物理、水化学性质密切相关，较难获得。

2) 统计模型法

统计模型法，即是利用几个实测点回归得到辐射亮度与水深之间的关系，进而推求未知水深点的水深。根据利用波段数的不同，统计法又分为单波段法、双波段比值法、线性多波段法 3 种。

单波段法最为简单，易于实现，其反演公式为

$$Z=\frac{\ln(L_{ix}-L_{i\infty})-\ln(L_{i0}-L_{i\infty})}{-k_i[1+\cos ec(\varphi)]} \tag{3-30}$$

式中，L_{ix} 为 i 波段水体深度为 x 处的辐射值；L_{i0} 为浅水区的辐射值；φ 为太阳光进入水体的倾角。由于该模型利用已知水深点计算了水体的衰减系数，在确定模型参数 L_{i0} 和 $L_{i\infty}$ 时，考虑了研究区实际水深范围与水深值相对应的遥感资料的密度值，这些根据实地情况确定的参数将对遥感资料产生一定的校正作用，将水深计算与实地情况结合起来，能较好的反映研究区的实际状况。

双波段比值法能有效消除水体的衰减系数和底部反射率的绝对值因水体类型和底部物质种类的不同有很大差异的影响，在一定程度上还可以减小太阳高度角、水面波动，以及卫星态势、扫描角等变化而产生的影响，因此该方法也得到了广泛应用。

为了消除不同底质反射率的影响，更为有效的方法是采用线性多波段的方法。例如，在假设研究区水质和水体底质都均一的前提下，可以利用 TM 遥感图像的可见光波段建立多波段模型来提取水深和底部反射率信息。

3. 水体散射遥感测深模型

底层反射的遥感测深模型的基础是底层反射率要高、适宜的水质及较浅的水深等。这极大地限制了该方法在水体混浊、底层反射差的沿海水域的应用。因此，该模型还有待于发展。

水体性质的差异直接影响了光波在水体中的传输过程，光波进入水体后，一方面受到水体内物质的散射和反射作用，使到达水底的光辐射量减少，这在一定程度上降低了离水辐射率的强度；另一方面，光波传输受到水体中悬浮泥沙、叶绿素、黄色物质、浮游生物等影响，使离水反射率综合反映了水体中的悬浮物与溶解物等信息。因此，基于遥感手段反演水深还面临着很大的挑战，水深遥感精度的提高必须进一步加强光波水体传输中水深信息模型的构建，加强水体中悬浮物或溶解物光谱反射规律的研究，去除或抑制水体内部噪声信息的影响，以突出水深信息。

3.3.3 水质参数

水质是关于水体物理、化学、热量和生物特性的描述。水质直接反映了水体环境的污染和健康状况，是环境健康诊断评价的直接表征参数。传统的水质监测和分析方法是实地调查和采样分析，易受人力、物力和气候、水文条件的限制，遥感技术正好弥补了传统水质监测的缺陷，以其实时、高效、持久、数据量大、观测范围广的优点在水质监测中发挥了重要作用。

对于水体来说，水的光谱特征主要是由水体本身的物质组成决定的，同时又受到各种水状态的影响。遥感传感器上接受到的总辐亮度由 3 部分组成：①太阳辐射经过大气散射作用到达传感器上；②太阳辐射通过水表面的方向反射进入传感器；③水体后向散射光和水底的反射光返回到大气中，被传感器接收，这一部分含有水色信息，可以用来监测水质的部分称为离水辐亮度。一般来说，离水辐亮度主要受到水中 3 种物质的影响：叶绿素、悬浮物、黄色物质，即溶解性有色有机质。这些物质对不同波段具有不同的吸收、散射作用，造成一定波长范围反射率的显著不同，这是遥感定量监测水质的基础。水体的反射主要在蓝绿光波段，其他波段吸收都很强，特别到了近红外波段，吸收就更强。当水中含有其他物质时，反射光谱曲线会发生变化。遥感监测水体水质的一般思路是通过建立遥感观测值和这些影响离水辐亮度的物质浓度之间的关系，来反求出各种物质的浓度。

遥感监测水体水质的方法主要可以分为 3 类：经验方法、半经验方法和生物光学模型方法。下面分别从这 3 个方面进行概括总结。

1) *经验方法*

经验方法是伴随着多光谱遥感数据应用于水质监测而发展起来的一种方法。经验方法基于遥感影像数据和地面实测数据的相关性统计分析，选择最优波段或波段组合数据与地面实测水质参数值，通过统计分析得到经验模型，进而反演水质参数。其公式的一般形式为

$$Y = A + BX \quad \text{或} \quad Y = AB^X \tag{3-31}$$

式中，Y 为遥感观测值或辐射值；X 为实测的水质参数(如叶绿素、悬浮物浓度)。

经验模型是一种简单、易用的模型，它可以通过选择适合的波段组合或建立相对复杂的回归方程来提高二类水体的水质参数的反演精度。国内外学者利用经验方法开展了很多内陆水体水质遥感监测，在特定的水域研究中取得了一定的成功。但经验模型的缺点也是显而易见的：第一，经验模型受到地区和时间的限制，不具备通用性；第二，经验模型需要有大量的实时水质采样数据作为基础，这样建立的模型才具有可靠的精度；第三，经验模型根据实验数据的不同只能反演一定范围内的水质参数值，在一定范围之内，经验模型有着很好的反演精度，超出这个范围，经验模型反演的误差将明显增大。

2) 半经验方法

半经验方法是随着高光谱遥感技术在水质监测中的应用发展起来的。半经验方法根据非成像光谱仪或机载成像光谱仪测量的水质参数的光谱特征，结合统计模型，选择估算水质参数的最佳波段或波段组合，然后选用合适的数学方法，建立遥感数据和水质参数间的定量经验性算法。半经验方法是自 20 世纪 90 年代以来最常用的水质遥感监测方法。国内外很多学者都利用这种方法对湖泊、水库的水质参数，如总悬浮物、叶绿素 a、黄色物质及与之相关的可见度、混浊度进行监测和评价，并且得到了较高的监测精度。

经验方法与半经验方法都是对遥感数据运用适当的数学方法来得到水质参数的估测值。常用的数学方法有线性回归、多元线性回归、对数转换线性回归、聚类分析、多项式回归、贝叶斯分析和逐步多元性回归、主成分分析、神经网络模型等。

3) 生物光学模型方法

生物光学模型方法是基于辐射传输理论及模型来模拟太阳光经过水和大气时被散射和吸收的情况，利用遥感测得的反射率，计算水中实际吸收系数及后向散射系数等变量，与水中各组分的特征吸收系数、后向散射系数相联系，反演各组分含量。该方法的思路可表示为

$$R(0,\lambda)=f\left[\frac{b_{\mathrm{b}}(\lambda)}{a(\lambda)+b_{\mathrm{b}}(\lambda)}\right] \tag{3-32}$$

式中，$R(0,\lambda)$ 为水表面在波长为 λ 时的向上辐照度与向下辐照度的比值；$a(\lambda)$ 为波长为 λ 时吸收系数；$b_b(\lambda)$ 为波长为 λ 时的后向散射系数；f 为可变参数。其中，$a(\lambda)$、$b_b(\lambda)$ 是水中各种成分贡献的线性和。

$$a(\lambda)=a(\lambda)_{(\mathrm{w})}+\sum_{i=1}^{n}a(\lambda)_i \tag{3-33}$$

$$b_{\mathrm{b}}(\lambda)=b_{\mathrm{b}}(\lambda)_{(\mathrm{w})}+\sum_{i=1}^{n}b_{\mathrm{b}}(\lambda)_i \tag{3-34}$$

式中，$i=1,2\cdots,n$ 为水体成分数。只考虑叶绿素(用 C 表示)、悬浮物(用 X 表示)、黄色物质(用 Y 表示)，并且各成分的吸收系数和后向散射系统与其浓度有关，则式(3-33)、式(3-34)可写成：

$$a(\lambda)=a(\lambda)_{(\mathrm{w})}+C\cdot a^*(\lambda)_{(C)}+X\cdot a^*(\lambda)_{(X)}+Y\cdot a^*(\lambda)_{(Y)} \tag{3-35}$$

$$b_{\mathrm{b}}(\lambda)=\tilde{b}_{\mathrm{bw}}\cdot b_{(\mathrm{w})}(\lambda)+\tilde{b}_{bc}\cdot b_{(c)}(\lambda)+\tilde{b}_{bX}\cdot b_{(X)}(\lambda) \tag{3-36}$$

式中，$a(\lambda)_{(w)}$ 为纯水的吸收系数；C 为叶绿素浓度；$a^*(\lambda)_{(C)}$ 为其在波长为 λ 时的单位吸收系数；X 为悬浮物浓度；$a^*(\lambda)_{(X)}$ 为悬浮物在波长为 λ 时的单位吸收系数；Y 为黄色物质的浓度；$a^*(\lambda)_{(Y)}$ 为其在波长为 λ 时的单位吸收系数；$b_{(w)}(\lambda)$ 为纯水的体散射系数；$\tilde{b}_{bw}$ 为纯水的后向散射比例；$b_{(c)}(\lambda)$ 为叶绿素的体散射系数；$\tilde{b}_{bc}$ 为叶绿素的后向散射比例；$b_{(X)}(\lambda)$ 为悬浮物的体散射系数；$\tilde{b}_{bX}$ 为悬浮物的后向散射比例。

在已知 3 种物质的散射特性(散射系数)和吸收特性(吸收系数)的条件下，就可以根据以上公式反演各种组分的浓度。

该方法对于多波段反演特别有用，且具有普遍适用性，而且它不需要大量实时地面采集数据的支持，通过传感器测得遥感反射率或辐亮度值就可计算出水中各组分的含量。但由于其理论基础尚不成熟，模型假设条件多，要求的参数也比较多，使得该方法及反演的精度尚不够高。

3.3.4 水体叶绿素浓度

本小节的叶绿素特指叶绿素 a。叶绿素 a 是最重要的内陆水体水质参数之一，叶绿素 a 不仅能反映水中浮游生物和初级生产力的分布，其含量变化还是反映水体富营养化程度的一个指标。通过测定叶绿素 a 的浓度来表明水体中藻类的现存量，从而来评价水体富营养化程度，是目前水环境监测中最常用也是最直接有效的方法。

叶绿素 a 是内陆水体水质遥感监测中研究最多的水质参数之一，国内外在其光谱特征、遥感估测最佳波段选择及反演模型构造等方面开展了大量的研究工作。各种遥感数据源包括多种航空高光谱数据、各种多光谱卫星遥感数据，其广泛地应用于内陆水体中叶绿素 a 的遥感监测研究，半经验和经验的方法是实际应用中使用最多的方法。国内外学者建立了一系列的叶绿素 a 反演模型和算法，并在特定的水域研究中取得了一定的成功。

叶绿素 a 在可见光波段范围有两个显著的吸收最大值：在蓝波段的 438 nm 达到第一个吸收最大值，在红波段的 676 nm 达到第二个吸收最大值。叶绿素 a 含量增加使水体反射光谱发生变化，当水体中藻类密度较高时，水体光谱反射曲线在这两个波段附近出现显著的吸收峰值。由于叶绿素 a 的最大吸收效应，水体光谱反射曲线在 438 nm 附近和 676 nm 附近形成两个非常显著的反射最小值，在 685 nm 附近，叶绿素 a 有明显的荧光峰，含藻类水体最显著的光谱特征是在 685～715 nm 出现反射峰，其存在与否通常被认为是判定水体是否含有藻类叶绿素的依据，反射峰的位置和数值是叶绿素 a 浓度的指示。对于叶绿素 a 浓度特别高的水体(>100 mg/m)，在 700～800 nm 波段，虽然水体反射率总体上逐渐降低，但是水体反射率值仍然很高，甚至比在 550 nm 处的反射率峰值还要高，这是因为大量藻类浮游在水体的表面，水体表现出类似陆地植被的反射特征。因此，该波段范围的反射率值可以用来判断水体是否发生水华现象，监测内陆水体的藻类暴发。

如果水体中还含有大量的悬浮物和溶解性有机物，其背景光学特性将会发生显著变化，悬浮物的吸收和散射，以及溶解性有机物的吸收，使得水体的反射光谱更加复杂。叶绿素 a 在两个吸收波段反映的光谱信息有可能在很大程度上被削弱，从而影响叶绿素 a 最佳监测波段的选择和反演算法的精度。因此，在选择叶绿素 a 遥感反演波段的过程中，需要考虑悬浮物和黄色物质对其的影响，尽量选取叶绿素 a 吸收特征明显，而悬浮物和黄色物质吸收和散射影响较小的波段范围。

遥感反演叶绿素浓度的方法可以分为两类，经验算法和基于模型的算法。经验算法以实测数据为基础，通过测量水体表面的光谱辐射特征和水体中叶绿素的浓度而建立的算法。

经验算法应用最广的是波段比值法，SeaWiFS (the sea-viewing wide field-of-view sensor) 卫星数据处理软件 SeaDAS (sea WiFS data analysis system) 的海水叶绿素浓度反演模块所利用的 OC4 算法就是基于经验模式的波段比值法，它是利用 SeaWiFS 的 4 波段 (443 nm、490 nm、510 nm、555 nm) 的最大波段比的三次多项式算法。其计算方法为

$$\mathrm{Chla} = 10^{0.368-3.067\times R+1.93\times R^2+0.649\times R^3-1.532\times R^4} \tag{3-37}$$

式中，R 为 SeaWiFS 的 4 个波段 (443 nm、490 nm、510 nm、555 nm) 经大气校正后的反射率值的线性组合。

荧光线高度法也是一种应用较为广泛的叶绿素浓度反演方法，它是根据叶绿素浓度发射荧光的荧光峰高度 (FLH) 与叶绿素浓度的相关特性而建立的统计算法。荧光高度法更适合应用于叶绿素浓度高或者当“赤潮”出现的海域，因为此时叶绿素吸收和反射的特征信息大大地增加，尤其在红外波段附近。该方法以波长 650 nm 和 730 nm 为基线，测量波长为 685 nm 的荧光峰高度。在太阳光的激励下，海面荧光辐射量与叶绿素浓度是呈正相关的，因此，利用荧光线高度值可以建立叶绿素浓度的反演经验公式。

$$\mathrm{Chla} = a(\mathrm{FLH}) + b \tag{3-38}$$

式中，a、b 为回归系数；FLH 为荧光线高度值，可由以下公式计算：

$$\mathrm{FLH} = F(B_{\mathrm{s}}) - \frac{\lambda_{\mathrm{s}} - \lambda_{\mathrm{r}}}{\lambda_{\mathrm{s}} - \lambda_{\mathrm{q}}} \times [F(B_{\mathrm{q}}) - F(B_{\mathrm{s}})] \tag{3-39}$$

$$F(B_i) = \frac{1}{\Delta\lambda_i}\int_{B_I-\frac{\Delta\lambda_i}{2}}^{B_I+\frac{\Delta\lambda_i}{2}} f(B_i)\mathrm{d}B_i \tag{3-40}$$

式中，$F(B_i)$ 为光谱辐射率函数；$\Delta\lambda_i$ 为波段 B_i 的带宽；$f(B_i)$ 为波段 B_i 在 $\Delta\lambda_i$ 范围内的平均辐射率；λ_{s}、λ_{r} 和 λ_{q} 分别为波段的中心波长 B_{s}、B_{r} 和 B_{q} 的中心波长。

基于模型的算法是根据生物学模式描述水体组分与离水辐射之间的关系，利用辐射传输模型模拟光在大气和海洋中的传播过程。基于模型的算法的优点是能够同时给出几个要素较为精确的反演信息，并对复杂的海洋信息作出合理的解释。常用的基于模型的算法有代数方法、非线性优化方法、主成分方法和神经网络方法，在此就不再展开讨论。

3.3.5　悬浮物浓度

悬浮物是指所有悬浮在水体中的颗粒物质，包括生物活体有机物质 (主要是浮游藻类)、浮游植物死亡而产生的有机碎屑，以及陆生或湖体底泥经再悬浮而产生的无机悬浮颗粒。通常将悬浮物分成浮游藻类和非藻类两个部分，但是在实验室的理化分析中，很难通过物理的方法分离出浮游藻类和非藻类悬浮物。

常规的监测手段难以获取大范围水域悬浮物浓度的分布情况，不能满足对水质实时、大尺度的监测评价要求。综合遥感数据、实地观测数据和水质模型，遥感监测方法可以反映悬浮物在空间上的分布情况和在时间上的变化，发现一些常规方法难以揭示的污染源和污染物迁移特征，而且具有监测范围广、速度快、成本低和便于进行长期动态监测

的优势。

悬浮物浓度是最先被遥感估测的内陆水体的水质参数，悬浮物浓度、颗粒大小及其组成是影响悬浮物光谱反射的主要因素，国内外对悬浮物浓度的遥感监测开展了大量的研究。经验、半经验和物理模型方法是悬浮物遥感监测中常用的三种方法，各种遥感数据源，包括机载遥感数据、卫星遥感数据和地面光谱数据广泛地应用在悬浮物遥感监测中。

一般认为，在400～900 nm波段的各波段反射率与总悬浮物、无机悬浮物浓度都存在中高度相关性，最大相关系数均出现在725 nm处，而与有机悬浮物浓度则无较好的相关性。在实际应用中，可以利用光谱仪PR-650准实时测得的水面反射光谱率数据，根据实测的离水辐亮度，建立相应的生物光学模型，求解水体组分含量的浓度值；也可以构建含有一个隐含层的两层BP神经网络反演模型，以遥感影像各波段的反射率作为输入，以悬浮物浓度值作为输出，反演水体的悬浮物浓度，通过测试样本对神经网络模型和经验模型的预测误差表明，无论是估算总悬浮物浓度，还是估算无机悬浮物浓度，神经网络模型都优于经验模型。

悬浮物是内陆水体中最重要的水质参数之一，水体中悬浮物含量的多少直接影响水体透明度、浑浊度、水色等光学性质，影响水在饮用、娱乐和工业方面的可用性，而且悬浮物也是农药、可溶解N和P、重金属和其他污染物的载体。因此，水体中的悬浮物可以作为水体环境污染和环境健康评价的指标。监测内陆水体中悬浮物的浓度及其分布情况，对于内陆水体水质污染的防治及环境健康诊断评价具有重要意义。

3.4 灾害影响

自然灾害是指发生在生态系统中的自然过程，它可以导致社会经济系统失去稳定与平衡，使社会财产产生损失或导致社会在各种原生和有机资源方面出现严重的供需不平衡。近几十年来，全球各种自然灾害频繁发生，损失惨重。我国是一个自然灾害频繁发生的国家，也是世界上灾害最严重、受灾历史最早、灾害种类最多的少数国家之一。每年各种各样的自然灾害和人为活动诱发的灾害造成成千上万人死亡，直接经济损失达500亿～600亿元。

先进的遥感技术对灾害进行监测具有以下优势。

(1) 可快速进行大范围、立体性的灾害监测。遥感技术能从空中大面积地对灾害进行宏观监测研究，使灾害监测工作向立体监测方向发展。航空相片提供了地面连续的立体图像，拓宽了视野，这样可以克服地面点线监测的局限性及视野的阻隔，便于从整体上把握灾害的各种资料。对于复杂多变、涉及面广的大型灾害优越性更明显。特别是对于大区域的环境灾害及动态变化(如沙尘暴、特大洪灾等)监测十分有利。

(2) 获取的信息量大、效率高。遥感技术采用现代航天工具，能高速获取图像和数据资料，并运用先进的电子光学仪器及电子计算机进行传导、接收、处理和提取大量与灾害相关的信息。这不仅给灾害监测赢得了大量时间，而且及时获得了丰富的灾情背景资料，为高效数据模型的建立创造了先决条件。

(3) 适应性强，可获取其他监测手段无法获取的信息。由于某些灾害的灾区自然条件恶劣，如发生雪灾、山体滑坡、密林森林病虫害及火灾、荒漠化等；另外，某些农业灾害发生在跨国境线，如病虫害、沙漠化、火灾或一些农业气象灾害等，常规监测手段根本无法奏效，灾情资料难以获取，此时遥感就成为灾害监控必不可少的重要手段。

(4) 实时动态全天候观测。遥感技术可以对灾情进行连续、动态监测，进而获得连续准确的灾情资料。利用这一点，就可以对那些具有爆发隐患或周期性爆发的自然灾害(如火山、泥石流等)进行灾前预测；对于那些破坏力大、持续时间长、波及范围广的灾害(如洪水、蝗灾等)进行跟踪监测。此外，遥感技术也可以用于对灾后恢复过程进行跟踪监测，及时掌握相关资料。

基于以上遥感技术在灾害监测方面的优势，本节将分别以洪水、地震、森林火灾为例论述灾害遥感诊断的关键技术。

3.4.1　洪　　水

洪水灾害是全球面临的重大突发性自然灾害之一。洪水灾害是指由降水造成的河水冲垮堤坝、淹没耕地、冲毁房屋或突发的山洪冲毁耕地、冲走人畜等现象。由于水灾和涝灾往往同时发生，有时也难于区分，所以常把水涝灾害统称为洪水灾害。洪涝灾害因其范围广、频度高、突发性强、损失大等特点，常对国民经济和人民生命财产安全带来严重威胁。我国是世界上洪灾发生最频繁的国家之一。洪水作为一种自然现象，往往是不可避免的，虽然当今科技发达，但各种防洪工程措施、防洪能力仍很有限，因此研究非工程措施，即洪水灾害监测措施是十分必要的。目前，科学有效地进行洪水监测，是防洪救灾的重要基础，而遥感监测以其速度快、时效性强、视野广阔等特点，逐渐成为现代洪水监测中的主要手段，为防洪决策抗灾救灾做出了重大贡献。

遥感诊断洪水主要是通过传感器接收水体所反射的电磁波谱，然后根据遥感影像上水体的波谱特征来识别与提取洪水水体。水体对 0.4～2.5 μm 的电磁波的吸收率较高，明显高于其他绝大多数地物，最显著的特征是在 1.00～1.06 μm 处有一个强烈的吸收峰，在 0.8 μm 和 0.9 μm 处有两个较弱的吸收峰，在 0.54～0.7 μm 的反射率最高，并随着波长的增加光谱反射率呈下降趋势。因此，水体的反射率远低于其他地物，在彩色遥感影像上表现为均匀的暗色调；在可见光波段，水体的反射率随泥沙含量的增加，其反射率呈整体上升趋势，图像上水体的色调也逐渐由深变浅，但其反射曲线基本相似，反射峰也随其向长波移动。洪水在电磁波谱上的基本光谱特征是利用卫星遥感技术进行洪水水体识别和提取的基础。

遥感洪水灾害监测的基本方法是利用灾前遥感影像，通过解译、判读和分析，然后通过洪水遥感影像与本底数据叠加比较，提取洪灾害淹没面积和地理位置，辅以数字高程模型数据和土地利用数据，对洪涝灾害的淹没面积、淹没水深及受灾损失等进行综合评价。目前用于洪水遥感监测的主要资料有中高分辨率影像、低分辨率高时相影像、微波影像、高精度 DEM 及多源数据。

1. 中分辨率遥感数据洪水监测

中分辨率系列影像主要包括 TM 与 ETM+、SPOT、CBERS 影像。TM、SPOT、CBERS 图像具有多波段、多时相特性，它们的分辨率适中，可有效地获取地物和洪水信息，是洪灾模拟监测及提取水体的有效资料，但是时间分辨率较低，而且有的数据非免费接收，不易获取大范围的同步监测资料，许多学者利用中分辨率系列数据进行研究并取得一些进展。戴昌达和唐伶俐(1993)应用 TM 图像提取洪涝灾情信息，并将 TM 包含的丰富的光谱信息转化为洪涝灾情信息的图像应用处理技术，经实地验证准确可信。赵书河等(2006)利用中巴资源一号卫星数据，分析了不同波段水体的光谱特征，提出了迭代混合分析的新的水体遥感信息提取方法，并取得了理想的实验结果。杨中华等(2006)利用中巴地球资源卫星(CBERS-02)数据，成功监测了年度黄河凌汛，认为该数据是一种理想的数据源，为黄河洪水遥感监测奠定了基础，同时对黄河污染、山体滑坡等自然灾害的监测也有很好的参考和借鉴价值。

2. 低分辨率高时相遥感洪水监测

低分辨率高时相数据主要指影像数据，因此应用低分辨率高时相数据用于洪水监测应用比较广泛，最早是周成虎和杜云艳通过分析水体在 NOAA/AVHRR 影像上的特征，以及与其他环境因子的差异，提出了水体自动识别的水体描述模型，在渤海、淮河和太湖地区应用，并取得了很好的效果。刘志明等(2001)利用 NOAA/AVHRR 卫星资料，对 1988 年吉林省西部地区的洪涝灾害进行了动态监测，并以农田损失为主对灾情进行了评估，水体分布和面积计算结果与卫星雷达(radarsat)和资源卫星 TM 资料分析结果相当一致。张树誉等(2005)利用 MODIS 资料对植被、水体、土壤等不同地物的光谱特性进行了分析研究，提出了用于洪涝灾害监测的遥感资料处理流程和量化判识指标及淹没面积估算方法，并在 2003 年渭河流域洪涝灾害的动态监测中进行了应用，制作了动态变化图像和水情专题图，估算了淹没面积，效果很好。

3. 微波影像数据洪水监测

微波影像是遥感影像之一，是指侧视成像雷达获得的影像，它不同于早期以雷达为中心，沿方位向扫描获得的极坐标表达的雷达影像。其主要包括 SAR 影像等，由于微波影像具有成像速度快、覆盖区域面积大、地面目标清晰可辨的特点，因此应用微波影像进行洪水监测取得了不错的效果。姚展予等(2002)基于热带降雨测量卫星(TRMM)的微波成像仪(TMI)，利用动态聚类、土壤湿度指数、极化亮温差指数、极化亮温比指数 4 种基于 TMI 亮温资料的方法，监测了 1998 年夏季江淮流域的洪涝灾害，且通过与机载/星载雷达图像及基于地面日降水量资料的方法确定的地面洪涝情况进行对比，认为该方法是可行的。

陈桂红等(2003)利用灾时 SAR 影像、灾前 TM 影像，在 1998 年鄱阳湖地区发生的洪涝灾害中，快速区分出了淹没的绝产区、土壤滞水减产区和未受灾区，取得了很好的效果。

4. 高精度 DEM 数据洪水监测

对于高精度的 DEM 数据，莫建飞等(2010)基于中尺度自动气象站降雨资料和高精度 DEM 数据，建立了基于 DEM 的洪涝灾害监测模型，以 2008 年 9 月 24～27 日广西省南宁市西南部江西镇境内的洪涝灾害为例，进行了洪涝灾害监测，取得了与中巴资源卫星 02 星十分吻合的结果，表明了该方法的可行性。

5. 多源数据洪水监测

此外，还有许多学者通过多种数据源进行洪涝灾害的监测，如李纪人(1998)通过航天遥感与航空遥感相结合的手段，结合地理信息系统，对长江、嫩江及松花江流域的洪涝灾害进行了 9 次监测，获得了大量监测数据，制作了淹没范围分布图。

综上所述，TM 和 SPOT 等中分辨率影像具有波段多、分辨率高和大面积周期性观测的优点，但是重复周期长，易受到气候天气的干扰；SAR 等微波影像数据不受天气的影响，但是获取的成本较高，只适合在地形复杂、范围不太大的特大洪水灾害的情况下使用；NOAA 等时相性较高数据重复周期虽短，但是分辨率低；而 MODIS 具有较高的时间分辨率和光谱分辨率、覆盖范围广、辐射校正准确，但是分辨率不高。因此，根据不同研究区域选择不同的数据。随着遥感技术的飞速发展，各种卫星资源也较丰富，洪水遥感监测技术相对较为完善。随着卫星分辨率的逐渐提高，对洪水灾害的监测也逐渐向高分辨率的方向发展，监测和评估的精度会进一步提高。

3.4.2 地　震

频发的地震严重威胁着人民生命和财产的安全。20 世纪 90 年代之前，我国的地震监测主要依靠地面布设观测台站来进行地震活动的地球物理和化学现象观测。但是这种方法有着很大的局限性，布点数量有限，并且布点位置受地表设站条件影响很大，观测数据汇集的时效性要求也无法及时得到满足，不能获取地面上大范围灾害信息。自 20 世纪 80 年代以来，伴随着科学技术的迅猛发展，遥感对地观测能力也随之有了很大的进步，配合遥感技术的应用，可以在很大程度上弥补台站单一监测手段的不足。卫星或航空遥感技术可获取灾区大范围地面观测数据，具有获取震灾信息速度快、周期短，获取信息受气象气候条件限制少，获取手段多，获取信息量大等特点，从而丰富了地震灾害监测的手段，增加了地震灾害监测的准确性。从近年来发生的数次大的地震灾害灾后应急的实际情况来看，遥感技术对监测地震起到了越来越大，甚至是不可替代的作用。遥感技术在地震监测方面的作用主要体现在地震预测和地震灾害评估两个方面。

1. 地震预测

1) 利用卫星热红外异常预测地震

长期以来，人们一直期待遥感技术能在地震震前的短临预测方面有所作为。地震的发生有着各种先兆，其中震前地表温度异常现象较早得到人们的关注。

关于育震区震前热红外异常法的现象，主要有以下两种观点：地球放气学说最早由我国著名地震学家傅承义提出。他认为，在育震区岩石运动比较频繁，会发生一系列物理和化学反应，使得岩石圈与大气圈进行大量的物质和能量交换。岩层中一些气体会在短时间内大规模地排入到大气中，从而使得低空温度上升。刘善军等为代表的应力致热学说者认为，地球固体介质受到应力后，温度、红外热像都会发生变化，其热效应主要来自岩石间的热弹效应和摩擦热效应(刘善军等，2007)

强祖基等(1991)最早将卫星热红外异常影像应用于我国的地震短临预报中，他们从1900～1996年共预报了63次地震。其中，较准的有12次，较好的30次，较差的有15次，虚报的有6次。通过这些预报过程中对卫星热红外异常演化的分析研究认为，地震主震和热红外前兆一般有1～30天的间隔。而地震震中的位置可由地震前该区域热红外演化特征判断出：热红外异常带的延伸方向与地震震中位置大致吻合，地震的震级也可由热红外异常区的面积大小进行估计，面积越大，地震震级越高。

现在监测热红外异常的方法已经大规模地应用于地震短临预测中，并且有一定的准确性。但是由于热红外异常容易受到多种因素的干扰，其震前识别还有不小的难度，应在充分利用它的时效性的同时与其他地震前兆异常结合分析，从而发挥更大的作用。

2）利用卫星云图预测地震

除了利用卫星热红外异常预测地震外，还有一种常见的地震预测方法是通过卫星云图观测地震云预测地震。地震云预测地震最早出现在我国，在16世纪就曾记载有人利用云来预测地震，之后在20世纪70～80年代中期这种方法曾出现在中国和日本，但很快沉寂。当今利用地震云预测地震最成功的人是旅美中国研究者寿仲浩，他通过观测卫星云图，提出了利用地震云预测中短临地震的基本方法。

地震云是育震区构造活动加剧，使得岩石中的水分在高温、高压下变成水蒸汽，水蒸汽再通过岩石裂缝到达地表不断上升冷凝形成的。地震云区别于其他气象云的特征，在时间上都是突然出现，在空间分布上与构造断裂带密切相关。

很多学者从1990年开始利用卫星云图预测地震，成功率在60%以上，主要是根据数百次的地震预测实践总结出地震云平均出现在地震之前30天，最长时超过3个月，最短为一天。地震云的大小可以指示地震的震级，地震云出现的最初位置指示地震的震中，同时又将利用卫星云图预测地震与MDCB地震前兆监测仪、地表热红外遥感方法相结合，把预测地震的成功率提高到80%以上。

现在利用地震云预测地震被一些人认为是预测地震最准确的一种方法，它的优点在于它可以简单而快速地确定地震可能发生的范围并且有较高的成功率。但是这种方法也存在着一些问题：地震云的形成机理研究还不成熟，不能锁定出一个比较精确的范围；对于地震云与气象云的区分十分依赖于人的经验和卫星红外图的时间、空间、光谱等分辨率和应用技术。所以，目前这种方法的最佳利用方式是将其与已长久研究的卫星红外遥感短临地震的方法结合起来，从而可以有较好的实用效果。

2. 地震灾害评估

地震发生后会产生一系列震害。而震害大致可分为地震直接灾害和地震次生灾害两类。无论是直接灾害还是次生灾害都会对人们的生命财产安全带来很大的危害。遥感技术以其时效性强、宏观性强、信息量丰富等特点，可以快速而准确地了解到灾区的受灾情况，从而更好地进行灾害评估及组织灾害救援等工作。

1) 地震直接灾害

地震直接灾害是指其释放的能量直接对人类生命财产和资源环境造成的危害。它是地震灾害最主要的组成部分，包括房屋倒塌、人员伤亡，以及公路、铁路、桥梁、机场、水电站等基础设施的破坏。

a. 房屋倒塌

在直接灾害中，房屋倒塌对人类危害最为直接。它直接反映了地震对震区的破坏程度，是灾区伤亡人数推测、经济损失估计和灾后重建重要的参考信息。目前，我国对于房屋倒塌情况的评估主要有两种方法：分别是利用高分辨率光学图像进行目视判读和利用计算机进行自动识别。

目视判读方法主要是通过对高分辨率遥感图像的识别，判读房屋倒塌与否或损坏情况。雷莉萍等(2010)在汶川地震后运用这种方法对房屋倒塌状况进行了评估。他们采用了震后的高空间分辨率数字光学图像，在目视判读的过程中分别运用了两种方法：一是对震区居民点密集区房屋倒塌率的分析，逐个居民点以房屋聚集区为单位画出图斑，目视判读图斑区内倒塌房屋所占比率；二是采样判读插值法，详细地判读勾画出倒塌房屋和未倒塌房屋。鉴于灾区面积很大，全部区域采用第一种方法的判读工作量过大，难以在短时间内完成，于是就从中抽样出一些乡镇，得到这些地区的房屋倒塌率之后，再利用距离反比插值法推算出整个地区房屋倒塌率的空间分布。这两种方法各有利弊，第一种方法运用斑块直接目视判读可以在短时间内得到一个房屋倒塌率，但是由于受判读者主观判断的影响较大，尤其在倒塌率较低时所得到的房屋倒塌比率不太准确。第二种方法运用样点逐一判读再实施面上插值的方法得到的结果在整体上会比第一种方法所得的结果更加符合震害分布趋势，但是其工作量是第一种方法的数倍，很难在灾害发生的第一时间完成，为救灾提供指导。

计算机自动识别方法是指计算机对震前、震后的遥感卫星数据进行影像匹配，得到两者变化显著的区域，从而获取房屋倒塌的信息。郭华东等(2009)提出了一种建立在ADS40 数据上的一次性识别倒塌房屋面积覆盖率的计算机自动识别技术。该技术建立在计算机形态理论和电磁波反射机理的基础上，其判读过程分为三步：第一步，分析倒塌房屋特性，了解倒塌房屋的形态学特征，再在影像矩阵中设计若干个窗口，分别计算灰度值，之后生成个序列影像，令最小值作为候选波段；第二步，对剩余波段做光谱增强地物的处理；第三步，将前两步的结果进行合成得到新的图像，再将新图像与原始图像进行关联对比。这种方法的优点在于以计算机处理为主，无需人的主观介入，速度快并且识别率优于 95%。但在房屋部分倒塌的地区，其测定结果精度仍显不足。

从总体来说，目前阶段研究的重点是计算机识别技术，这种方法可以在短时间内完成房屋倒塌程度的测算，但这种技术还不完善，需要有专家的遥感图像快速目视判读分析和自动识别结果的确认分析。未来需把研究重心放在 GIS 数据快速叠加显示和人机交互判读功能上。

b. 道路损坏

除了房屋倒塌，地震的直接灾害中道路等交通设施的损毁也对灾后救援工作的开展有很大影响。在地震发生后，人们需要向灾区运送大量的救灾人员和物资，而道路是运输最主要的途径。道路受灾状况的评估对于救灾方案的选择有着举足轻重的作用。遥感技术此时就成为道路损毁情况评估的重要手段，由于地震灾区气象条件及高分辨率卫星重访周期等条件的限制，往往做不到在第一时间获取震后灾区的高分辨率遥感数据。在国内，道路受破坏情况评估主要利用航空平台获取的遥感影像数据进行解译。为了最大限度地争取抢险救灾的时间，目前多采用先对图像进行简单预处理、目视判读的方法进行快速评估。很多研究学者通过对汶川地震后可见光光谱段高几何分辨率的天然彩色遥感图像的分析，建立了一套道路损毁度遥感评估模型，选择道路损毁类型、规模及比例作为评估指标，将道路损毁度分为 5 个等级。依照该模型，他们对都汶路损毁度进行计算，并根据分级指标体系对道路损毁程度进行评估，绘制出白沙到夏家坪段道路的损毁程度评估图。该方法可以很好地判读出道路是否损毁，但是对于道路具体的损毁程度，尤其是完全损毁程度的判定准确度还有待于提高。

2）地震次生灾害

地震除直接灾害外，还会引发大量的次生灾害，包括滑坡、泥石流等地质灾害，火灾、海啸、水库溃坝或堰塞湖引起的水灾、传染性疾病、毒气泄露和核扩散等其他次生灾害等。次生灾害常常互为因果，情况复杂。其危害有时不亚于直接灾害导致的损失。1932 年，日本关东 8.2 级地震产生的破坏主要来自于次生灾害中的火灾，大火持续了三天两夜，横滨和东京都遭到毁灭性破坏。汶川地震共造成 8.7 万人的死亡和失踪，其中，2 万人以上的死亡是由地震引发的次生山地灾害造成的。

遥感手段不受时空限制，不受地震破坏的影响，其信息获取优势再次得到体现，同样也已成为地震次生灾害评估的主要信息的获取手段。

a. 地震次生地质灾害

地震次生地质灾害指由地震直接引发或由地震作用影响而引发的灾害性地貌重塑过程，包括崩塌、滑坡、泥石流、滚石和堰塞湖等。对于各种地质灾害的遥感解译，目前仍主要采用目视判读的方法，需要判读者熟知滑坡、泥石流等在遥感图像上的形态、结构和颜色特征。对于滑坡的遥感解译，主要从形态、色调、阴影、纹理等方面进行，通过识别遥感图像上的崩塌厚壁和崩塌堆积的变化，可以监测其活动状况。滑坡发生时会出现一个圈状或马蹄状地形，并且一个发育完全的滑坡至少有滑坡体、滑坡厚壁等基本结构要素，判读过程中还需结合周边地质环境特征进行判断。滑坡体一般发育在有特定地质环境条件的地区，对于崩塌的解译特征可以从崩塌处的明显崩塌壁。滑坡壁的纹理、颜色与周边有所不同；另一个变化是崩塌斜坡下会出现崩塌堆积物，一般呈锥形，这两种变化都可以很容易地从遥感图像上看出。对于泥石流的解译主要是对堆积区的识别，泥石流一般出现在沟谷出口处，形态为堆积扇或堆积锥，堆积物颜色呈浅色调，并且泥石流多出现在有大量松散物质、水源充足、地形陡峭的地区。王治华(2007)以 3 种类型遥感数据作为数据源，以天台乡滑坡、千将坪滑坡稳定性评估及三峡库区中前段区域滑坡危险性评价为例，从滑坡边界、滑坡方向、滑动距离、滑动速度和滑坡体规模 5 个方面评估滑坡的稳定性及未来活动的可能性。利用中等分辨率和高分辨率遥感图像相结合进行解译，并结合了 GIS 技术中的空间分析方法，很多研究学者利用高分变率遥感影像和雷达数据，采用人工目视解译的方法，统计出汶川地震重灾区的主要地质灾害，分析了地震次生地质灾害的分布与高程、坡度、地震烈度之间的关系。

由于目前卫星数据空间分辨率的限制，不能有效地判别一些中小型的震害，未来应加紧研制高空间分辨率的遥感卫星，并利用得到的高分辨率影像对重点区域进行成像监测。

b. 水灾

地震带来的水灾包括海啸，地震造成的水库大坝或河湖堤防开裂、陷落、垮塌而引发的洪水灾害，地震次生地质灾害造成的水库、河湖溃决引发的水灾等。其中，海啸由于破坏力极大，受到较多的重视，它会给沿海地区的地表设施、田野甚至森林带来毁灭性打击。根据日本东北大地震诱发的海啸的有关研究，在特定的港湾内海啸导致的涌浪最高达 32 m，其摧毁力十分惊人。由于海啸发生后海水会大量地涌上滨海低地，比较灾前灾后同一地区的遥感图像可看到明显的破坏范围和毁坏痕迹。黄诗峰等(2005)以 DMC 卫星遥感图像为基础，结合 Landsat ETM+图像，对印尼亚齐省遭受海啸的地区进行评估。这种技术受到卫星影像分辨率较低的影响，不能监测海啸灾情轻微的地区，也不能对具体受灾状况进行监测。其未来发展方向在于利用更高分辨率的影像，如 4 m 分辨率的全色 CCD 相机得到的影像来进行海啸灾情监测。

遥感技术已经应用于大范围地震的监测，我国在相关领域的研究工作渐趋广泛，发展异常迅猛，尤其是近些年在地震频发的情况下，该技术的相关应用得到了很大的重视。遥感技术对地震监测具有独特的优势，主要体现在于宏观而快速地获取灾区地面信息，多时相数据的时序分析还可以从宏观上对地震直接和次生灾害发生状况、发展过程和趋势进行评估。灾前和灾后遥感监测的有效性差异明显，从实际应用情况看，灾后监测的有效性已毋容置疑，机动灵活的航空遥感方法与卫星遥感方法相结合，已可及时有效地获取灾区信息，直接用于灾害救援和应对，其业务化程度较高。但与人们寄希望于其在灾前短临预报中能发挥作用的期望相比较，受多种干扰因素的影响，遥感方法在灾前区域热异常、甲烷异常监测的准确性、有效性和可实施性还有待于进一步探索，与地面台站观测数据的耦合机理仍需持续研究。遥感灾后监测的自动化程度仍有待提高。虽然遥感技术应用于地震灾情分析已经多年的发展渐趋成熟，但相关信息提取的过程中对判读者知识经验的依赖仍较重，目视判读的工作量大，灾情分析与信息提取时间长，信息获取和信息处理过程还不能完全满足震后快速判明的情况，准确组织救灾的时效性要求，未来的发展方向寄希望于以计算机自动分析为主。仅用人工进行有限校核的工作模式，模糊分析、智能推理等计算机判读技术还亟待发展。面对不同的直接震害和次生震害类型，技术之间几乎没有通用的分析流程、分析成果的载体，表现形式也存在着十分明显的随意性和不确定性，需逐步梳理出一个有一定通用性的分析评估体系、规范流程和成果载体，积极推进科研探索工作成果的转化，不断提高遥感震灾监测的业务化水平，注重数据尺度匹配，不断提高遥感分析准确性。从以往遥感震害分析的时间看，获取的信息源时间、空间尺度不匹配，还不能形成比较完备的空间。时序数据集用于灾情分析，数据的粗细不一、时序的间断均影响了数据分析成果的准确性、有效性，遥感观测数据与台站等地面观测数据的耦合、信息提取方法研究还亟待深化，人工目视解译对判读者知识经验的依赖性在短期内还无法替代，为获得尽可能标准化的分析结果，对从事该项工作的人员的培训还需不断加强，并常态化。

3.4.3 森林火灾

森林火灾是危害世界环境的重大自然灾害之一。全世界每年发生森林火灾几十万次，受灾面积达几百万公顷，约占森林总面积的 0.1%，给森林生态系统和人类带来严重危害。尤其是进入 20 世纪 90 年代中后期以后，火灾毁灭了数百万公顷的热带森林，严重破坏了全球的生态平衡，增加了大气中 CO_2 的含量，对全球范围内的气候变化也有深远影响。

如何及时、有效、准确地监测火灾，对减少灾害损失具有重要意义。遥感技术具有较高的空间、时间分辨率和较大的观测范围，可以从火灾的发生阶段开始进行连续动态的监测，提供详细的火点位置、过火面积、温度变化等相关信息，其为火灾扑救提供科学的决策依据，较好地弥补了传统监测方法的不足。森林火灾遥感监测常用的方法有亮温阈值法、关联法和燃料掩模法。

1. 亮温阈值法

亮温阈值法采用经验阈值区别火点与背景地物，所需确定的阈值包括中红外通道 T_4 和热红外通道亮温 T_{11} 阈值，中红外和热红外通道亮温差阈值(T_4～T_{11})。

$$\begin{aligned} &T_4 \geqslant 320\text{K} \\ &T_{11} \geqslant 250\text{K} \\ &T_4 - T_{11} \geqslant 10\text{K} \end{aligned} \tag{3-41}$$

其中，限制条件如下：①确定待判点具有足够的亮温；②利用云在热红外通道亮温较低的特点，排除使中红外通道饱和的云；③利用火点在中红外和热红外通道亮温差异较大的特点，其阈值在不同区域基本相同，即下午的经验温差是 10 K，上午或夜间温差为 8 K。满足上述 3 个限制条件的待判点被认为是火点。

2. 关联法

关联法火点监测是利用中心像元与背景窗口的相对辐射差异。背景窗的大小选择是成功的关键之一。若背景窗过小，则占有多个像元的大面积火点将会提高背景点温度，导致火点与背景窗的温度差异变小，从而造成火点漏检；若背景窗过大，则影响监测的效率，同时也难以提高监测精度。因此，在选择合适的背景窗口大小时，一般方法是将窗口大小从 3×3 开始滑动，直至窗口内的非潜在火点的数目大于 25%，以保证背景窗与潜在火点之间有足够的辐射差异度。

$$\begin{aligned} &T_4 \geqslant T_{4b} + \mu\sigma T_{4b} \\ &T_4 - T_{11} \geqslant \sigma T_{41b} + \mu\sigma T_{41b} \end{aligned} \tag{3-42}$$

式中，T_{4b} 为 4 μm 背景窗口的亮温平均值；T_{41b} 为 4 μm 与 11 μm 波段亮温差的平均值；σT_{41b} 是 4 μm 背景窗口的亮温标准差；$\mu\sigma T_{41b}$ 为 4 μm 与 11 μm 波段亮温差的标准差；μ 为标准差倍数。满足上述判定条件的像元，一般就可以认为是火点。

关联法检测结果受标准差倍数μ的影响较大，标准差倍数的增大，意味着潜在火点与周围环境差异的增大，因此，检测到的火点正确性提高，误判率减少，但同时又会导致部分低温火点及混合像元火点被漏判。

3. 燃料掩膜法

燃料掩膜法将火灾前的 NDVI 数据作为检测数据，只有达到 NDVI 阈值条件的像元才有可能满足燃烧的必要条件：可燃物。在实际应用中，多采用灾前多景 NDVI 数据进行最大值合成，以排除云的干扰。在关联法的基础上，加入 NDVI 阈值进行可燃物预判，只有达到燃烧阈值的像元才有可能是潜在火点。

影响亮温阈值法、关联法和燃料掩膜法的适用性的因素包括以下 3 个方面：①区域气候与气象因素。气候气象要素的差异引起火灾发生时地表温度的不同，导致亮温阈值法火点与非火点地表判别的亮温阈值的变化，最佳监测阈值难以快速确定。但火点与非火点地物之间的辐射差异较大，所关联法受气候气象因素的影响较小。②下垫面植被类型。植被类型对亮温阈值法火点监测阈值的获取有影响，其对燃料掩膜法可燃物指标参数的确定影响较大。③传感器差异。不同类型的传感器其空间分辨率、扫描角度、中心波长设置、饱和温度等技术指标影响传感器所能探测到的火点和背景地物有效辐射信息的能力，对亮温阈值法、关联法的有效应用均有一定影响，较高的空间分辨率和饱和温度可有效提高火点监测的精度，减少误判和漏判。

亮温阈值法、关联法和燃料掩模法仍是目前森林火灾监测中常用的监测方法，亮温阈值法可以有效监测到明火高温火点，对绝对火点的监测精度较高，时间效率最高，但受区域气候气象特点、植被类型和遥感传感器类型、数据空间分辨率影响较大，阈值的获取在缺乏经验数据的情况下，需多次试验获得；关联法强调潜在火点与背景环境的差异对比，其对环境自身变化的敏感性不强，参数设置相对稳定，相比亮温阈值法具有更好的普适性，但对低温火点易漏判，时间效率相对亮温阈值法较低；燃料掩模法可以有效地去除裸地、人工高温点等噪声目标，提高监测精度，但需要燃料数据(NDVI)数据支持，且受植被类型和季节影响较大，其时间效率与关联法基本相同。综上所述，关联法作为一种对环境依赖性小、适用性强的监测方法，在火灾监测中可以起到良好的监测效果，以亮温阈值法作为绝对火点的判定条件，可以有效减少关联法处理的数据量，同时在燃料掩模数据的支持下可进行噪声点排除。在业务应用中，建议使用对环境和数据变化适应性最好的关联法进行森林火灾监测，可以在满足精度的前提下有效地减少人工交互，提高监测效率。

3.5 人类健康

所谓人类健康是指“居民的医食住行环境及其赖以生存的生命支持系统的代谢过程和服务功能的健康程度”。科学和技术的不断进步，极大地提升了人类对自然界的认识和把控能力，人类自认为已经在一定程度上认识和把握了自然界的规律，开始变过去的崇敬、敬畏和服从自然界为征服、改造乃至掠夺自然界，在很多时候甚至会忘却自然界作为健康和生命的支持系统，对人类生存和发展所具有的不可替代的作用。自然生态系统为人类提供的各种生命资源和生存、生活服务，如食物、清洁空气、饮用水、能源等，在人类盲目的傲慢和不加限定乃至毫无节制的消费中，不仅面临着质量上不断发生负性改变的困境，甚至面临着资源枯竭和消失殆尽的危险。

伴随着全球经济的高速增长、人口的不断增加，出现了一系列全球性的生态和环境问题，如水土流失、生物多样性丧失、土地荒漠化、水资源减少、大面积的环境污染等，生态系统的这种负性乃至恶性变化，会通过直接影响人类的生存而威胁到人类的健康。

目前人类社会面临的健康问题，是从近代以来人类不顾后果地对生态和环境进行干预和掠夺的结果。自然生态环境也是从健康、再到比较健康，一步一步地发展到现在的健康严重受损的状态。尽管人类从开始就认识到生态与人的健康有直接的关系，但受到社会发展多方面因素的影响，人类在很多情况下，忽视乃至忘却了对生态的破坏，这就意味着对人类自身健康的损害。在不同的社会发展阶段，人类对健康与生态环境关注和重视的程度是不同的，20 世纪中叶之前，由于传染病是人类健康的主要威胁，人类把精力主要集中在对生物因子引起的传染病的分布、传播及其与环境关系的研究上。20 世纪中叶之后，随着人类对传染病，如天花、霍乱、鼠疫等在全球的有效控制，人类健康与环境的关系也在社会发展过程中被一系列新的、对人类健康影响更具危害性的，而且是多因素引发的种种问题所困扰。

许多疾病的发生和传播往往与当地的自然环境条件、气候特征、社会经济水平等要素相关。流行病学研究中所涉及的信息大部分与地理空间有关，研究疾病的空间分布已经成为流行病学研究中一个非常重要的部分，只有精确地分析了疾病空间分布的特征，才能有效地研究疾病病因及其影响因素，进而制定有效的预防和控制措施。近年来，以 RS 和 GIS 为代表的空间信息技术为研究疾病的时空分布特征和环境影响要素等相关问题开辟了新的途径，并且已经广泛应用于各种与环境相关的疾病的监测中。

遥感技术用于疾病的监测是一种间接方法，它是通过环境参数与媒介生物、疾病之间的数理统计学关系来确定，通过所获得的模型，将遥感卫星所探测到某一地区的各项环境参数代入模型，就可以间接地获得反映该地区的疾病信息，从而有针对性地提出疾病预防或控制对策。本节以媒介传播疾病为例，论述人类健康遥感诊断的关键技术。

3.5.1　光学遥感蚊媒病诊断研究

随着全球气候变暖、城市化进程加快、旅游和商贸快速发展，全球蚊媒传染病发病呈现新的变化趋势。蚊媒病是影响人类健康的主要疾病，长期以来是疾病预防与控制领域的热点与难点问题。传统的蚊媒病监控都是通过医生及患者的报告，疾病预防控制中心的统计汇总上报。这样的方式只是在人们已经感染发病以后才能发现与上报，加之传统的媒介生物监测手段比较落后，很少将蚊媒传染病的发生、流行、分布与环境空间信息联系在一起。遥感以其实时、高效、数据量大、观测范围广的优点，已成为解决此类问题的重要工具。遥感技术在蚊媒传染病研究中的应用最早是利用遥感影像来研究蚊虫孳生地，从蚊虫的生境研究入手，进而得出蚊虫的空间分布。

光学遥感应用于蚊媒病传播较早时候的研究侧重于利用航空相片、陆地卫星多光谱扫描器(MSS)、专题制图仪(TM)、美国国家海洋和大气管理局(NOAA)卫星上的高分辨率辐射仪(AVHRR)等遥感数据，后来更多研究利用了更高分辨率的卫星数据(如 SPOT 卫星等)。20 世纪 70 年代，美国国家航空和宇宙航行局(NASA)科学家就利用彩色红外航空相片，通过目视解译方法，对美国新奥尔良市实验区蚊幼虫栖息地进行了研究，快速确定了密西根州沿海部分县区森林中间的水塘和沼泽地，这些地方是圣路易脑炎和加利福尼亚脑炎病毒传播媒介蚊幼虫的孳生地。对精确定位后的这些孳生地进行蚊幼虫消杀，起到很好的控蚊效果，而成本也比利用飞机大规模喷洒杀蚊剂更经济、更环保和更有效。这些研究的目的是确定给公共健康构成显著风险蚊种的幼虫栖息地，以便更直接、更有效地进行幼虫控制。该方法虽然简单且是经验性的，但是利用 CIR 航空像片的方法比传统的地面调查方法更有效。1985 年 NASA 启动了一个全球观测与疾病预防项目(global monitoring and disease prediction program，GMDPP)，在加利福尼亚州中北部地区开展水稻田蚊虫遥感研究。航空模拟 MSS 和 TM 遥感图像用来区分高产蚊农田和低产蚊农田，并能提前 2 个月预测蚊虫的高峰期。在我国，杨国静等从遥感气象卫星 NOAA-AVHRR 影像中提取植被指数，分析其与疟疾发病率的关系。他还用地理信息系统软件对江苏省各地的温度数据进行分析，建立了疟原虫年生长发育累积天数数据库，依据对此数据库的分析，对该省的疟疾流行情况进行了验证，建立了疟疾预测分布图，并作出了预测模型。

3.5.2　被 动 微 波

被动微波辐射遥感在公共健康方面远未得到充分利用，主要是由人们对微波遥感的认识存在不足，其处理方法与传统光学遥感不同造成的。但是微波遥感能够反演地表水分、温度和植被特征，可以提供蚊虫的栖息地和生命周期等动态信息。地球观测系统(earth observing system，EOS) AMSR-E (advanced microwave scanning radiometer) 先进微波辐射扫描仪于 2002 年 5 月搭载在 EOSAQUA 卫星上升空，用于观察陆地、海洋及大气水和能量的循环变化。微波扫描辐射计(AMSR-E)是一个 12 通道的锥形扫描被动微波辐射计，可以测量垂直和水平极化辐射。它由日本国家航天发展局(NASDA)开发，提供5～56 km空间分辨率的被动微波信息。目前，AMSR-E数据主要用于土壤湿度、表面温度、植被等方面的研究。

3.5.3 主动微波

在许多热带地区，如非洲和东南亚，正面临日益严重的环境健康问题，主动微波遥感在多云多雨地区的优势可以用来在这些地区进行蚊媒病监测。在多云多雨地区，可见光和红外波段遥感数据难以获取。而装载在航空航天平台上的合成孔径雷达(synthetic aperture radar，SAR)系统作为一种主动式微波遥感器，它能够不受天气和光照条件限制，对地球表面进行成像，获取目标物的后向散射强度信息。Kaya 等(2004)研究了RADARSAT-1 SAR数据在肯尼亚沿海地区监测疟疾的可行性。他们利用4个时相的、空间分辨率为25 m的RADARSAT-1进行面向对象的遥感分类，得到了该地区与疟疾发生有关的信息。

3.5.4 遥感与GIS、全球卫星定位系统(GPS)的联合应用

光学传感器具有较高的空间分辨率和比较直观成熟的解译算法，在监测蚊虫孳生地方面光学遥感具有优势，但受到天气条件的局限，云雨天气经常不能得到地面的观测值。被动微波传感器具有较高的时间分辨率，像AQUA/AMSR-E能够提供每天的数据，但空间分辨率较低。主动微波算法的精度要高于光学算法及被动微波算法，但对植被和地表粗糙度敏感。在蚊媒病应用中，结合光学算法、被动微波算法和主动微波算法可以弥补单一传感器存在的不足。Pope 等(1994)利用美国多时相Landsat TM影像和航空雷达影像，研究了肯尼亚的RVF病。研究表明，综合利用主动遥感(雷达)和被动光学遥感可以更好地监控RVF载体蚊虫的栖息地位置和状况，使遥感应用于疾病预防控制，具有更好的可行性和实际利用价值。

同时，遥感技术与GIS、GPS结合起来，称为“3S”技术，甚在蚊媒病研究中的应用也日益广泛。传统的蚊虫监测与蚊媒病信息管理无论是“逐级上报”还是“网络直报”模式都只能完成一般属性的信息管理工作，往往缺乏有关疾病的地理空间信息管理与空间分析的工具。然而，通过遥感技术可以准确敏感地获得不同时间、较大区域范围内地理环境变化的资料，利用GPS和GIS技术对有关资料进行空间定位和空间分析，进而应用数学模型工具模拟蚊虫的迁飞活动路径、活动范围，从而有利于对蚊虫与蚊媒病预防控制提出合理化建议。目前，基于“3S”技术的蚊媒传染病研究主要有以下内容：①蚊媒病地图制作。大量的蚊媒传染病调查资料中通常含有大量的空间信息，如发病人员地区、媒介蚊成虫、幼虫的采集样本记录等。结合GPS技术提供的定位信息，GIS可以通过空间位置信息对接，对这些疫情数据进行及时的显示、处理和交互分析。在GIS中，这些观测样本数据经过相应的插值分析，就可以得出相应地区疫情的地理分布地图，从而为蚊媒病的空间流行趋势提供重要的依据。②蚊媒病空间分布分析蚊成虫、幼虫密

度、地区发病率等数据通常有着明显的空间分布特征，这些数据与该地区的自然环境因子、地理景观因子等通常有较强的依赖关系。利用“3S”技术对蚊媒病的空间分布信息进行分析，寻找出其相应的空间依赖性，就可以为蚊媒病预防措施的制定提供相应依据。③蚊媒病空间监测和预警。在对蚊媒病的分布进行相应的空间分析，得出其相应的依存因子后，可以利用 GIS 技术建立疾病的数据库，并结合相应的数理统计模型，对蚊虫和蚊媒疾病的时空分布趋势进行描述和模拟分析。

3.6　小　　结

在全球变化的背景下，遥感技术的大范围、多时相等优点为环境健康动态监测与诊断评价提供了先进的技术手段，基于地面、航空及航天多层次遥感技术，充分利用其动态、近实时、空间连续的特点，可建立地球环境遥感观测网络，实现环境健康遥感诊断关键参数的获取。本章分别针对生态环境、大气、水体、灾害及人类健康五大模块环境健康相关参数遥感提取方法进行了系统介绍。基于这些遥感提取环境健康的相关参数，可以实现环境健康的综合评价，最终为人类健康发展保驾护航。

参 考 文 献

鲍平勇, 张友静, 贡璐, 等. 2007. 由遥感数据获取的地表反照率归一化问题探讨. 河海大学学报: 自然科学版, 35(1): 67-71.

蔡祥, 孙宇瑞, 林剑辉, 等. 2010. 基于激光反射的土壤表面粗糙度测量装置设计与试验. 农业机械学报, 1: 68-71.

曹春香. 2013. 环境健康遥感诊断. 北京: 科学出版社.

曹明奎, 等. 2004. 土地利用和气候变化对农牧过渡区生态系统生产力和循环的影响. 中国科学(D 辑): 地球科学, 34(10): 946-957.

陈桂红, 唐伶俐, 戴昌达, 等. 2003. 洪涝灾情快速反应的星载 SAR 与 TM 数据的融合处理. 地球信息科学, 5(1): 103-108.

陈晋, 陈云浩, 何春阳, 等. 2001. 基于土地覆盖分类的植被覆盖率估算亚像元模型与应用. 遥感学报, 5(6): 416-422.

陈良富, 庄家礼, 徐希孺. 1999. 热红外遥感中通道间信息相关性及其对陆面温度反演的影响. 科学通报, 44(19): 2122-2127.

陈亮, 施建成, 蒋玲梅, 等. 2009. 基于物理模型的被动微波遥感反演土壤水分. 水科学进展, 20(5): 663-667.

程朋根, 吴剑, 李大军, 等. 2009. 土壤有机质高光谱遥感和地统计定量预测. 农业工程学报, 25(3): 142-147.

戴昌达, 唐伶俐. 1993. 从 TM 图像自动提取洪涝灾情的研究. 自然灾害学报, 2(2): 35-37.

冯富成, 高会军. 1998. 大同矿区环境污染马植被生态的遥感调研. 中国煤田地质, 10: 73-75.

宫鹏, 史培军, 浦瑞良等. 1996. 对地观测技术与地球系统科学. 北京: 科学出版社.

付迎春, 速云中, 钟小军. 2008. 基于 MODIS 遥感影像的森林火灾火点检测方法. 华南师范大学学报: 自然科学版, 3: 112-121.

甘甫平, 陈伟涛, 张绪教, 等. 2006. 热红外遥感反演陆地表面温度研究进展. 国土资源遥感, 67(1):

6-11.
郭华东, 鹿琳琳, 马建文, 等. 2009. 一种改进的地震灾害倒塌房屋遥感信息自动识别方法. 科学通报, (17): 2581-2585.
韩志刚. 1999. 草地上空对流层气溶胶特性的卫星偏振遥感——正问题模式系统和反演初步实验. 北京: 中国科学院大气物理研究所博士学位论文.
郝素琴. 1999. 大气污染的危害. 地球, 4: 10-10.
何立明, 阎广建, 王锦地, 等. 2002. 利用 ATSR2 数据提取地表组分温度. 遥感学报, 6(3): 161-167.
黄诗峰, 李琳, 徐美. 2005. 2004 年印度洋海啸印尼亚齐省灾情遥感监测与分析. 遥感学报, (04): 503-508.
雷莉萍, 刘良云, 张丽, 等. 2010. 汶川地震房屋倒塌的遥感监测与分析. 遥感学报, (02): 333-344.
黎洁, 毛节泰. 1989. 光学遥感大气气溶胶特性. 气象学报, 47(4): 450-456.
李成才. 2002. MODIS 遥感气溶胶光学厚度及应用于区域环境大气污染研究. 北京: 北京大学大气科学系博士学位论文.
李纪人. 1998. 遥感技术在 1998 年洪涝灾害监测与评估中的应用. 中国航天, (11): 3-9.
李克让. 2002. 土地利用变化和温室气体净排放与陆地生态系统碳循环. 北京: 气象出版社.
李苗苗. 2003. 植被覆盖度的遥感估算方法研究. 北京: 中国科学院遥感应用研究所硕士学位论文.
刘焕军, 张柏, 赵军, 等. 2007. 段洪涛黑土有机质含量高光谱模型研究. 土壤学报, 44(1): 27-32.
刘莉. 1999. GMS5 卫星遥感气溶胶光学厚度的试验研究. 北京: 北京大学.
刘善军, 吴立新, 李金平, 等. 2007. 台湾恒春地震前的卫星热红外异常特征及其机理. 科技导报, 25(6): 32-36.
刘小平, 董治宝. 2003. 空气动力学粗糙度的物理与实践意义. 中国沙漠, 23(4): 337-346.
刘志明, 晏明. 2001. 1998 年吉林省西部洪水过程遥感动态监测与灾情评估. 自然灾害学报, 10(3): 98-102.
陆如山, 胡世平. 2002. WHO 关注空气污染对人体健康的影响. 国外医学情报, 22(2): 20.
吕达仁. 1999. 我国大气物理研究进展. 物理, 28(11): 654-661.
马超飞, 马建文, 布和敖斯尔. 2001. USLE 模型中植被覆盖因子的遥感数据定量估算. 水土保持通报, 21(4): 6-9.
毛节泰, 王强, 赵柏林. 1983. 大气透明度光谱和浑浊度的观测. 气象学报, 41(3): 322-331.
孟凡影. 2007. 基于 MODIS 数据的地表温度反演方法. 长春: 东北师范大学硕士学位论文.
莫建飞, 钟仕全, 李莉, 等. 2010. 基于 DEM 的洪涝灾害监测模型与应用. 气象与环境, 38(8): 4169-4171.
慕青松, 王建成, 苗天德. 2003. 粗糙度动力学特性的初步研究. 力学学报, 35(2): 129-134.
倪希亮. 2013. 基于尺度生长理论的中国森林生物量遥感反演研究. 北京: 中国科学院大学博士学位论文.
朴世龙, 方精云, 郭庆华. 2001. 利用 CASA 模型估算中国植被净第一性生产力. 植物生态学报, 25(5): 603-608.
强祖基, 徐秀登, 赁常恭. 1991. 利用卫星热红外异常作地震预报. 中国航天, (04): 7-8.
邱金桓, 潘继东, 杨理权, 等. 1997. 中国 10 个地方大气气溶胶 1980～1994 年间变化特征研究. 大气科学, 21(6): 725-733.
邱金桓, 赵燕曾, 汪宏七. 1984. 激光探测沙暴过程中的气溶胶消光系数分布. 大气科学, 8(2): 205 210.
邱金桓. 1995. 从全波段太阳直接辐射确定大气气溶胶光学厚度 I: 理论. 大气科学, 19(4): 385-394.

曲辉, 陈圣波. 2002. 中分辨率成像光谱仪(MODIS)数据在地学中的应用前景. 世界地质, 21(2): 176-180.
邵鸿飞, 毛节泰. 1999. 适于反演陆面大气气溶胶大气气溶胶光学厚度的物理量. 中国科学技术大学学报, 29(4): 684-690.
申广荣, 王人潮. 2002. 基于神经元网络的水稻双向反射模型研究. 遥感学报, 6(4): 252-258.
盛业华, 郭达志. 1994. 遥感位息在晋城矿区大气环境质茕评价中的应用. 遥感倍息. 2: 37-39.
孙睿, 朱启疆. 2000. 中国陆地植被净第一性生产力及季节变化研究. 地理学报, 55(1): 36-45.
覃志豪, Zhang M H, Karnieli A 等. 2001. 用陆地卫星 TM6 数据演算地表温度的单窗算法. 地理学报, 56(4): 456-466.
童庆禧, 张兵, 郑兰芬. 2006. 高光谱遥感原理、技术与应用. 北京: 高等教育山版社.
王介民, 高峰. 2004. 关于地表反照率遥感反演的几个问题. 遥感技术与应用, 19(5): 295-300.
王开存, 刘晶淼, 周秀骥, 等. 2004. 利用 MODIS 卫星资料反演中国地区晴空地表短波反照率及其特征分析. 大气科学, 28(6): 941-949.
王旭, 周国逸, 张德强, 等. 2005. 南亚热带针阔混交林土壤热通量研究. 生态环境学报, 14(2): 260-265.
王治华. 2007. 滑坡遥感调查、监测与评估. 国土资源遥感, (1): 10-15.
魏合理, 胡欢陵. 2001. 用太阳光谱遥测大气污染气体 NO_2 的含量. 遥感学报, 5(3): 220-226.
徐希孺, 陈良富, 庄家礼. 2001. 基于多角度热红外遥感的混合像元组分温度演化反演方法. 中国科学(D 辑), 31(1): 81-88.
徐兴奎, 刘素红. 2002. 中国地表月平均反照率的遥感反演. 气象学报, 60(2): 215-221.
阳坤, 王介民. 2008. 一种基于土壤温湿资料计算地表土壤热通量的温度预报校正法. 中国科学(地球科学), (2): 243-250.
杨国静, 周晓农, Malone J B, 等. 2002. 多因素空间复合模型预测我国疟疾流行态势. 中国寄生虫学与寄生虫病杂志, 20(3): 145-147.
杨中华, 陈琳, 杨卫坤, 等. 2006. 中巴地球资源一号 02 星在黄河凌汛监测中的应用. 水利水电技术, 37(8): 80-83.
姚展予, 李万彪, 高慧琳, 等. 2002. 用 TRMM 卫星微波成像仪资料遥感地面洪涝的研究. 气象学报, 60(2): 243-249.
尹宏. 1993. 大气辐射学基础. 北京: 气象出版社.
于颖, 范文义, 李明泽, 等. 2010. 利用大光斑激光雷达数据估测树高和生物量. 林业科学, 46(9): 84-87.
翟辉琴. 2006. 基于数学形态学的遥感影像水域提取方法. 测绘科学, 31(1): 22-24.
张杰, 黄建平, 张强. 2010. 稀疏植被区空气动力学粗糙度特征及遥感反演. 生态学报, 11: 2819-2827.
张树誉, 李登科, 李星敏, 等. 2005. MODIS 资料在渭河洪涝灾害动态监测中的应用. 气象科学, 25(2): 173-178.
张晓阳, 李劲峰. 1995. 利用垂直植被指数推算作物叶面积系数的理论模式. 遥感技术与应用, 10(3): 13-18.
张雅静, 申向东. 2008. 植被覆盖地表空气动力学粗糙度与零平面位移高度的模拟分析. 中国沙漠, 28(1): 21-26.
张云霞, 李晓兵, 陈云浩. 2003. 草地植被覆盖度的多尺度遥感与实地测量方法综述. 地球科学进展, 18(1): 85-93.
赵柏林, 王强, 毛节泰, 等. 1983. 光学遥感大气气溶胶和水汽的研究. 中国科学(B), 10: 951-962.

赵柏林, 俞小鼎. 1986. 海上大气气溶胶的卫星遥感研究. 科学通报, 31: 1645-1649.
赵书河, 冯学智, 都金康. 2003. 中巴资源一号卫星水体信息提取方法研究. 南京大学学报(自然科学版), 39(1): 106-112.
赵增亮, 毛节泰. 1999. 联合反演大气气溶胶光学特性和地面反照率. 大气科学, 23(6): 722-732.
钟若飞, 郭华东, 王为民. 2005. 被动微波反演裸露区土壤水分综述. 遥感技术与应用, 20(1): 49-57.
周斌, 刘文清, 齐峰, 等. 2001. 差分光学吸收光谱法测量大气污染气体的研究. 环境科学研究, 14(5): 23-26.
周萍, 王润生, 阎柏琨, 等. 2008. 高光谱遥感土壤有机质信息提取研究. 地理科学进展, 27(5): 27-34.
朱彩英, 张仁华, 王劲峰, 等. 2004. 运用 SAR 图像和 TM 热红外图像定量反演地表空气动力学粗糙度的二维分布. 中国科学: 地球科学, 34(4): 385-393.
祝昌汉, 朱福康, 刘玉洁. 1993. 青藏高原晴空行星反照率与地面反照率关系的研究. 气象学报, 51(1): 57-65.
庄家礼, 徐希孺. 2000. 遗传算法在组分温度反演中的应用. 国土资源遥感, (1): 28-33.
Anding D, Kauth R. 1970. Estimation of sea surface temperatures fromspace. Remote Sensing of Environment, 1(4): 217-220.
Becker F , Li Z L. 1990. Towards a local split window method over land surface. International Journal of Remote Sensing, 11(3): 369-393.
Becker F, Li Z L. 1995. Surface temperature and emissivity at various scales: Definition, measurements and related problems. Remote Sensing Reviews, 12(3-4): 225-253.
Chen F, Kissel D E, West L T, et al. 2000. Field-scale mapping of surface soil organic carbon using remotely sensed imagery. Soil Science Society of America Journal, 64(2): 746-753.
Chen J M, Leblanc S. 1997. A 4-scale bidirectional reflection model based on canopy architecture. IEEE Transactions on Geoscience and Remote Sensing, 35: 1316-1337.
Chen J M, Pavlic G, Brown L, et al. 2001. Derivation and validation of Canada-wide coarse-resolution leaf area index maps using high resolution satellite imagery and ground measurements . Remote Sensing of Environment, 80: 165-184.
Chen T S, Ohring G. 1984. On the relationship between clear-sky planetary and surface albedos. Journal of the Atmospheric Science, 41(1): 156-158.
Duguay R. 1992. Estimating surface reference and albedo from landsat-5 the matic mapper over rugged terrain. Photogram Metric Engineering and Remote Sensing, 58(5): 551-558.
Falkowski P, Scholes R J, Boyle E, et al. 2000. The global carbon cycle: A test of our knowledge of the earthasa system. Science, 290: 291-296.
Frazier B E, Cheng Y. 1989. Remote sensing of soils in the eastern Palouse region with landsat thematic mapper . Remote Sensing of Environment, 28: 317-325.
Fujii T, Kudo M , Iwashita Y. 1992. Assessment of air pollution by using satellite data. Proceedings of the Japanese Conference of Remote Sensing, 13: 199-200.
Geleyn J F, Preub H J. 1983. A new dataset of satellite-derived surface albedo values for operational use at ECMWF. Archives for Meteorology Geophysics and Bioclimatology, 32(4): 353-359.
Gillespie A, Rokugawa S, Matsunaga T, et al. 1998. A temperature and emissivity separation algorithm for advanced spaceborne thermal emission and reflection radiometer(ASTER) Images. Geoscience and Remote Sensing, 36(4): 1113-1126.
Gong P, Wang D X, Liang S, et al. 1999. Inverting a canopy reflectance model using a neural network.

International Journal of Remote Sensing, 20(1): 111-122.

IPCC. 2000. Land-Use Change, and Forestry. A Special Report of the IPCC. Cambridge: Cambridge University Press.

Karnieli A, Verchovsky I, Hall J K, et al. 1998. Geographicin formation system for semi detailed mapping of soils in semi-aridregion. Geo-cartoInternational, 13(3): 29-43.

Kaufman Y J, Tanre D, Remer L A, et al. 2002. Operational remote sensing of tropospheric aerosol over land from EOS moderate resolution imaging spectroradiometer. Journal of Geophysical Research, (419): 17051-17067.

Kaya S, Sokol J, Pultz T J. 2004. Monitoring environmental indicators of vector-borne disease from space: A new opportunity for RADARSAT-2. Canadian Journal of Remote Sensing, 30(3): 560–565.

Lafaur P M, Wurtele A B, Duguay C R. 1997. Spatial and temporal variations in surface albedo of a subarcticl and scape using surface based measurements and remote sensing. Arctic and Alpine Research, 29(3): 261-269.

Lamsal L N, Martin R V, Donkelaar V A, et al. 2008. Ground-level nitrogen dioxide concentrations inferred from the satellite-borne ozone monitoring instrument. Journal of Geophysical Research, 113(016): 308-314.

Leblanc S G, Chen J M, Leroy M, et al. 1999. Investigation of birectional reflectance in Boreal Forests with an improved scale model and airborne POLDER data. IEEE Transactions on Geoscience and Remote Sensing, 37: 1-21.

Lefsky M A, Harding D J, Keller M, et al. 2005. Estimates of Forest Canopy Height and Aboveground Biomass using ICESat. Geophysical Research Letters, 32: L22S02.

Li C, Krotko Vj N A, Dickerson R R, et al. 2010. Transportan devolution of a pollution plume from northern China: A satellite-based case study. Journal of Geophysical Research, 115, D00K03-11.

Li X, Strahler A H. 1985. Geometric-optical modeling of a conifer forest canopy. IEEE Transactionon Geoscience and Remote Sensing, 23(5): 705-720.

Liang S L, Chen J S, Andrew L R, et al. 2003. Narrow band to broad band conversions of land surface albedo I: Validation. Remote Sensing of Enviroment, 84(1): 25-41.

Liang S, Strahler A H. 1993. Ananalytic BRDF model of canopy radiative transfer and its inversion. IEEE Transactions on Goescience and Remote Sensing, 31(5): 1081-1092.

Liang Shun lin. 2000. Narrow band to broad band conversions of land surface albedo: Algorithms[J]. Remote Sensing of Enviroment, 76(2): 213-238.

Ma Y, Su Z, Li Z L, et al. 2002. Determination of regional net radiation and soil heat flux densities over heterogeneous landscape of the Ti-betan Plateau. Hydrol Proc, 16(15): 2963-2971.

McMillin L M. 1975. Estimation of seasurface temperatures from two infrared window measurements with different absorption. Journal of Geophysical research, 80(36): 5113-5117.

Melillo J M, McGuire A D, Kicklighter D W, et al. 1993. Global climate change and terrestrial net primary production. Nature, 363: 234-340.

Myneni R B, Nemani R R, Running S W. 1997. Estimation of global leaf area index and absorbed PARU sing radiative transfer models. IEEE Transactions on Goescience and Remote Sensing, 35: 1380-1393.

Pope K O, Rejmankova E, Savage H M, et al. 1994. Remote sensing of tropical wetlands for malaria control in Chiapas, Mexico. Ecological Applications, 4: 81-90.

Potter C S, Randerson J T, Field C B, et al. 1993. Terrestrial ecosystem production: A process model based on global satellite and surface data. Glob Biogeochem Cycle, 7: 811-841.

Prabhakara C, Dalu G, Kunde V G. 1974. Estimation of seasurface temperature from remote sensing in the 11 to 13 μm window region. Journal of Geophysics Research, 79(33): 5039-5044.

Price J C. 1984. Land surface temperature measurements from split window channels of the NOAA7 advance very high resolution radiometer. Journal of Geophysical Research, 89(D5): 7231-7237.

Sobrino J A, Jimenez-Munoz J C, Paolini L. 2004. Land surface temperature retrieval from Landsat5. Remote Sensing of environment, 90(4): 434-440.

Tanaka K, Ishikawa H, Hayashi T, et al. 2001. Surface energy budget at Amdo on the Tibetan Plateau using GAME/Tibet IOP98 data. J Meteorol Soc Jpn, 79(1B): 505-517.

Tanre D, Devaux C, Herman M, et al. 1988. Radiative properties of desert aerosols by optical ground based measurements at solar wavelengths. Geophys Res, 93: 14223-14231.

VEMAP. 1995. VEMAP: A comparison of biogeography and biogeochemistry models in the context of global climate change. Glob Biogeochem Cycle, 9: 407-437.

Wan Z M, Li Z L. 1997. A physics-based algorithm for retrieving land-surface emissivity and temperature from EOS/MODIS Data. IEEE Transactions on Geoscience and Remotes Ensing, 35(4): 980-996.

Wan Z, Dozier J. 1996. Ageneralized split-window algorithm for retrieving land surface temperature from space. IEEE Transactions on Geosciences and Remote Sensing, 34(4): 892-905.

Yang S, Zhou X J, Zhao Y Z. 1986. A theoretical study of multi-wavelength Lidar exploration of optical Properties of atmospheric aerosol. Adv Atmos SCI, 3: 23-28.

Zhou M Y, Chen Z, Hunag R, et al. 1994. Effects of two dust storms on solar radiation in the Beijing-Tianjin area. Geophys Res Lett, 21(24): 2697-2700.

第4章　环境健康评价技术

随着人类活动、生态环境变化及人类生存与发展之间的联系的日益密切，对环境健康的评价已经从依赖物理化学指标，以及对生物个体与种群的跟踪监测的环境评价，扩展为对整个生态系统“健康”状况的生态评估。

4.1　环境健康指标因子

环境健康应该与人类的可持续发展联系在一起。“健康”的目标在于为人类的生存和发展提供持续和良好的生态系统服务功能。在这个意义上，环境健康就是指生态系统的可持续性，也是指没有受压症状，是稳定和具有持续性的，也是具有活力的。

为了更好地对生态系统健康状况进行遥感诊断，需要明确用以评价生态系统环境健康状况的相关指标因子。针对不同类型的生态系统，需要有不同的环境健康评价指标因子。针对不同的区域而言，也应当有不同的环境健康评价指标因子。在实际应用中，区域性的环境健康遥感诊断过程中，一般包括了多种生态系统类型，如某一行政区域可能既包括了城市生态系统，又包括了农业生态系统、湿地生态系统等，仅仅采用某单一类型的生态系统评价指标对其进行诊断是不完善的。决定评价是否成功的关键是如何选择适宜的评价指标与评价标准。因此，需要针对不同的生态系统类型确定相应的环境健康评价指标因子，从而客观、快速、定量地评价区域的环境健康状况。

生态系统环境健康遥感诊断作为一门新兴交叉科学的实践，不仅包括系统综合水平、群落水平、种群及个体水平等多尺度的生态指标来体现生态系统的复杂性，还兼收了物理、化学方面的指标(简称物化指标)，以及社会经济、人类健康指标。

1) 生态系统水平综合指标

有些学者将生态系统危险症状作为生态系统非健康状态的指标，包括系统营养库、初级生产力、生物体型分布、物种多样性等方面的下降，进而出现了系统退化。具体表现为生物贫乏、生产力受损、生物组成趋向于机会种、恢复力下降、疾病流行增加、经济机会减少、对人类和动物健康产生威胁等。从系统可持续性能力的角度，提出了描述系统状态的3个指标：活力、组织和恢复力及其综合评价。其具体评价的途径如下：活力可由生态系统的生产力、新陈代谢等直接测量出来；组织由多样性指数、网络分析获得的相互作用信息等参数表示；恢复力则由模拟模型计算。这是目前被普遍接受的生态系统健康指标，同时其也较为全面，并与生态系统健康的概念和原则较为相符。也有很多一些学者认为当今生态系统退化的主要原因是人类的干扰活动，认为生态系统健康就是生态完整性。应用生物完整性指数，可以通过对种群的组成与分布、物种多度，以及敏感种、耐受种、固有种和外来种等方面变化进行分析，来评价生态系统的健康状态。

2）群落水平指标

当生态系统因受到干扰和外来压力发生改变乃至退化时，通常会在群落结构上有所表现。在近10年有关生态系统健康评价的文献中，最常使用的群落结构指标包括分类群组成、种多样性和生物量等。由于近年来多样性问题在生态学界和社会公众中引起广泛关注，种群多样性已成为环境评价中被广泛使用的一个参数：主要由种丰富度和种均匀度构成。在众多的政府机构、国际组织等支持的生态评估监测项目中，都将种群多样性列为关键性指标。但是种群多样性指数测量和计算方法的有效性及其与环境压力的相关性尚有争议。一些研究者还在努力寻求更适于生态系统健康评价的种群多样性计算方法。

3）种群及个体水平指标

依据个体或种群进行检测的基础在于选择那些对于环境变化具有指示作用的种，即指示种，从公众较熟悉的、对化学因素变化较敏感的动植物，以及对其他压力的作用和生态过程的变化表现较明显的种进行筛选。总结得出，依赖这些指示种个体及其种群的评价指标包括细胞或亚细胞水平的生化效应、个体的生长率、致癌作用、畸变和先天性缺陷、个体的不同组织对化学物质的机体耐受量、对疾病的敏感度、行为效应、藻类细胞的形态变化、雌性化、种群出生率和死亡率、种群年龄结构、种群体型结构、繁殖对数目、种群的地理分布、丰富度、产量和生物量等。

4）人类健康与社会经济指标

生态系统健康评价的社会经济指标集中反映了生态系统要满足人类生存与社会经济可持续发展对环境质量的要求。它必须能够保持人类的健康、保证对资源的合理利用，以及提供适宜的生存环境质量。这些指标包括来源于经济学的指标，如收入和工作稳定性等；同时，还有造成环境压力的社会指标，如人口增长、资源消费和技术发展，导致人类对环境的影响强度增加。

5）物化指标

物化指标是对生态系统的非生物环境进行检测的指标。非生物环境的因素可能是导致或影响生态过程变化的原因。如土壤肥力、水体富营养化程度、环境中重金属含量、土壤中腐殖质的厚度和河岸的坡度等；同时，非生物环境的变化也是生态系统行为的反映，如水体中的溶解氧含量、土壤肥力等。

另外，生态系统健康评价的指标按照其功能也可以分为3类：早期预警指标，能及时确定即将发生的生态系统退化的指标，如敏感种个体的生长率、形态结构畸变和对化学物质的耐受力等；适宜程度指标，与可接受的或参照系的标准进行比较后，能确定生态系统健康状况的指标，如生态系统完整性指标、活化能、有重要经济价值的物种丰富度等；诊断指标，确定评价对象退化或者偏离健康的原因的指标，如生物体型分布、营养结构的完整性等。不同的指标令人满意的程度不同，不同的服务功能匹配不同的评价目的，而评价环境的适宜程度和长期监控其趋势、提供环境退化的早期预警，以及诊断问题存在的原因，均需要相应的指标。

考虑到环境健康发展的态势，以及生态环境健康评价的复杂性，曹春香(2013)提出了构建一套系统科学的环境健康遥感诊断体系的思路，以此用于客观、快速、定量地评价区域的环境健康状况。这套环境健康遥感诊断指标体系将环境健康评价分为了 4 个层次，包括 1 个目标层、5 个准则层、13 个要素层及若干个指标参数层。其中，在环境健康遥感诊断这一大的目标层下，可以根据不同的区域，选择一种或者几种准则层，在每一个准则层下对应 13 个要素层选取相应的环境健康诊断指标。下面针对 5 个准则层，重点介绍相应的环境健康遥感诊断指标。

4.1.1　生态环境健康指标

1. 森林生态环境健康指标

社会发展片面追求经济利益，造成生态环境恶化、全球森林面积急剧减少、森林生态系统破碎化现象日益明显。生境质量的下降直接威胁到人类自身的生活质量和健康状态。现在人们更多关注的是森林的健康，一个健康的森林不一定没有病虫害、濒死木和枯立木的存在，只是不论森林病虫害的生物因素，或是林火、空气污染等的非生物因素，都不至于形成灾害，也不能对现在和将来的森林资源构成威胁。

森林生态系统的评价方法主要有两种：指示物种法和结构功能法。指示物种评价森林生态系统健康，主要是依据生态系统的关键物种、特有物种、指示物种、濒危物种、长寿命物种和环境敏感物种等的数量、生物量、生产力、结构指标、功能指标及其一些生理生态指标来描述生态系统的健康状况。结构功能评价森林生态系统的健康是综合了生态系统的多项指标，反映了生态系统的过程，是从生态系统的结构、功能演替过程，生态服务和产品服务的角度来度量生态系统健康，强调生态系统为人类的服务，强调生态系统与区域环境的演变关系，同时也反映生态系统的健康负荷能力及其受胁迫后的健康恢复能力，还反映了生态系统不同尺度的健康评价转换。森林生态系统健康评价的结构和功能指标法主要有单结构指标评价、单功能指标评价、复合结构指标评价、复合功能指标评价、复合自然指标体系评价和社会-经济-自然复合指标体系评价 6 个方面。

要正确评价森林生态系统健康状况，建立森林生态系统诊断的指标体系，首先要选用能够表征森林生态系统主要特征的指标，合理的指标既能反映森林生态系统的总体健康水平或服务功能水平，又能反映森林生态系统健康的变化趋势。常用的森林生态系统健康评价指标见表 4-1。下面将对这些常用的各个指标的含义进行详细论述。

1) 生产力综合指标

生产力通常以单位面积单位时间内植物生产的有机物量(干物质量或除去灰分的干物质量)来表示，也可以用碳量或热能力来表示。对于生态系统来说，维持一定程度的生产力是生态系统得以存在和发展的基础。对于人类而言，生态系统的物质生产力更是极其重要的，健康的森林生态系统必须能为人类提供一定量的物质产品。森林生态系统的生产力(也可称为活力)可以用森林的光合速率、呼吸速率及森林的净第一性生产力(NPP)等指标来度量。

表 4-1　森林生态系统健康评价指标

目标	综合指标	要素指标
森林生态系统健康	生产力	净初级生产力
		光合速率
		呼吸速率
		生物量
		蓄积量
		树高
		胸径
		冠幅
	组织结构灌木盖度	林分起源
		林龄结构
		乔、灌、草盖度
		凋落物
		物种多样性
	干扰(抵抗力)	人为干扰
		病虫害
		火灾
	土壤状况	土壤类型
		土壤质地
		土壤结构
		土层厚度
		土壤水分
		土壤孔隙状况
		土壤有机质
		土壤全氮
		土壤全磷
		土壤全钾

a. 净初级生产力

通过植物群落光合作用生产的有机物质，称为第一性生产力，第一性生产力又分为总生产力和净生产力这两个概念，总生产力中去除植物自身呼吸消耗的部分，即为净初级生产力。对于小尺度的生态系统，净初级性生产力可以通过试验方法、调查方法来获取；如果是研究大尺度森林生态系统，则要求运用各种生产力模型来模拟计算森林生产力，如 Miami 模型、Thomthwaite 模型、Chikugo 模型等。Miami 模型是利用世界五大洲约 50 个地点可靠的自然植被 NPP 的实测资料和与之相匹配的年均气温及年均降水资料，根据最小二乘法建立的公式如下：

$$
\begin{aligned}
NPP_t &= 3000\Big/\left(1+e^{1.315-0.119t}\right)\\
NPP_r &= 3000\Big/\left(1-e^{-0.000\,664r}\right)
\end{aligned}
\tag{4-1}
$$

式中， NPP_t 及 NPP_r 分别根据年均温（t，℃）及年降水量（r，mm）求得。

Thomthwaite 模型是 H. Lieth 采用 Thomthwaite 方法计算的实际蒸散及与 Miami 模型相同的 50 组生产力资料，根据最小二乘法建立的公式如下：

$$
NPP_E = 3000\Big/\left(1-e^{-0.000\,969\,5E}\right) \tag{4-2}
$$

式中， NPP_E 根据年实际蒸散（E，mm）求得。

Chikugo 模型是基于十分繁茂的植被上 CO_2 通量方程（相当于 NPP）与水汽通量方程（相当于蒸散量）确定的植被水分利用效率，利用 IBP 研究中取得的 682 组森林植被资料及相应的气候因素，通过统计分析而建立的。

$$
NPP = 0.29\exp\left[-0.216(\mathrm{RDI})^2\right]\cdot R_n \tag{4-3}
$$

式中，RDI 为辐射干燥度； R_n 为陆地表面所获得的净辐射量。

b. 光合速率、呼吸速率

一般以光合速率和呼吸速率来表示植物光合作用和呼吸作用的强度，并以此间接表示植物合成和分解有机物量的多少。光合速率通常以单位时间单位叶面积吸收 CO_2 的量来表示，也可以用放出 O_2 的量或植物重量（有机物）的增加来表示；呼吸速率则以单位时间放出 CO_2 或吸收 O_2 的量来表示。光合速率和呼吸速率主要是通过光合作用测定仪来测定的。常用的有 licir-6400 便携式气体交换分析仪和红外线气体分析仪等。

c. 生物量

森林群落的生物量是表示森林生产力最好的指标，也是森林生态系统结构优劣和功能高低最直接的表现，还是森林生态系统环境质量的综合体现。

森林群落的生物量是指群落在一定时间内积累的有机质总量，通常用单位面积或单位时间积累的平均质量或能量来表示。生物量中的现存量则是指某一特定观察时刻、某一空间范围内现有有机体的干重，两者的主要区别在于是否包括林地积累的枯落物。目前，普遍使用的生物量的概念是后一种含义，即活有机体的干重，不包括枯枝落叶层。森林群落生物量包括乔木层生物量、林下植被生物量。林下植被生物量采用样方收获法测定，即在样地中机械布设 5～10 个样方，将其中的草本和灌木（地上、地下）全部收获称重并烘干测千重率，以样方的平均值推算全林的林下植被生物量。乔木层生物量的测定比较复杂，方法也比较多，比较常用的实地测量方法是收获法中的等断面积径级法，即根据一定标准，选择一组标准木，伐倒后测定其生物量，然后以样本组生物量实测数据构建回归方程，以回归方程推算乔木生物量。用收获法测定森林生态系统的生物量比较复杂，需要耗费大量的人力和时间，所以可以用蓄积量推算法来测定一个森林生态系统中乔木层的生物量。

d. 蓄积量

木材蓄积量是指一定面积森林中现存各种活立木的材积总量，以立方米为计算单位，其随树种和立地条件等的不同而发生有规律的变化。它是反映一个国家或地区森林资源总规模和水平的基本指标之一，也是反映森林资源丰富程度、衡量森林生态环境优劣的重要依据。

依据国际通用的最新的计算公式“二元立木折算公式”，可以计算出每株树的蓄积量，即

$$V = 0.6\pi r^2 h \tag{4-4}$$

式中，V 为每株树的蓄积量；0.6 为每株树的计算常量；π为圆周率；r 为树的半径；h 为树的高度。

e. 树高、胸径、冠幅

树高、胸径、冠幅是较易获得且可直观地反映树木生长状态的指标，胸径大小对于森林生态系统来说是一个可以综合反映森林生长状态且又相对易于测量的指标，因为在特定的地理条件和气候条件下，胸径大小与该地的森林生长的生物量通常有一个确定的线性或非线性关系，可以综合地反映森林生物量的状态。所以，在实验条件和时间限制的情况下，可以直接测量树木的树高、胸径和冠幅来反映森林生态系统的生产力。

2）组织结构灌木盖度综合指标

在生态系统背景下，组织结构是指系统的物种组成结构，以及物种间的相互关系，其可以反映生态系统结构的复杂性。生态系统的组织结构包括两方面的含义，一是生态系统的物种多样性，二是生态系统的复杂性。

a. 林分起源

林分可以分为天然林和人工林两种类型。各项目区普遍存在天然林分比例逐渐下降的趋势。由于天然林在树种结构和物种多样性上都较人工林更为合理，所以将天然林类型赋值为 2，人工林赋值为 1。

b. 林龄结构

林龄结构可以反映一个地区或某一森林生态系统当前可供利用的资源量，以及储备的可供未来利用的量。合理的林龄结构是森林资源可持续利用的基础和要求。我国森林资源的林龄结构很不合理，幼龄林占 33.8%，中龄林占 35.2%，成熟林占 31%，成熟林比例偏小，近期可供采伐的森林资源不足。

根据森林生长发育过程，将林龄划分成 5 个阶段，即幼龄林、中龄林、近熟林、成熟林、过熟林，具体划分是依据林分优势树种、生长地区、森林起源，按其林龄多少确定所属林龄组。将成熟林赋值为 4、近熟林赋值为 3、中龄林赋值为 2、幼龄林赋值为 1。因为各项目区所调查的所有样地中都没有过熟林，所以未加考虑。

c. 乔、灌、草盖度

乔木、灌木和草本盖度可以反映出群落的垂直结构及复杂程度。乔木盖度的大小直接影响林内水、光、热变化，对森林更新、林木的生长发育有着很大的影响。

d. 物种多样性

物种多样性是群落生物组成结构的重要指标，它不仅可以反映群落的组织化水平，而且可以通过结构和功能的关系间接反映群落功能的特征。物种多样性的含义既包括现存物种的数目即丰富度，又包括物种的相对多度。物种丰富度是表征生态状况的重要指标，是物种多样性测度中较为简单且生物学意义明显的指数。尽管物种丰富度对于维持健康的生态系统的作用还有争议，但一般认为应该维持高的物种丰富度。野外调查时采用分级的方法确定各样地的乔木丰富度、灌木丰富度和草本丰富度。将丰富度分为 5 个等级：极低、较低、中等、较高、极高，分别赋值为 1、2、3、4、5。

e. 凋落物

林地地力的维持和提高取决于养分的归还量和循环速率，而凋落物是人工林养分归还的主要途径，其数量、组成、分解速率对地力有重要影响。凋落物的组成和性质直接影响其分解速率及营养元素归还。而且，林地地面保持一定厚度的枯落物，可以减少地面径流，减轻水土流失的危害。

3）干扰（抵抗力）综合指标

生态系统抵抗力也叫抗变能力，表示生态系统抵抗外界干扰与维持系统结构和功能保持原状的能力。生态系统健康与干扰具有密切的关系，生态系统对一定程度干扰的抵抗力，以及受干扰胁迫后的恢复力，是健康生态系统的重要特征。直接测量恢复力和抵抗力比较困难，一般都要通过间接的方法来测定生态系统的抵抗力和恢复力。肖风劲等在评价我国森林生态系统的健康状况时，通过森林生态系统对病虫害发生的抵抗能力来反映森林生态系统的抵抗力 R。在一定程度内，健康程度高的森林生态系统对病虫害的抵抗能力强，病虫害发生频度和强度都小；而健康程度较低的森林生态系统，其抵抗力弱，容易受到病虫害的危害。因此，设病虫害的发生强度为 $P(0<P<1)$，则定义其抵抗力 R 的大小为

$$R=(1-P)\times 100 \tag{4-5}$$

除病虫害干扰以外，在评价森林生态系统健康时还应考虑其他的干扰因素，如人为干扰、火干扰等。

a. 病虫害

病虫害是森林生态系统的一种典型胁迫，受到病虫害胁迫的森林在群体和个体水平上都有相应的生理、生态变化（呼吸、光合、营养运输、叶绿素含量、地表光反射率等）。

目前，由于我国的森林资源中，林种结构和林龄结构不合理，人工林占很大比例，成熟林少，所以很容易发生病虫害。在这 4 个项目区中，病虫害均有不同程度的发生，尤其在那些以外来引进树种为主的林分中危害程度更大。将病虫害对树木的危害程度由轻到重分为无伤害、轻微伤害、中等伤害、较重伤害、严重伤害 5 级，分别赋值为 5、4、3、2、1。

b. 人为干扰

人类活动的干扰是影响生态系统健康最主要的因素。各项目区由于靠近居民区，所以受到人为干扰的强度都很大。主要的干扰活动有割草、砍柴、放牧、采摘等。

将人为干扰的强度按从轻到重分为 5 级，无干扰、轻度干扰、中等干扰、较重干扰、严重干扰，分别赋值为 5、4、3、2、1。

c. 火灾

森林火干扰对森林生态系统的发展既有积极的影响，又有消极的影响。重大的火灾会对森林造成巨大的甚至是毁灭性的伤害，但一定规模的可控的森林火会对森林产生积极影响。一些树种依赖林火来控制其竞争对手。例如，在定期森林火的控制下，北美短叶松、大果松、杨(和橡树的更新状况良好；如果没有森林火，这些树种的数量就会降低。为使这些树种生长良好，以达到森林管理的目标，美国的一些地区实施了人工林火项目，在过去的 5 年中，这些地区一共有 2500 多起人工林火。总而言之，森林火的作用十分复杂，对森林健康的影响很难解释清楚。

4) 土壤状况综合指标

土壤是森林生态系统中最基本的资源，也是森林植物赖以生长的基础，其为植物生长提供必需的矿质营养元素、水分、空气和微生物，对根系具有机械支撑作用，而且也是生态系统中物质和能量交换的重要场所。土壤状况直接影响植物的生长发育，影响植物群落种间竞争和物种丰富度，进而影响群落内植物种类的分布格局。因此，研究不同森林类型土壤性状的变化规律，对于合理利用森林和森林土壤资源，建立良性循环的森林生态系统有着重要的意义。

a. 土壤类型

中国土壤资源丰富、类型繁多，世界罕见。中国主要土壤类型可概括为红壤、棕壤、褐土、黑土、栗钙土、漠土、潮土、灌淤土、水稻土、湿土（草甸、沼泽土）、盐碱土、岩性土和高山土等 12 个系列。每一种土壤类型都具有不同的肥力和利用价值。

b. 土壤质地

土壤质地又称土壤机械组成、土壤颗粒组成、土壤砂黏性，指不同粒径的土壤颗粒混合在一起所表现出来的土壤粗细状况，其是土壤的重要性状。土壤质地影响土壤水分、空气和热量的状况，同时影响养分的转化。土壤质地对肥力具有多方面影响，常常是决定土壤蓄水、导水、保肥、供肥、保温、导温和耕性的重要因素。最基本的土壤质地类型主要有沙质土(具有蓄水力弱、养分含量少、保肥力较差、土温变化较快、通气性和透水性良好、易于耕作等特征)、黏质土(具有保水力和保肥力较强、养分含量较丰富、土温较稳定，通气和透水性差、耕作较困难等特征)、壤质土(质地介于黏质土和沙质土之间，兼具两者优点，土壤物理性质最理想)。

在野外，估测土壤质地的方法是取小块土壤，加水湿润，然后揉搓，搓成细条并弯成直径 2.5～3 cm 大小的土环，根据表现的性质确定质地。将轻壤土、中壤土赋值为 3；将砂壤土、重壤土赋值为 2；黏土、砂土赋值为 1。

c. 土壤结构

土壤结构指土壤中土粒的排列，土粒与有机胶体、无机胶体相互胶结的形式。常见的有团粒状、块状、片状和柱状等结构。结构不好的土壤，土粒常呈单粒状一个紧挨一个排列，土壤空隙小，结成紧密的块状体。良好的结构是土壤肥力的调节器，可以保持适当水分，使土温不至于降得过低；并保持适当空气，使微生物活动有节制地进行，为植被生长源源不断地供应养料。这种水、肥、气、热四因素相互配合、协调一致的土壤结构具有较高的肥力。

土壤结构种类繁多，野外鉴定通常根据结构体的发育情况分为三大类，再进一步根据其性状和大小进行细分。土壤结构主要可以分为以下几种：块状、团块状、团粒状、核状、粒状、碎屑状、柱状、棱柱状和片状等。将团粒状赋值为5，核状赋值为4，粒状、团块状赋值为3，块状赋值为2，碎屑状、片状赋值为1。

d. 土壤有机质

土壤有机质既是植物矿质营养和有机营养的源泉，含有丰富的植物所需要的营养元素及对植物生长发育起激素作用的物质；又是土壤中异养型微生物的能源物质；同时，土壤有机质具有离子代换作用、络合作用和缓冲作用，可以改善土壤物理性质，是形成土壤结构的重要因素。因此，土壤有机质直接影响着土壤的肥力水平、保水性能、抗逆能力、通气状况和土壤温度等。换言之，土壤有机质含量是表征森林土壤肥力高低最直接的指标之一。其中，测定土壤有机质最通用的方法是重铬酸钾-硫酸氧化法。

e. 土壤全氮

氮、磷、钾是植物生长所必需的三大营养元素。土壤全氮包括NH_4-N、NO_3-N、NO_2-N和有机氮，其中98%以上以有机态的形成存在。土壤氮素的消长主要决定于生物积累和分解作用的相对强弱，以及气候、植被、耕作制度等因素，特别是水热条件。测定土壤全氮主要用开氏法，也可以用扩散法来测定消煮液中的NH_4-N。

f. 土壤全磷

土壤全磷即磷的总储量，其含量在0.02%～0.15%，包括有机磷和无机磷两大类。土壤中的磷素大部分是以迟效性的状态存在，土壤全磷含量并不能作为土壤磷素供应的指标，全磷含量高时并不意味着磷素供应充足，而全磷含量低于某一水平时，却可能意味着磷素供应不足。因此，了解土壤磷总储量对生产实践仍有一定的参考价值。土壤全磷含量的高低受土壤母质、成土作用和耕作施肥的影响很大。另外，土壤中磷的含量与土壤质地和有机质含量也有关系，黏性土含磷量多于砂性土，有机质丰富的土壤含磷量也较多。

测定土壤全磷的方法主要有氢氧化钠碱熔-钼锑抗比色法，氢氟酸-高抓酸消煮-钼锑抗比色法和硫酸-高氛酸-钼锑抗比色法。

g. 土壤全钾

全钾的含量虽然不能反映钾对植物的有效性，但却能反映钾供应的潜在能力，因此测定全钾含量对合理施肥有重要意义的可达 2.5%以上，低的可在 0.2%以下。土壤全钾含量以质量分数计一般为1%～2%，高土壤全钾的测定方法有氢氧化钠碱熔-火焰光度法和氢氟酸（或硫酸）-高抓酸消煮-火焰光度法。

h. 土壤水分

土壤水分是土壤重要的组成成分之一，也是植物生活不可缺少的生存因子。土壤中的营养物质必须溶解于土壤水中，才能被植物根系所吸收，土壤水分和可溶性盐构成土壤溶液，其是向植物供给养分的介质。而土壤中有机物质的积累、转化和运转，以及土壤生物和微生物的生活，都离不开土壤水分。土壤毛管最大持水量，简称最大持水量，又称土壤田间持水量，是土壤在田间的最大有效水量，其大小取决于土壤质地、结构。最大持水量的计算方法如公式(4-6)所示，其中 m' 为浸润 12 h 后的环刀内湿土质量，m 为环刀内干土质量。

$$h = \frac{m' - m}{m} \tag{4-6}$$

i. 土壤孔隙状况

土壤孔隙状况直接关系到土壤的通气状况和持水容量、保水能力，是土壤主要的物理特性之一。孔隙度良好的土壤能够很好地协调水、气、热和养分的状况，有利于土壤肥力的发挥和作物的生长发育。单位容积土体内孔隙所占的百分数称为土壤总孔隙度，包括毛管孔隙和非毛管孔隙。土壤中毛管孔隙和非毛管孔隙的分配状况对土壤的水、肥、气、热及耕作性能都有较大的影响，在土壤水分和空气协调的土壤内，毛管孔隙和非毛管孔隙各占总孔隙的 50%左右。本书中采用非毛管孔隙度占总孔隙度的值来量度土壤的孔隙状况，这一值越接近于 0.5 表明土壤孔隙状况越好。土壤总孔隙度可以用式(4-7)表示。

$$P\% = \left(1 - \frac{d}{D}\right) \times 100\% \tag{4-7}$$

式中，d 为土壤容重；D 为土壤比重。

j. 土壤 pH

土壤 pH 是代表土壤溶液中氢离子活度的负对数，又称为土壤的活性酸度，是土壤酸性的强度指标。通常按土壤酸碱度的强弱划分为 6 个等级:极强酸性，pH 小于 4.5；强酸性，pH 在 4.5～5.5；微酸性，pH 在 5.5～6.5；中性，pH 在 6.5～7.5；微碱性，pH 在 7.5～8.5；强碱性，pH>8.5。pH 对土壤中氮素的硝化作用和对有机质的矿化作用等都有很大的影响。因此，pH 对森林的生长发育有直接的影响。此外，pH 能反映森林生态系统受外部环境影响的状况，如酸雨、酸沉降对森林的影响均能很快地在森林土壤的 pH 上反映出来，因此选用 pH 作为森林生态环境状况变化的监测指标是十分必要的。pH 的测定则可以采用电位法(甘汞电极法)。

2. 草地生态环境健康指标

草地生态系统健康的特性包括以下几点：①土壤/样地稳定性，草地防止由风和水蚀引起的土地资源变化和水土流失的能力。②水文学功能，草地截获、储存和安全释放来源于降水、冰雪融水等水分的能力；草地抵抗上述能力下降的能力，以及衰退之后的恢复能力。③生物群落的完整性，在正常变异范围内，草地可支持生物群落特定功能和结构的能力，在干扰条件下的抵抗功能和结构丧失的能力和恢复能力。

草地作为一个复杂的陆地生态系统，对它健康的合理度量应该是多方面的、综合的和全面的，这样才能准确诊断和评价它的健康程度。目前，度量草地生态系统健康采取的方法从大的方面来讲有自然特征度量、社会经济度量、人类健康度量、时空度量等。自然特征是生态系统功能和结构的主要特征，如物质循环、能量流动、生物多样性、动物植物优势种、毒物的循环富积，以及生境多样性等。这些特征表明了一个生态系统的特征与人类所依赖的生态服务有关。社会经济度量是指全球水平上的经济生存能力。可持续发展事务委员会提出，经济健康评价必须在全成本价格中进行。人类健康包括许多内容，如人类暴露于紫外线下的健康风险，环境变化对人类的影响包括空气、水、食物暴露于污染物的机会增加，水和空气中传染病菌数量的增加，以及由其他物种扩散到人类新疾病的增加等。时空度量指生态系统对胁迫的复杂的时空反应。目前最常用的而又比较能直接反映草地健康状况的方法是以草地固有属性水、草、土生态因子为指标的各种草地健康评价方法，一般可以分为以下两种方法：①单因子评价方法。评价的单因子指标必须很敏感，但只反映草地生态系统健康状况的某一方面，不能完整反映草地生态系统健康状况，如草地产草量评价法(章祖同, 1981)、Sampson(1919)的土壤有机质的积累单因子评价法。②传统的多因子综合评价方法。虽然多因子能综合反映草地生态系统健康状况，但传统的多因子综合评价方法在评价过程中受到人为影响的程度较大，评价的精确性差，如甘肃农业大学草原系的分层综合评分法(任继周,1961)和美国的草地生态系统健康评价方法(Pellant et al.，2000)。

本书以北美草地生态系统健康指标为例，对草地生态环境健康指标进行详细介绍。北美的草地生态系统健康评价总共有 17 个指标，以定性标准为主，目测经验指标较多，数量指标少，准确性差，但较为实用。这 17 个草地生态系统健康评价指标具体如下。

1) 小溪流状冲刷

小溪流状冲刷指标根据冲刷状况分为极度、中度-极度、中度、轻度-中度、无-轻度 5 个标准，具体见表 4-2。

表 4-2　小溪流状冲刷指标标准

极度	中度-极度	中度	轻度-中度	无-轻度
小溪流状冲刷成片出现，易辨识，遍及大部分区域	小溪流状冲刷中度出现，易辨识，遍及大部分区域	活动型的小溪流状冲刷不频繁间歇地轻度出现，易辨识，大多数出现在已裸露区域	小溪流状冲刷不是最近形成的，早形成的小溪流状冲刷已不明显	当前或过去形成的小溪流状冲刷和理想(对照)样地相近

2) 水流冲刷痕

水流冲刷痕指标根据冲刷状况分为极度、中度-极度、中度、轻度-中度、无-轻度 5 个标准，具体见表 4-3。

表 4-3　水流冲刷痕指标标准

极度	中度-极度	中度	轻度-中度	无-轻度
冲刷极度，冲刷痕数量多，侵蚀性冲刷活跃不稳定，通常冲刷痕相连出现	刷痕数量较多，地面常常出现淤积和冲刷块，偶尔出现冲刷痕相连	几乎与理想(对照)样地相近。有较小的不稳定和淤积型侵蚀冲刷痕	与理想(对照)样地相近。有某些小的侵蚀痕迹，水流冲刷痕稳定且短	与理想(对照)样地相近。有某些很小的新旧侵蚀痕迹或淤积

3) 台地或梯田状蚀痕

由于风蚀和水蚀的结果，岩石或植物出现不同的水平高度，也可由非侵蚀过程引起，如老龄植株周围或上面由于冻融膨胀造成的土壤或凋落物沉积；根据蚀痕状况分为极度、中度-极度、中度、轻度-中度、无-轻度 5 个标准，具体见表 4-4。

表 4-4　台地或梯田状蚀痕指标标准

极度	中度-极度	中度	轻度-中度	无-轻度
大量的台地或梯田状蚀痕，很多岩石和植物呈现台地状，植物根系裸露普遍大量的台地或梯田状蚀痕，很多岩石和植物呈现台地状，植物根系裸露普遍	中度台地状蚀痕，梯田状蚀痕普遍，有一些岩石、植物呈现台地状，偶尔有植物根系裸露	有轻微的台地化，大多数台地状蚀痕在水径流路径上或裸坡上，偶尔有梯田状蚀痕	活动型的台地或梯田状蚀痕稀少，有一些旧的台地状蚀痕痕迹，特别是在水径流路径上或裸坡上	新旧台地状岩石、植物的痕迹与理想(对照)样地相近，梯田状蚀痕没有或很少出现

4) 裸地

裸地可以分为极度、中度-极度、中度、轻度-中度、无-轻度五个指标标准，具体见表 4-5。

表 4-5　裸地指标标准

极度	中度-极度	中度	轻度-中度	无-轻度
比理想(对照)样地裸地化程度高得多，裸地面积大且一般是相连的	比理想(对照)样地裸地化程度高，裸地面积大且偶有相连	比理想(对照)样地裸地化程度高，裸地面积中等大小，且有零星相连	比理想(对照)样地裸地化程度适度高一些，裸地面积小且几乎无相连	裸地面积和大小基本上和理想(对照)样地裸地化相一致

5) 小沟化

小沟化是由运动水流切割引起的，其可以分为极度、中度-极度、中度、轻度-中度、无-轻度五个指标标准。小沟化 5 个指标标准见表 4-6。

表 4-6 小沟化指标标准

极度	中度-极度	中度	轻度-中度	无-轻度
活动性侵蚀、下切侵蚀常见，沟坡或沟床少有植被，尼克点和头状侵蚀点量多且是活动的	活动性侵蚀在中度到普遍之间，坡上或沟床上的植被呈断断续续分布，头状侵蚀点是活动的，下切侵蚀点不明显	活动性侵蚀中度，坡上或沟床上植被中度，头状侵蚀点偶有存在	固床和坡的植被未达普遍程度，没有活动性头状侵蚀点和尼克点或沟床侵蚀的迹象	排水水系呈自然排水通道状态，植被普遍无侵蚀迹象

6) 风蚀、风穴或风洞面积

风蚀、风穴或风洞面积可以分为极度、中度-极度、中度、轻度-中度、无-轻度 5 个指标标准。风蚀、风穴或风洞面积的 5 个指标标准见表 4-7。

表 4-7 风蚀、风穴或风洞面积指标标准

极度	中度-极度	中度	轻度-中度	无-轻度
极度出现	普遍出现	间隔出现	出现不频繁或很少出现	总体上和理想(对照)区相一致。

7) 凋落物运动

凋落物运动可以分为极度、中度-极度、中度、轻度-中度、无-轻度 5 个指标标准。凋落物运动的 5 个指标标准见表 4-8。

表 4-8 凋落物运动指标标准

极度	中度-极度	中度	轻度-中度	无-轻度
凋落物积聚于障碍物周围，最大体积的凋落物层有移动	凋落物疏松地积聚于障碍物附近，中小体积的凋落物层有移动	分散积聚于障碍物周围和凹地里的小体积凋落物层有中度移动	只有小体积的凋落物层的移动，移动程度与理想(对照)区相比有轻度-中度移动	与凋落物相当均匀地分布的理想(对照)区相近

8) 表层土壤对侵蚀的抵抗力

依赖于表层土壤对侵蚀的抵抗力，可以分为极度、中度-极度、中度、轻度-中度、无-轻度 5 个指标标准，具体的表层土壤对侵蚀的抵抗力五个指标标准见表 4-9。

9) 表土的流失或退化

表土部分或全部流失，是样地生态潜力的重要指标。表土的流失或退化可以分为 5 个指标标准，具体的表土流失或退化指标标准见表 4-10。

表 4-9　表层土壤对侵蚀的抵抗力指标标准

极度	中度-极度	中度	轻度-中度	无-轻度
整个评价区表层土壤对侵蚀的抵抗力极度降低，几乎没有包括有机物质和生物层在内的生物稳定因素	植物间隙间的表层土壤对侵蚀的抵抗力明显降低，植物覆盖下的表层土壤对侵蚀的抵抗力中度降低，生物稳定因素只出现在独立的几片地方	至少一半的植物间隙间的表层土壤对侵蚀的抵抗力明显降低，或整个评价区表层土壤对侵蚀的抵抗力中度降低	植物间隙的土壤稳定性有些降低，整个评价区表层土壤对侵蚀的抵抗力轻度降低。生物稳定因素低于理想(对照)区	近同于理想(对照)区和期望样地，表土被有机物残体和生物层固定

表 4-10　表土的流失或退化标准指标

极度	中度-极度	中度	轻度-中度	无-轻度
土壤表土层已不存在，表层土壤结构与次表层相似或比其更退化，次表面有机物质含量没有明显不同	整个评价区土壤损失退化严重，表层和次表层土壤有机物质含量和结构稍有不同	植物空隙土壤中等损失和退化，植物覆盖下的土壤有一些退化。土壤结构退化且土壤有机质明显减少	发生一些土壤损失，土壤结构有退化的迹象，特别是在植物间隙中	土壤表土层完整无损，土壤结构和有机质含量近同于理想(对照)区

10)植物群落组成和相对于土壤入渗和径流的分布

植物群落组成和物种分布影响土壤水分分配和径流。植物群落组成和相对于土壤入渗和径流的分布可以分为 5 个指标标准，具体的指标标准见表 4-11。

表 4-11　植物群落组成和相对于土壤入渗和径流的分布指标标准

极度	中度-极度	中度	轻度-中度	无-轻度
由于植物群落组成分布发生衰退变化，水分渗入严重减少。植物层已发生衰退性变化	由于植物群落成分布发生衰退变化，水分渗入大大减少。有害植物层变化已显现	由于植物群落组成与分布发生衰退变化，水分渗入中度减少且植被分布对水分渗入产生负面影响	水分渗入受植物群落组成与分布微小变化的影响由轻度到中度，植物层变化对水分渗入仅有微小影响	水分渗入和流失与理想(对照)区相一致，植被层(分布和数量)满足于草地保护

11)紧实层

紧实层是靠近表层土壤的一层紧密的土壤，由践踏或干扰造成。当紧实层限制植物生长、水分渗透或营养循环时，土壤紧实就是一个严重的问题。造成土壤紧实的因素有很多，如机械作业、食草动物践踏、娱乐或军队车辆、脚踏等。紧实层可以分为 5 个指标标准，具体指标标准见表 4-12。

表 4-12　紧实层指标标准

极度	中度-极度	中度	轻度-中度	无-轻度
极度紧实。严重影响水分的渗透和根的穿透	紧实层分布广泛，大大影响水的渗透和根的穿透	紧实层分布中度，中度影响水的渗透和根的穿透	紧实层稀少出现或层薄，微弱影响水的渗透和根的穿透	无紧实层或少，不影响水的渗透和根的穿透

12）功能群

不同物种在能量流动和物质循环中有不同的作用，可根据根、茎结构，光合途径，固氮能力及生命周期等分组，具体指标标准见表 4-13。

表 4-13　功能群指标标准

极度	中度-极度	中度	轻度-中度	无-轻度
功能群的数量大大减少，功能群的相关优势已显著改变	功能群的数量减少，1 个优势组或 1 个到多个亚优势组被并不理想的功能群代替，功能群内种的数量显著减少	功能群的数量中度减少，1 个到多个亚优势组被并不理想的功能群代替，功能群内种的数量中度减少	功能群的数量轻度减少，功能群的相关优势比理想（对照）区降低，功能群内种的数量轻度减少	功能群和每一个功能群内种的数量与理想（对照）区近同

13）植物的死亡率和衰退

植物的死亡率和衰退可以分为 5 个指标标准，具体指标标准见表 4-14。

表 4-14　植物的死亡率和衰退指标标准

极度	中度-极度	中度	轻度-中度	无-轻度
死亡和衰退植物普遍	死亡或衰退植物略微普遍	存在一些死亡或衰退植物	少量植物死亡或衰退	植物死亡和衰变与理想区近同

14）凋落物数量

凋落物附着于表土，是土壤有机质的主要来源，也是样地营养循环的物质来源，其改善土壤及微气候，为微生物提供食物，现存数量增加样地抵抗侵蚀的能力，降低表土径流。凋落物数量可以分为 5 个指标标准，具体指标标准见表 4-15。

表 4-15　凋落物数量指标标准

极度	中度-极度	中度	轻度-中度	无-轻度
凋落物大量缺乏，或与被评价区的潜能和气候显著相关	凋落物大大减少，或与被评价区的潜能和气候有强的相关性	凋落物中度缺乏，或多或少与被评价区的潜能和气候相关	凋落物轻度缺乏，或多或少与被评价区的潜能和气候相关	凋落物数量与理想（对照）区近同

15) 年生产量

年生产量是指植物捕获的能量、供给消费者的物质数量、生产量等。其随群落、生物学多样性、海拔高度的变化而变化，可以分为 5 个指标标准，具体指标标准见表 4-16。

表 4-16　年生产量指标标准

极度	中度-极度	中度	轻度-中度	无-轻度
小于潜在产量的 20%	是潜在产量的 20%～40%	是潜在产量的 40%～60%	是潜在产量的 60%～80%	超过潜在产量的 80%

16) 侵入植物情况

侵入植物情况主要包括有毒植物、当地种和非当地种等，可以分为 5 个指标标准，具体指标标准见表 4-17。

表 4-17　侵入植物情况指标标准

极度	中度-极度	中度	轻度-中度	无-轻度
侵入植物在被评价区占绝对优势	侵入植物在被评价区普遍分布	侵入植物在被评价区稀疏分布	侵入植物主要出现在受侵扰区	侵入植物在被评价区几乎不出现

17) 多年生植物的繁殖能力

多年生植物的繁殖能力可以分为 5 个指标标准，具体指标标准见表 4-18。

表 4-18　多年生植物的繁殖能力指标标准

极度	中度-极度	中度	轻度-中度	无-轻度
种子生产和植物的分蘖能力严重降低，与最近的气候条件有关	种子生产和植物的分蘖能力大幅度降低，与最近的气候条件有关	种子生产和植物分蘖能力有点受限制，与最近的气候条件有关	种子生产和植物的分蘖能力轻微受限制，与最近的气候条件有关	种子生产和植物的分蘖能力不受限制，与最近的气候条件有关

3. 湿地生态环境健康指标

由于流域或区域中存在着不同类型的湿地生态系统，如河流、沼泽、湖泊及人工湿地(稻田、池塘、水库)等，因而其健康评价指标会有所不同。在评价过程中，如果将这些类型分别进行系统评价将是很困难、很繁杂的事情，有时需要湿地的整体概念，因此本书将这些湿地类型所具有的共性提取出来进行指标的确定。本节将从以下几个方面重点介绍湿地生态特征指标。

1) 自然性

自然性的评价实质上就是评价人类活动对湿地自然环境的侵扰程度，显然，自然性的湿地区可提供最佳本底值，可作为生态系统健康评价的参照样本。目前，对自然性的度量还没有适宜的量化指标，需要定性与定量相结合。一般可根据人为影响的程度把自然性分成 4 种类型，即完全自然型、受扰自然型、退化自然型和人工型。

完全自然型是指一定的尺度内湿地区未受人类侵扰或极少侵扰，保持原始状态，自然生境完好，如沼泽地没有捕鱼、狩猎、耕作及挖沟修渠景观、建筑设施等，边缘区没有陆地化现象，没有灌丛及次生植被的发展现象等。

受扰自然型是指湿地区已受到轻微侵扰和破坏，但生态系统无明显的结构变化，自然生境基本完好，表现为缺乏人为景观，如沼泽地有个别或局部的挖沟排水捕鱼、狩猎现象，为某种目的而修建单一路桥或建筑设施，周边居民偷开沼泽小区域而耕作，有沼泽陆地化趋势等。

退化自然型是指湿地区已遭到严重破坏，系统结构发生变化，自然生境退化，表现在人类经常在核心区活动，如挖沟、排水、狩猎、收获等，致使生物栖息地丧失，面积缩减，路基增多，出现越来越多的耕作斑块，灌丛、次生林面积增加等。

人工型是指自然生境全面遭到破坏，原始结构已不复存在，已基本为人为景观湿地，如稻田、池塘等。

2) 水平衡

一般地，某一湿地区域水分的收入有 3 种来源，即降水、地表径流及地下水上升，支出有蒸发、地表径流及下渗。以上均指自然状态下的沼泽区或其他低湿地区。如果有人为的作用，如挖渠以疏干沼泽，河流改道后原有河道变干，围湖造田等，这些表现均属于极端现象。因此，往往是由于人类活动的短期效益意识而使湿地生态系统水供应受阻而最终退化。水分的供应维系着许多珍奇物种和濒危物种，特别是在沼泽区，许多研究已经分析了水平面与植物种和植被类型分布的相关性。沼泽落干引起特定物种丧失并不总是降低水平面的直接后果，还可能是环境变化的综合作用。落干可能伴随着底土层矿质化增加，导致粗质土壤植被的发育。水浸程度的变化也可能改变其他自然控制，从而影响物种生长。

湿地保护管理者经常关注沼泽的落干问题而忽视高水位对沼泽生态系统造成的影响。事实上，高水位也能影响沼泽及其他湿地植物的生长和分布。例如，沼泽区过分的高水位可导致对泥炭表层的深淹，典型湿地物种会表现出对水浸的明显变化，特别对于缺氧的不同敏感性，以及对还原有毒离子 Fe^{2+}等的敏感性。在水浸条件下，敏感物种能够生存仅是因为它们占有排水良好的微地貌生态位或者通过浅层伸根进入上面的有氧土壤层，甚至微小的但持续增长的水平面可能改变上层土壤的氧化还原电位，而影响植物的生长。

3) 化学

湿地水化学组成主要由大气沉降的离子贡献、集水区内的风化和离子交换过程，以及局地污染源所决定。大气沉降受海盐循环和远程传输的空气污染物的影响。降水的化学组成是离海的距离和人为污染源的函数。当通过某一集水区时，降水的组成被一系列过程所改变，这种过程属于生物(微生物活动、生长中植物的吸收、分解过程中的离子释放等)和化学(风化、离子交换、吸收与解析、氧化还原过程、沉降和溶解)过程。来自沉降和风化的离子总和与所有发生在某一集水区内的各种过程决定了径流水的化学状况。对于沼泽区来说，由于酸雨的沉降，使沼泽水酸度增加，钙和镁的含量降低，而潜在的有毒金属如铝含量增加，导致沼泽系统中的生物群落逐渐走向毁灭。酸雨可干扰土壤生物学及土壤化学，阻碍细菌活动，破坏营养循环，河流水及地下水同样受此影响，而后间接影响沼泽。同时，河流水和地下水常狭带工农业废水及排泄物流入沼泽地，对沼泽生物产生了极大威胁。

通常情况下，测定水化学的主要指标有水 pH、导电性、碱度、SO_4^{2-}、Cl^-、Fe、Ca^{2+}、Mg^{2+}、Na^+、K^+、NO_3、NH_4^+、总 N、总 P、总有机碳(TOC)、总单体 Al、非活性 Al 和浑浊度。通过观测水化学变化，有助于了解植物种及植被类型动态，有目的的对不合理要素进行控制。水化学变化的突出表现为富营养化问题。就低位沼泽而言，外部营养物的输入和土壤生物地球化学循环(如矿质化,P 的化学吸附等)决定了其富营养化的两种类型，即外源富营养化和内源富营养化(Wheeler et al.，1995)。外源富营养化是由大气中 N 沉降，以及地下水、河流水和表层水富营养化形成的。NO_x 沉降主要集中在工业区,NHx 沉降主要在家畜废物排放区，低位沼泽所处景观生态区的位置决定了它接受地下水、表层水或河流水的营养物输入。承泄区沼泽接收地下水输入，可能在传输过程中富集了营养物质，河缘低位沼泽也可以在洪水期间接收水中的营养物输入。低位沼泽营养物质量平衡是其健康的保障，如果低位沼泽植被被收获，会导致 N、P 数量的迁移，对于 N 收获抵消了高 N 的输入，使 N 质量守恒，对于 P 收获可能会导致生态系统 P 净损失，因为 P 的输入变幅往往不如 N 那么明显。

内源富营养化比外源富营养化在提供给植物/微生物营养物方面更重要。N、P 的微生物矿质比率依赖于土壤有机营养物库及环境状况(如温度、水含量、pH)。许多研究表明，土壤水分含量达到饱和水的 50%～90%时对矿质化是最适宜的。P 的行为比 N 要复杂得多，因为磷酸盐可以被 Ca、Fe、Al 所吸收，这种化学吸收被环境条件所控制，磷酸盐被 Ca 的氢氧化物吸收发生在 pH>6.5 时，而在 Fe 和 Al 的氢氧化物吸收中则要求较低的 pH。

4) 生物安全

生物安全响应是湿地生态系统健康的显著标志。由于点源和面源污染的进入，常常使湿地动物特别是鱼类等出现毒性和畸形。其不仅使湿地动物物种本身生存受到影响，甚至濒临灭绝危险，而且影响到整个生物链包括人类自身的健康。另外，由于自然突变或人为活动的诱导，常常引入大量的动植物种而同原有的物种发生竞争，引起原有物种栖息地的丧失而导致物种衰退和丧失。因此，生物安全评价指标常常依据动物畸形或毒性状况、外来物种的数量和比例来作定量和定性描述。

5) 物种多样性

保护和持续利用物种多样性的根本出路在于减轻人口的压力，提高人口素质。目前，物种多样性是生物多样性研究的基础，生态系统多样性是生物多样性研究的重点。湿地生态系统是否健康，受威胁程度如何，首先需要对物种数量的变化做出诊断。物种多样性的度量常用物种丰富度和物种多样性指数来进行，两者均为取样计算法。物种丰富度是物种多样性测度中较为简单且生物学意义明显的指数，它除用一定大小样方内的物种数目表示外，还可以用物种数目与样方大小或个体总数的不同数学关系来测度。在许多实例中，个体物种将显示出生态系统受胁迫的明显结果。如果对物种生物学有足够的了解，则可能辨识出生态系统受胁迫的原因。

一般而言，因为许多生态系统有成百上千个物种，物种需要结合成组或集合，将这些评价组或集合的属性作为评价指标。决定哪一集合的物种来监测，依赖于生态价值和管理目标，依赖于社会价值和优先性。从概念上来讲，生态系统主要由 3 个物种组成，即生产者、消费者和分解者。

4. 农业生态环境健康指标

与自然生态系统相比，农业生态系统是一种自然-人工复合生态系统。它既具有自然生态系统的某些特性，也具有人工生态系统的特性。它不仅直接为人类提供衣食住行等生活资料，而且还履行着重要的环境功能和文化教育功能。农业生态系统健康是食物安全和人类健康的基础。近年来，农业生态系统健康问题在国际上也备受关注。然而，与生态系统健康概念一样，目前在农业生态系统健康的内涵方面也未形成一个统一的认识。

农业生态系统健康是指农业生态系统免受发生“失调综合症”、处理胁迫的状态和满足持续生产农产品的能力，这个定义较为抽象，操作性不强。笔者认为，农业生态系统健康是指具有良好的生态环境、健康的农业生物、合理的时空结构、清洁的生产方式，以及具有适度的生物多样性和持续农业生产力的一种系统状态或动态过程。

农业生态系统是人类强烈干预的生态系统，其健康状况在很大程度上受人类活动的调控与影响，如土地过垦而引起的水土流失、土壤退化、乱砍滥伐、环境污染、农药化肥超量与不当使用、引入不安全的转基因生物和有害外来物种等。农业生态系统健康往往以农产品质量、食物安全与生物安全为标准，这些都是在农业生态系统管理中值得注意的。

目前，生态系统健康的评价指标大致可分为 3 类表述方法。第 1 类方法采用综合性指标，即用一个或几个综合指数来反映生态系统的健康状况，如 Rapport 等(1998，1999)和 Costanza(1992，1998)用活力、组织结构和恢复力 3 个主要的测量指标构建生态系统健康指数，进而度量生态系统的健康水平，即用 $H=V$(活力)$\times O$(系统组织指数)$\times R$(系统弹性指数)来表示。从理论上讲，通过综合计算可以确定一个生态系统的健康状况，但在实际操作中常常是很复杂的，因为每个生态系统都有很多组分、结构和功能，各有一套独立的系统，许多功能、指标都难以匹配。因此，这类方法可操作性不强，其结果也较难指明不同类型生态系统健康的具体特征。

第 2 类方法采用多要素、多层次的指标进行评价，如一些学者在评价生态系统健康时，采用系统综合水平指标(如生态系统失调综合征、系统可持续能力、生物完整性指数、活化能、结构活化能、生态缓冲量等指标)、群落水平指标(如类群组成、物种多样性、生物量、生物体型分布、营养结构、关键种等指标)、种群水平(如指示种，种群的出生率、死亡率、年龄结构、性比率、体型结构，种群的地理分布、丰富度、产量和生物量等指标)及个体水平(如个体的先天性疾病，机体对环境的耐受能力、对疾病的敏感度、行为效应、雌性化等指标)等多种尺度的生态指标，以及物理的、化学的指标(如土壤结构、肥力，水体富营养化程度、大气成分组成、环境污染程度等),加上社会、经济、人类健康指标(如经济发展的可持续性水平、经济增长率、资源稀缺与耗绝产生的经济限制、人寿状况、公共卫生状况、营养状况、疾病状况、社会福利、文化教育状况和政府决策等),来反映生态系统为人类社会提供生态系统服务的质量与可持续性。这类方法比较综合，反映的信息量大，但需要获取的数据往往较多且不易取得，工作量大，各个指标的权重很难客观确定，各因素之间的交互影响也很大，并且涉及生态系统尺度转换问题。

第 3 类方法采用诊断性指标或指示生物物种的方法来判断生态系统的健康状况。诊断指标是确定评价对象退化或者偏离健康的原因指标，如敏感个体的生长率、形态结构畸变、营养顶级生物、土壤动物等，这种方法比较简便，在生产实践上具有一定的可操作性，但该方法采用有限的几个诊断指标较难全面反映生态系统的健康水平，特别是对生态系统的一些“亚健康”状态。

总之，上述几种方法各有其优缺点。在进行生态系统健康评价时，可根据对生态系统信息资料掌握的实际情况选择使用或结合使用。一般情况下，用于农业生态系统健康的综合评价指标见表 4-19，其中，生物学指标主要包括生物生产力、农业生物多样性指数、生物的病情-虫情指数、有害生物入侵(包括转基因生物和外来有害生物)的生态风险指数，用以反映农业生态系统的生物健康状况;环境学指标主要包括土壤肥力的维持水平、土壤生物(微生物和动物)的功能多样性指数、环境污染综合指数、农业废弃物的无害化处理与资源化利用程度等几个指标，用以反映农业环境健康状况;生态经济学指标包括自然资源综合利用效率、农业生态系统的产投比、农产品质量水平等几个指标，用以反映农业生态系统的生态经济效益状况。在这个指标体系中，大多数指标都可以定量化，有的需要通过实验观测获得，有的可通过调查和统计得到，因而其具有一定的可操作性。

表 4-19　农业生态系统健康的综合评价指标

指标类型	具体指标
生物学指标	生物生产力水平、农业生物多样性指数、农业生物的病情-虫情指数、有害生物入侵的生态风险指数
环境学指标	土壤肥力维持水平、土壤生物功能多样性水平、环境综合污染指数、农业废弃物的无害化处理与资源化利用程度
生态经济学指标	自然资源综合利用效率、农业生态系统产出/投入比率、农产品质量水平

5. 城市生态环境健康指标

城市生态系统是典型的复合人工生态系统，其组分、生态关系网、生态位向生态流的转变和系统的演替，都与人类有着紧密的联系。目前，比较公认的是，城市生态系统由于受人为活动的影响，所以它的健康一方面是指人工环境和自然环境的健康；另一方面也包括生活在城市中的人群、其别生物及社会的健康，两者相互作用、相互影响，若前者遭到破坏，后者也就无法保障。健康的城市生态系统是城市发展的物质来源和载体，也是实现城市各项生态系统正常运转的前提条件，城市生态系统只有保持其结构及功能的完整，同时能抵御和恢复外界对其的干扰，才能为人类社会服务得更长久。

城市生态系统除了受自然因素的影响外，还会受到社会、经济、环境、政策等多种因素的制约，特别是当今社会，人类活动的影响力越来越大，已对生态系统的健康构成了一定的威胁。所以，对城市生态系统健康评价时，在考虑自然因素的同时，也要着重考虑社会经济等因素，只有这样客观全面的考虑，才更具有科学性和说服力。本节参考有关自然生态学中的“活力-组织结构-恢复力”评价模型及一些关于城市生态系统健康评价的研究文献，并结合当地的实际情况，采用了活力、组织结构、恢复力、维持生态系统服务功能和人类健康 5 个要素，并根据城市特征及数据的可获取性，选取了具体的评价指标。

1) 活力

活力是指城市生态系统的生产功能，主要表现在经济方面的物质生产力上，包括经济水平和经济效率，可以选取 GDP 增长率、城市居民人均可支配收入，以及人均耕地面积来表征经济发展水平，万元 GDP 能耗反映城市经济发展的效率。

2) 组织结构

组织结构是指生态系统的组成及复杂性。城市生态系统由自然结构、经济结构和社会结构 3 部分构成。选择人均公共绿地面积和建成区绿化覆盖率来反映自然结构，采用第三产业占 GDP 比重和全社会固定资产投资占 GDP 比重来表示经济结构，选取市区人口密度和第三产业从业人员比例来评价社会结构是否合理。

3) 恢复力

恢复力是指生态系统遭到胁迫后，系统利用自我调节能力恢复和维持自身结构。因为城市生态系统中的分解者很少，所以整个生态系统的自我调节主要通过人工调节来实现。因此，本书依次选取了 SO_2 排放达标率、城市生活污水处理率和工业废水达标排放率来反映城市废物处理能力，选取了工业固体废弃物排放利用率来反映物质循环利用能力，选取了环保投入占 GDP 比重来反映环境保护投资力度。

4) 维持生态系统服务功能

维持生态系统服务功能是评价城市生态系统健康的重要部分。其主要从环境质量和生活质量两方面来体现它对人类提供的服务利益。环境质量方面的指标主要选取了饮用水水质达标率和空气质量达到及好于二级的天数，生活质量方面的指标选取了人均居住面积、人均生活用水量、城市人口用水普及率和万人拥有病床数。

5) 人群健康

生态系统的好坏影响着人类的健康，体现人类健康与否可以从身体健康和文化素质两方面考虑，因此，分别选取了恩格尔系数、人口自然增长率和万人拥有大学生数。根据指标选取的原则和各要素的内涵来选取指标，见表 4-20。

表 4-20　城市生态系统健康评价指标

指标类型	具体指标
活力	GDP 增长率
	城镇居民人均可支配收入
	万元 GDP 能耗
	人均耕地面积
	第三产业占 GDP
	全社会固定资产投资占 GDP 比重
组织结构	市区人口密度
	第三产业从业人员比例
	人均公共绿地面积
	组织结构
	建城区绿化覆盖率
恢复力	SO_2 排放达标率
	城市生活污水处理率
	工业废水达标排放率
	工业固体废弃物排放利用率
	环保投入占 GDP 比重
	饮用水水质达标率
	空气质量达到及好于二级的天数
维持生态系统服务功能	人均居住面积
	人均生活用水量
	城市人口用水普及率
	维持生态系统服务功能
	万人拥有病床数
人群健康	恩格尔系数
	人口自然增长率
	万人拥有大学生数

4.1.2　大气健康指标

大气既是人类生活的重要环境，又是人类赖以生存的物质基础。清洁的空气是人类健康的前提和保障。关于大气的定义，根据不同的范围，有广义与狭义之分，根据国际标准化组织的定义，广义大气是指地球环境周围所有空气的总和；狭义大气是环境空气，指暴露在人群、植物、动物和建筑物之外的室外空气。

大气由多种化学物质组成，大气中氮元素所占比例最高，其次是氧。自然活动(如火山喷发、沙尘暴等)和人类活动(指人类生活休闲和从事物质生产的各种活动)，通常使大气中含有一些污染物。自然过程中排放的污染物包括火山爆发排放的二氧化硫、硫化氢、二氧化碳、一氧化碳及火山灰等颗粒物；森林火灾排放的一氧化碳、二氧化硫、二氧化碳、二氧化氮和氯化氢等；海啸过程中排放的硫酸盐与亚硫酸盐颗粒物；土壤和岩石的风化排放的自然尘和风沙。此外，气候和地形原因也能造成大气污染。自然过程造成的大气污染一般能通过环境的自净作用消除，对大气污染影响不大。

大气污染是指由于自然或人为原因，使大气中含有的污染物浓度对人的身心健康、自然生态系统和正常社会生产生活造成危害的现象。按污染物的不同物质形态，可以分成物理性(如噪声、电磁辐射和电离子辐射)、生物性和化学性 3 种。物理形态下又包括气态和颗粒两种存在形式。本节就分别针对物理形态下的大气健康指标进行简要论述。

1. 大气健康气态指标

常见的大气健康气态指标包括二氧化硫(SO_2)浓度、氮氧化物(NO_x)浓度、氯氟烃浓度、碳氢化合物浓度和光化学烟雾等。

1) 二氧化硫浓度

二氧化硫及其氧化物(如三氧化硫、硫酸雾等)所造成的大气污染危害很大。闻名世界的八大公害其中有四大公害(如比利时马斯河谷烟雾事件、美国多诺拉烟雾事件、伦敦烟雾事件及美国洛杉矶光化学烟雾事件)都与二氧化硫的污染有关。二氧化硫及其氧化物具有以下危害：①危害人体和动物的健康，直至造成死亡。由于严重的大气污染，二氧化硫在低浓度时，致使对人体和动物造成呼吸道内径狭窄，加大呼吸道阻力，刺激呼吸道，造成呼吸道疾病，如脑闷、咽喉疼痛、咳嗽等；在高浓度时，还会侵害中枢神经系统和心脏等部位，使人与动物处于昏迷状态，直至死亡。二氧化硫还有助癌性，尤其是肺癌，二氧化硫的污染直接影响到人与动物的生命安全。②二氧化硫对植物的危害。因二氧化硫的污染，可使空气酸化，给人类带来灾难性的酸雨，致使植物细胞受到酸化，植物酶细胞的作用及新陈代谢失常，甚至使原生质凝固，从而导致植物生长迟缓，发育不良，进而迅速枯萎死亡。③二氧化硫是一种比较强的还原剂，对各种物品(如纺织品、纸制品、油漆涂料品等)均有腐蚀作用。尤其是对金属制品表面腐蚀损害更大，因二氧化硫在空气中造成的亚硫酸和硫酸可直接破坏金属制品表面的氧化物薄膜。可见，二氧化硫浓度严重影响着大气健康状况，危害着人类健康。

2) 氮氧化物浓度

氮氧化物(NO_x)是造成大气污染的主要污染源之一。NO_x 包括 NO、NO_2、N_2O_5、N_2O_3、NO_3、N_2O_4 等。污染大气的主要是 NO 和 NO_2。NO_x 的排放会给自然环境和人类生产、活动带来严重的危害，包括对人体的致毒作用、对植物的损害作用、形成酸雨或酸雾、与碳氢化合物形成光化学烟雾、破坏臭氧层等。

3) 氯氟烃浓度

氯氟烃(氟里昂)是饱和碳氢化合物氟、氯衍生物的总称。目前被广泛用作制冷剂的主要是甲烷和乙烷的氟、氯衍生物，也就是以氟、氯的原子取代甲烷或乙烷中的全部或部分氢原子而形成的化合物。因此，它们的种类繁多，性质也不尽相同。氯氟烃是 1930 年由美国杜邦公司托·米德莱研制问世，最初只是用来替代氨和二氧化硫作为冷冻机的制冷剂。由于氯氟烃一般都具有性质稳定、不易燃烧、没有臭味、无毒或低毒、易于储存和价格比较低廉等特点，后来它的应用范围逐渐扩大。20 世纪 80 年代以来，大气平流层中臭氧含量不断减少，而氯氟烃类物质(CFCs)是公认的损耗臭氧层的主要物质。

由于臭氧层被破坏，“无影杀手”紫外线便长驱直入照射到对流层和地面，对地球上的生物产生极为不良的影响。臭氧层破坏这一全球性环境问题，已经引起联合国环境规划署和世界各国政府的高度重视。越来越多的科学家把注意力集中到这个问题上，进行了大量的观察和研究，开展了国际间合作，共同探讨了臭氧层的破坏——南极臭氧洞形成的原因，并提出了各种不同的假说。尽管科学家们在南极臭氧洞的形成原因上还未取得一致看法，但他们中的大多数还是认为，氯氟烃释放到空气中会消耗大气臭氧层，因此同意限制并逐渐禁止氯氟烃的生产和使用。

4) 碳氢化合物浓度

碳氢化合物(含其衍生物)是全球大宗化学品，在开采、分离、储运及加工过程中导致的土壤及地下水污染已成为全球面临的主要环境问题之一。常见的碳氢化合物污染分为油田区域石油污染和重要区域的点源污染两大类。当前，碳氢化合物所造成的大气污染中最令人担心的是，大气中的碳氢化合物同氮氧化合物的光化学反应，生成强氧化剂乙醛和过氧乙酰硝酸酯(PAN)等，从而对人体和植物健康产生影响。

5) 光化学烟雾

光化学烟雾主要有两种类型：一种是烧煤产生的，即伦敦型；另一种是汽车废气产生的，即洛杉矶型。早在 20 世纪 40 年代，美国洛杉矶就出现过光化学烟雾，表现为白色、紫色或黄褐色雾状物，使大气能见度低，具有特殊气味，刺激眼睛和喉咙，伴有流泪、喉痛、呼吸困难，甚至呕吐。

光化学烟雾本质上就是大气中的氮氧化合物和碳氢化合物等一次污染物，在阳光强烈照射下经过一系列光化学反应，生成臭氧(占反应产物的 85%以上)、过氧乙酰硝酸酯(PAN,约占反应产物的 10%)及醛类等二次污染物。由这些一次和二次污染物的混合物所形成的烟雾污染现象，称为光化学烟雾。它具有很强的氧化性、刺激性，对人类及动植物危害极大。

2. 大气健康颗粒物指标

大气颗粒物是大气环境中化学组成最复杂、危害最大的污染物，现已成为影响大气环境质量和人体健康的主要危害因素之一。研究表明，可吸入颗粒物 PM10、尤其是 PM2.5 可损害呼吸系统，破坏免疫系统，引发呼吸系统、心脑血管疾病及其他疾病，从而增加死亡率。

大气气溶胶是指大气中悬浮的直径小于 100 μm 的固态或液态微粒，它来源于沙尘粒子、海洋粒子等自然源和人们生产、生活等人为源。有些气溶胶粒子是大气中的污染物质，直接影响空气质量，特别是产生于工业城市地区的气溶胶，对大气环境和人体健康造成极大的危害。其中，PM2.5（即空气动力学当量直径小于 2.5 μm 的大气颗粒物，又称为细粒子）相对较粗颗粒而言，其比表面积大，能挟带更多的有毒有害物质进入细支气管和肺泡区，对人体的危害更大。本节重点介绍大气健康颗粒物指标——气溶胶。

1) 大气气溶胶分类

大气气溶胶按组成可分为碳气溶胶、硫酸盐气溶胶、硝酸盐气溶胶、铵盐气溶胶、海盐气溶胶和沙尘气溶胶。按来源分为自然源气溶胶和人为源气溶胶。自然源气溶胶是指通过自然过程产生的气溶胶粒子，包括风沙、生物排放、森林火灾、岩石风化、火山爆发、海水鹏沫等产生的一次气溶胶，以及天然排放的 H_2S、NH_3、NO_x、挥发性有机化合物和一次气溶胶等通过气粒转化和化学过程产生的二次气溶胶。人为源气溶胶指通过人类生产、生活活动产生的气溶胶，包括工业生产、运输、城市建设、废弃物燃烧等排放的一次气溶胶，以及 SO_2、NO_x、挥发性有机物和一次气溶胶等通过气粒转化和化学过程产生的二次气溶胶。

2) 大气气溶胶的性质

大气气溶胶主要有 3 个方面的性质：物理性质、化学性质及光学性质。

物理性质：气溶胶的物理性质包括气溶胶粒径、粒子形状和粒子谱分布（粒子的尺度谱和质量谱）等。一般情况下，人们用气溶胶物理性质来确定气溶胶模式。

化学性质：气溶胶的化学性质主要是指气溶胶粒子中化学元素的丰度（或浓度），以及气溶胶粒子成分在大气中所发生的各种化学变化过程。

光学性质（又称辐射特性，微物理特性）：气溶胶的光学性质主要是指气溶胶的消光效率、散射效率、吸收效率和散射相函数。它从微观上描述了气溶胶与太阳光子相互作用的机制，在宏观上表现为气溶胶的光学特性。气溶胶的消光系数、散射系数、吸收系数均与气溶胶粒子谱分布和波长有关，此外，还与气溶胶粒子的生命周期和化学组成有关。散射相函数表述的是单球形粒子的散射能随角度变化而变化的状态。

影响气溶胶性质的因素主要有相对湿度和地理因素。相对湿度对气溶胶的影响作用概括为两方面：①若粒子吸湿增加，尺度会变大，从而使尺度谱分布向大粒子方向移动；

②粒子与水结合，改变了气溶胶光学特征。研究表明，相对湿度的改变会使气溶胶粒子的物理、化学属性发生很大的变化。地理因素主要指下垫面、风速、地形和降水等。下垫面决定了气溶胶的来源，风速是气溶胶产生和扩散的动力之一，它们是气溶胶类型的主要影响因素。地形对气溶胶迁移有阻隔作用，降水对气溶胶性质的影响是通过对下垫面和空气的影响来实现的。

3) 气溶胶光学厚度

气溶胶光学厚度(aerosol optical depth，AOD)是气溶胶光学属性研究中的一个重要参数，它是一个无量纲的正值。其值的大小主要由气溶胶质粒的数密度、尺度分布等物理、光学属性决定。AOD是表征大气浑浊度的一个重要的物理量，也是确定气溶胶气候效应的一个关键因子，在城市地区其在很大程度上反映了大气的污染程度。

4) 气溶胶标高

大气气溶胶浓度的时空变化很大，其与天气条件、地理条件等因素密切相关。一般来说，高度越低，大气气溶胶浓度的均匀性越差，这主要是由地面污染源不均匀所致。随着高度的增加，气溶胶浓度一般按指数关系下降。气溶胶标高(aerosol scale height，ASH)是假定大气气溶胶浓度随高度指数衰减，当其衰减到地面浓度的1/e时，气溶胶层的高度，即认为气溶胶浓度随高度保持不变时气溶胶层的等效厚度。

4.1.3 水体健康指标

在全球淡水资源危机和水污染日益严峻的形势下，选取有效的指标和科学的方法，对水生生态系统的健康状况进行准确诊断，对于认真研究水环境问题及其形成机理、制订更加优化的方案，以有效控制水污染、更加科学地进行水生生态系统修复等，均具有重要的理论和实践意义。

关于水体生态系统健康评价，目前学术界尚未取得一致的认识，结合前人研究成果，笔者认为，水生生态系统健康评价指标大致可以分为自然属性指标、社会属性指标两个方面。具体体现在生态、人类健康和社会经济、物化三大类指标上。

1. 生态指标

水体健康的生态指标主要包括种群及个体指标、群落功能与结构指标，以及水体生态系统综合指标。

1) 种群及个体指标

依据个体或种群进行检测的基础在于选择那些对环境变化具有指示作用的种，即指示种，从公众较熟悉的、对化学因素变化较敏感的动植物，以及对其他压力的作用和生态过程的变化表现较明显的种进行筛选。用种群及个体指标表征生态系统健康状况非常直观。例如，EPT(Ephemeroptera Plecoptera Trichoptera，EPT)指数就是通过统计河流中蜉蝣目昆虫、积翅目昆虫和毛翅目昆虫的个数来评价水体质量情况。因为这 3 类昆虫是清洁水体中的生物，可以用作水指示物。

2)群落功能与结构指标

当生态系统因受到干扰和外来压力发生改变乃至退化时，通常会在群落的功能和结构上有所表现。对于水生生态系统来说，结构指标(如物种数\优势种)容易观测，使用广泛；而功能指标(如呼吸量、物质循环等)虽能全面衡量生态系统过程，但测算困难，使用相对较少。目前，鱼类和底栖无脊椎动物作为水体生态指标尤为广泛。最先以生物完整性(IBI)为代表的方法就是通过分析鱼类分类群组成与变化来评价水生生态系统健康。近年来，IBI 分别在大型底栖无脊椎动物、藻类、浮游生物、湿地、溪流和河口地区的高等维管束植物等类型中进行了应用。群落结构完整性作为生态指标，有利于对水生生态系统进行科学的评价，甚在对受损生态系统进行生态修复和重建中发挥出越来越大的作用。

3)水体生态系统综合指标

很多学者从系统可持续性能力的角度提出了描述系统状态的 3 个指标：活力、组织和恢复力。其中，活力是活性、代谢和初级生产力，可用初级生产力和经济系统内单位时间的货币流通率表示；组织是生态系统组成及途径的多样性，由多样性指数、网络分析获得的相互作用信息等参数表示；恢复力是生态系统维持结构与格局的能力，一般用计算机模型获得。Jorgensen 等(1995)提出用能质和结构能质来评价水生生态系统健康。能质是系统达到热力学平衡需做的功。Jorgensen 认为，系统功能可以通过计算系统的能质得到，同时能质又能成为系统结构的一个合理的指标，能质的变化能描述水生生态系统富营养化的过程，也能评估系统在各种外界影响下的变化。结构能质表示的是生态系统使用资源的能力。生物群落越复杂，结构能质也就越高。结构能质可以作为系统水平上的一个量化指标，来指示淡水生态系统的资源利用率。结构能质不仅能测量营养状况和生物多样性，还能测量结构复杂性和生物量。在环境监测中，结构能质可以作为一个整体的量化指标，反映生态系统的健康状况及其在外界干扰下的变化。

2. 人类健康和社会经济指标

生态环境质量与人类活动密切相关，生态系统健康问题由人类产生，不可能存在于人类的价值判断之外，而人类价值判断最终由社会经济和文化因素形成。因此，不考虑社会经济和文化因素的生态系统健康评价是没有意义的。水生生态系统变化的许多方式都可以反作用于人类健康，如由于水体富营养化引起藻类大量繁殖和浮游动物的大量增生，从而增加了霍乱在人群中的传播；又如，伴随着水质变坏而产生的大量水生昆虫，通过骚扰、叮咬、生物性传播等各种方式威胁人类健康。因此，人类健康本身就应成为生态系统健康的一个衡量指标。同样，水生生态系统健康与社会经济紧密相联。健康的水生生态系统是经济发展的保障，但是一旦系统的健康被破坏，缺少了水生生态系统服务功能支撑的社会经济就会损失惨重。无锡的梅梁湖于 1990～1998 年发生了 4 次突发性水污染事件，由于蓝藻暴发，湖水发臭，水厂被迫停产，造成经济损失数十亿元。社会经济指标主要来源于经济学指标及造成环境压力的社会指标，如 GDP、失业率、人均能量消费等。人类健康指标则包括死亡率、主要疾病发生程度、文化水平等。

3. 物化指标

物化指标集中于水生生态系统非生物环境的测定，包括溶解氧、重金属浓度、总磷等。物化指标在生态系统健康评价中历史悠久，在很多项目中占据主导地位，著名的例子有美国环境保护署(EPA)于 1986 年推行的水质标准。物化指标浅显易懂、一目了然、实用性强，它能够直观地反映出水生生态系统的健康状况。水体中营养物质和污染物的浓度、pH、色度等参数都可能影响到水生生态系统的服务功能。但是单纯依靠物化标准会使评价结果不全面，同时物化指标与生态系统状况的关系也不是很明了。随着技术水平的提高，水体营养分布状况、岸带结构等数据的收集成为可能。作为新型的物化指标，它们开始活跃在生态系统健康评价工作中。例如，Goforth 的水生生物和生物完整性评价体系(WHEBIP)就是由 12 个地质指标构成的，这些指标都可以从卫星遥感照片、营养分布图和地形分布图中获得。

遥感作为一种宏观观测手段，在很多方面具有传统点观测无法比拟的优点，如可以对水域面积、蓄水量等进行动态变化监测等。近 20 年来，遥感技术在大范围水文监测中已经开始发挥重大作用。运用遥感技术反演水域面积、水位、水深及蓄水量、径流量的动态变化，以及其他水体健康指标，逐渐成为水体健康遥感诊断研究的热点。

4.1.4 人类健康指标

本书所描述的人类健康指标主要是指人类自身的健康状况、人群文化素质，以及人类居住环境的健康状况等。这些指标严重影响着人的健康状况。本节分别就人群健康指标、文化素质综合指标，以及人居环境评价指标进行详细论述。

1. 人群健康指标

世界卫生组织宣布 2000 年人的健康标准为有足够充沛的精力，能从容不迫地应付日常生活和工作的压力而不感到过分的紧张；处事乐观，态度积极，乐于承担责任，事无巨细不挑剔；善于休息，睡眠良好；应变能力强，能适应环境的各种变化；能够抵抗一般性感冒和传染病；体重得当，身材匀称，站立时头、肩、臂位置协调；眼睛明亮，反应敏锐，眼睑不发炎；牙齿清洁，无空洞。无痛感，齿龈颜色正常，无出血现象；头发有光泽，无头屑；肌肉、皮肤富有弹性等。具体的人群健康指标包括体温、心跳、呼吸、体重、面色、食欲、精力、疼痛、出血、饮食、睡眠、血压等。

1) 体温

人是恒温动物，体内的产热和散热过程基本保持平衡。人体的温度通常为 36～37 ℃。测口腔温度一般以 36～37.2 ℃为正常。若在腋下测量则较口温低 0.5 ℃，如用肛表(多用于婴幼儿）测较口温高 0.5 ℃为正常。

人的体温受昼夜、年龄、性别、环境及运动诸因素影响而稍有上下波动。体温高于正常为发热，这是最常见的失健表现，应针对病因对症下药进行治疗。当然也有所谓的生理性低热，一般不超过 38 ℃，多见于精神紧张或剧烈运动之后，妇女在月经期或妊娠过程中有时也可有此种低热。

2）心跳

正常底册心跳数为每分钟 72 次左右，但较少有人如此准确。心跳的快慢与情绪、活动、体质等方面因素有关，一般每分钟 60～100 次均可视为正常。有些运动员或体力劳动者心跳每分钟只有 50 余次，也视为正常。在静息情况下，心跳每分钟 100 次以上，或心跳每分钟 50 次以下都应就医检查，以查明病因对症下药。

最常见的心律不齐是过早搏动或称前期收缩，主观感觉上似乎是心脏某一次跳得特别重，而脉搏则似乎少跳动一次。每分钟过早搏动在 6 次以上的，则为频发早博，常是某些心脏病的表现。

3）呼吸

正常的呼吸为每分钟 16～20 次，儿童可能更快些。精神紧张、运动、发热等均可使呼吸的频率加快。

呼吸困难者多感到氧气不足、呼吸费力，严重者不能平卧，甚至口唇紫绀。此种情况多为病态，往往需要紧急救治。

少数有明显精神刺激因素者，突然表现为呼吸浅速，稍久可伴手足发麻，甚至抽搐症状，对这种病人应予以劝慰或给予暗示治疗。

4）体重

体重是健康的重要指标之一。当然，人的胖瘦因遗传、营养、活动等因素而异，较有难绝对的标准。下列体重标准可供参考。

男性体重（kg）=身高（cm）–105；

女性体重（kg）=身高（cm）–102。

体重在标准上下 10%范围内为正常，低于标准 10%以上者为消瘦，超过标准 10%以上者为超重，超过 20%者为肥胖。

上述标准只适用于成人，不适用于儿童。

还有一个体重指标，称为体重指数。

体重指数=体重（kg）/身高 ^{2}（m）；

假设体重为 60 kg，身高为 1.7 m,则体重指数=60/1.7^2=20.7。

世界卫生组织将体重指数正常值定为 25，28 以上视为肥胖。一些亚洲国家则将体重指数正常值定为 23，25 以上即为肥胖。同样，这个指标也不适用于儿童。

体重在短期内明显下降，若非故意减肥，多预示有疾病发生，应进一步检查。体重逐步增加并达到肥胖程度者，也应找寻原因加以纠正。

5) 面色

面色首先是指面部皮肤的颜色。肤色的深浅与遗传、生活环境等有关。剔除这些因素后，如果面色变得灰暗、苍白、青紫、焦黄等都是不健康的征兆。面颊部的红晕对于皮肤洁白的妇女本是健康的象征，但如果发生在苍白的面颊上而且多在下午或傍晚出现，可称为“潮红”，则常为结核等消耗性疾病的象征。面色不单单指面部皮肤的颜色，通常还包括人的精神状态。如疲惫、憔悴等也都可以通过面色反映出人的健康状态。

6) 食欲

食欲俗称胃口，正常情况下，一日三餐前略有饥饿感，见到食物便有食欲；若遇佳肴，更是食欲大开；餐后略有饱腹感视为正常。若有一两餐未进食而仍无饥饿感，或虽有饥饿感，但见到通常的食物，甚或佳肴，仍无食欲，或稍进食后食欲即无，即为食欲不振。食欲不振者首先应在情绪、环境等方面找寻原因，若无理由可以解释，则说明这是一种失健的表现。反之，食欲亢进，表现为易饥、食量大增，也是一种不健康的表现。

7) 精力

精力通常指一个人对工作与生活的活动能力。人的能力包括智力与体力两个方面。所谓“精力不济”主要是指体力下降、易疲劳、工作效率降低，它们均是健康状况不佳的表现。这里所指的健康包括生理和心理两个方面，在心理健康不佳时也常表现为体能的减退。当然，智力的减退也是失健的表现。

反之，若无特殊的原因，突然变得精力过人、终日不知疲倦，也未必是好事，而应该从生理和心理两方面找原因，加以纠正。

8) 疼痛

许多疼痛，尤其是一时性的疼痛，对于健康并不十分重要，如一时肌肉酸痛、“神经痛”之类。但如果疼痛持续不愈，逐步加重，或伴随其他相应症状的，则都是病态，应该进一步检查，以明确诊断，对症治疗。

对于疼痛的感受因人而异，有人敏感，有人迟钝。所以疼痛的程度与问题的严重性并不完全一致，因此，切莫以疼痛尚不严重而不予重视。

9) 出血

若非外伤引起的出血，除月经外，均应视为疾病的信号。当然，有些并不十分重要，但也不能轻视，如鼻出血、牙龈出血，至少与鼻炎、牙周病有关；若是经常出血，则可能有血小板减少或其他凝血功能的障癌，也应仔细检查。至于呕血、便血(黑粪)、尿血、咯血等，自然应引起高度重视，认真检查诊断，查明原因，积极治疗。

出血还可能间歇发作，不要以为出血自然停止了就没有问题了，因为包括一些严重的疾病，出血也可能是间歇性的。

10）饮食

成年人每日食量不超过 500 g，老年人不超过 350 g。如出现多食多饮应考虑糖尿病、甲亢等病的存在。每日食量不足 250 g，食欲丧失达半个月以上的，应检查是否有潜在的炎症、癌症。

11）睡眠

成年人每日睡眠 6～8 h，老年人应加午睡。入睡困难、夜醒不眠、白天嗜睡打盹均为睡眠障碍的表现。

12）血压

人体血压标准为 120 / 80 mmg；当人体血压≥140 / 90 mmg 为高血压 I 期；当人体血压≥160 / 100 mmg 为高血压 II 期；当人体血压≥180 / 100 mmg 为高血压III期。

2. 人居环境评价指标

“人居环境”一词最早出现于 1968 年道氏所著的《人类聚居学》一书中。我国明确提出“人居环境”一词仅有 10 余年，该词提出后很快就被社会各界所接受和运用。但到目前为止，人居环境尚没有一个公认的定义。城市生态学认为，人居环境是与人类生活质量关系最密切的生态环境，也是生态环境中最活跃的组成部分，同时，人居环境也是人类社会经济发展的主要内容和发展程度的重要标志。

空间形态学认为，人居环境的内涵应该是人文与自然协调，生产与生活相结合，物质享受与精神满足相统一的一种状态。资源学认为，人居环境是指人类活动过程，包括居住、工作、卫生、交通、通信、生态环境、文化娱乐等，以及为此建设的各类实体结构的有机结合。人居环境由广义、狭义之分。广义人居环境，即由社会环境、经济环境和物理环境三大部分整合而成的人类居住系统;狭义人居环境，指人们居住社区的综合环境，是居民赖以生活的场所，也是其进行社交及与自然接触的空间。也有学者认为，广义人居环境是指与人类发展相关的各种要素的综合，其包括 3 个层次，即宏观人居环境（如城市环境）、中观人居环境（如社区环境）、微观人居环境（如居住环境）；狭义人居环境是指人们的居住环境，主要指硬件设施。总之，人居环境是一个内涵不断深化、外延不断拓展的概念，它将随着科学技术、社会经济的不断发展而拓展、深化。

人居环境是一个综合性的概念，涉及较多领域。吴良镛院士认为，不同研究角度包含不同内容。人居环境的研究内容包括五大系统，即自然系统、人类系统、社会系统、居住系统、支撑系统。其中，“人类系统”与“自然系统”是两个基本的系统，“居住系统”与“支撑系统”则是人工创造与建设的结果。各个系统相互联系、相互影响，存在于一个完整体内部。

联合国“反映可持续发展原则的人类住区的政策建议”为建立人居环境质量评价指标体系提供了科学参考。各城市根据指标现有水平和监测能力，采取不同编制指标的方法。最好的人居环境质量评价指标是持续发展的间接数据，即供水的数量和质量、卫生设施和废物处理、空气质量等，指标数据既反映质量特征，也反映数量特征。世界银行从经济、社会文化和生态 3 个方面提出了有关环境的可持续矩阵，并将其作为指标研究的框架。英国环境部(DOE)提出了“英国可持续发展指标”。我国人居环境健康指标的研究是全新的前沿课题。中华人民共和国住房和城乡建设部经过多年实践提出的“城市环境综合整治考核指标体系”，从城市生态效率、和谐度、可持续能力等方面建立了城市人居环境健康指标。

不同学者对人居环境影响因素有不同的划分标准，但是它们都包含影响人居环境的各个领域。本书将影响人居环境的指标归结为自然资源及环境指标、社会人文指标、经济技术指标、基础设施指标和规划及政策指标五大方面。

1) 自然资源及环境指标

自然条件是人类生存发展的基础，自然环境条件的好坏直接影响人类的生存与发展。面对钢筋混凝土林立的城市，人类开始回归自然，国内外的大量城市积极创建生态城市的举动史无前例。就自然资源及环境因素而言，最佳人居环境区归结为风沙较小、水源充足、植被茂盛、空气新鲜、土地肥沃、阳光柔和、温度适宜、灾害较少、污染较小的地域。影响人居环境的自然因素包括气候条件(气温、降水量等)、地表环境(地形、地貌等)、水文条件、地质条件等。

2) 社会人文指标

城市社会环境是在城市自然资源与环境的基础上建立起来的，包含人类生活条件的各种因素。影响城市人居环境的社会人文因素主要包括人口资源、文化资源、生活品质、文化特性等，如城市所具有的文化品味和相应的功能系统，前者主要指一个城市的文化、市民精神及社会风尚，后者主要指城市的文化设施。城市人文环境特征的维护和特色的创新，是人们在物质文明较为丰富的基础上，创建高品质历史文化人居环境的需要。城市的人文环境是人居环境可持续发展的宝贵的精神财富，在城市人居环境建设过程中应该注意历史文脉的延续性。

3) 经济技术指标

经济技术因素是住宅建设质量好坏的决定性因素，城市人居环境以人为核心，以建筑物为基础。经济是社会发展的动力，城市基础设施建设、环境治理工程、住宅建设等城市各项建设都需要经济的大力支持。经济是城市建设、发展、完善等一切活动的本源。经济实力强、技术条件好的城市对基础设施的投入多、标准高，城市人居环境优美、舒适。

4) 基础设施指标

基础设施是城市人居环境硬件设施优劣的重要标志。城市基础设施是指为城市生产和居民生活提供的各类服务设施，包括市政公用设施和生活服务设施。市政公用设施，如道路交通、能源、供水和排水、邮电通信、环保和防灾设施等，为城市的生产、流通、消费等各个环节服务，是城市生产与居民正常生活的保证。生活服务设施主要指商业、服务业、教育、科研、文化、体育、卫生保健等设施，其内容和规模在一定程度上反映了城市文化和物质生活水平，其分布与组织直接影响城市区域内人居环境的空间分布特征。因此，基础设施是人居环境质量的重要影响因素。

5) 规划及政策指标

城市规划对城市建设及其空间结构、功能区划起到重要的指导作用，住宅是人居环境的主要载体。住房的建设质量及空间位置直接影响居住小区的人居环境质量。实践表明，住房体制的改革影响城市区域内人居环境的空间分异。因此，规划、政策因素对城市人居环境的建设与改善同样起到不可忽视的作用。

4.1.5　灾害影响程度指标

人类生活在地球上，每年都有各种各样的灾害发生。每年各种各样的自然灾害和人为活动诱发的灾害，造成成千上万的人死亡，直接经济损失达五六百亿元。为了更好地评价灾害对人类健康的影响，笔者将利用自然灾害指标和人为灾害指标来诊断灾害对人类健康的影响。

1. 自然灾害指标

自然灾害是指发生在生态系统中的自然过程，它可以导致社会经济系统失去稳定与平衡，使社会财产产生损失或导致社会在各种原生和有机资源方面出现严重的供需不平衡。近几十年来，全球各种自然灾害频繁发生，损失惨重。我国是一个自然灾害频繁发生的国家，也是世界上灾害最严重、受灾历史最早、灾害种类最多的少数国家之一。目前，关于自然灾害的分类原则和方法尚不统一，对自然灾害的分类不是一成不变的，各种灾害分类之间是互相联系的，同一种灾害在不同的分类体系中可以互相交叉。通常我国发生的自然灾害可以划分为地质灾害、气象灾害、海洋灾害、洪水灾害、地震灾害、生物灾害和森林火灾七大类(曹春香，2013)。本节将针对这七大类灾害指标进行描述。

1) 地质灾害指标

我国地质灾害种类繁多，除地震外，还有崩塌、滑坡、泥石流，地面沉降、地面塌陷、地裂缝，水土流失、土地沙漠化、土地盐渍化，岩爆、井巷变形、矿井突水突泥、煤瓦斯突出、井下热害、油气井管套损，煤自燃，特殊岩土工程地质病害，异常水土环境与地方病，海水侵、海岩侵蚀、港口淤积，河湖水库淤积塌岸、堤防滑坡、坍塌等，共有十几类、几十种。这些灾害除直接危害人民生命财产安全和生活、生产外，还严重破坏水、土地、生物、矿产资源与生态环境，从而对人类生存与发展造成更深刻、更长远的影响。

多年来，地质灾害评价研究多数以地质环境条件为单元，可以预测地质灾害的易发性、危险性及风险，但无法反映灾害现状。例如，某地区地质灾害为高易发，说明此地区具备高发地质灾害的自然条件，而通过实地调查，此地区灾害数量很少，地质灾害发育现状为低发育。为了能客观、真实地反映地质灾害的实际情况，本书尝试选取地质灾害综合评价指标，期望能够对地质灾害发育程度和损失程度进行评价。

根据地质灾害综合评价的建设原则，确定了由地质灾害发育程度评价和地质灾害损失程度评价 2 类、6 个一级指标、12 个二级指标、30 个三级指标。一级指标和二级指标是指标体系的主体，有明确的评价对象，能满足定量化和空间图示化的要求，具备评价分级的功能，每一个指标都能实现独立成图。

地质灾害发育程度的高低，一方面取决于地质灾害数量的多少，同时也取决于地质灾害规模的大小。针对已发生的地质灾害和地质灾害隐患点的分布情况，地质灾害发育程度评价包括地质灾害发育现状评价和地质灾害发育趋势评价。地质灾害发育现状（趋势）评价是地质灾害（地质灾害隐患点）数量和规模的综合表现，地质灾害（地质灾害隐患点）数量越多、规模越大，发育程度越高。

地质灾害发育现状（趋势）评价包括滑坡（滑坡隐患点）、崩塌（崩塌隐患点）、泥石流（泥石流隐患点）、地面塌陷（地面塌陷隐患点）和地裂缝（地裂缝隐患点）的发育程度评价。具体的地质灾害综合评价指标见表 4-21。

表 4-21　地质灾害综合评价指标

类别	一级指标	二级指标	三级指标
地质灾害发育程度评价	地质灾害发育现状指数	滑坡、崩塌、泥石流发育现状指数	· 滑坡发育现状指数 · 崩塌发育现状指数 · 泥石流发育现状指数
		地面塌陷、地裂缝发育现状指数	· 地面塌陷发育现状指数 · 地裂缝发育现状指数
	地质灾害发育趋势指数	滑坡、崩塌、泥石流发育趋势指数	· 滑坡发育趋势指数 · 崩塌发育趋势指数 · 泥石流发育趋势指数
		地面塌陷、地裂缝发育趋势指数	· 地面塌陷发育趋势指数 · 地裂缝发育趋势指数
地质灾害损失程度评价	地质灾害灾情指数	滑坡、崩塌、泥石流灾情指数	· 滑坡灾情指数 · 崩塌灾情指数 · 泥石流灾情指数
		地面塌陷、地裂缝灾情指数	· 地面塌陷灾情指数 · 地裂缝灾情指数
	地质灾害险情指数	滑坡、崩塌、泥石流险情指数	· 滑坡险情指数 · 崩塌险情指数 · 泥石流险情指数
		地面塌陷、地裂缝险情指数	· 地面塌陷险情指数 · 地裂缝险情指数

2）气象灾害指标

气象灾害是指因气象原因直接或间接引起的、给人类和社会经济造成损失的灾害现象。近 30 年来，全球 86%的重大自然灾害(500 人以上死亡或 6.5 亿美元以上经济损失)、59%的因灾死亡、84%的经济损失和 91%的保险损失是由气象及其衍生灾害引起的。在我国，气象灾害造成的粮食损失占所有自然灾害造成的粮食损失的 97%左右，直接经济损失占总经济损失的 76%以上，占国民生产总值的 3%～6%。2001～2010 年，全国平均每年因气象灾害造成的直接经济损失超过 2000 亿元，并有长期增加的趋势，特别是 2008 年和 2010 年分别高达 3245 亿元和 5907 亿元，给我国人民生命财产和经济社会可持续发展带来极大损伤。受全球气候变化影响，近年来，我国极端天气气候事件明显增多，气象灾害的多样性、突发性、极端性日显突出，灾害的多变性、关联性和难以预见性更加明显。特别是随着经济的快速发展和工业化、城市化进程的不断加快，社会予灾环境将更加脆弱敏感、承灾体将更加暴露、致灾因子将更加复杂多样，我国气象灾害时空分布、损失程度和影响深度广度出现新变化。

据统计，我国共有暴雨洪涝、干旱、低温冷害、台风、冰雹、高温热浪、干热风、冻雨、雷击、雪灾、冻雨、连阴雨、沙尘暴、浓雾、静风等七大类 20 余种灾害。其中，干旱、洪涝、台风、冰雹及低温冷害给经济社会发展和人民生产生活带来的损失最为严重。正确评估灾情才能获知灾害对社会和人民带来的影响程度。

灾情损失评估一般有三种方法：一是绝对量化法，通过调查统计灾区人员伤亡数、计算财产损失进行量化，该方法提供灾情的基本数据，但不考虑统计区域的基数，不能表现灾情强弱；二是相对量化法，统计受灾区域的人员总数和财产总数，并将人员伤亡数除以总人数、财产损失除以总财产数作为指标，这种强弱指标能较好地体现灾情的自然属性，便于不同区域间对比；三是专家评定法，由专家在受灾现场直接评估，给出灾害强弱的语言描述方法，但结果粗糙不易进行量化分析。

常用的方法是第二种方法，并结合第一种方法进行气象灾害影响变化特征分析。相对指标有经济灾度，定义为气象灾害造成的直接经济损失除以该地区当年的国民生产总值(GDP)，以经济受灾率表示；人口灾度，定义为气象灾害造成的受灾(死亡)人数除以该地区行政人口总数，以人口受灾率(人口死亡率)表示；农作物灾度，定义为受灾(成灾面积)除以当年的播种面积，以农作物受灾率(成灾率)表示，这样可以排除每年播种面积变化的影响。采用相对指数法，一方面，剔除各地区间社会经济发展不平衡造成的影响，可以进行区域之间的对比；另一方面，剔除承灾体暴露度年际变化对损失评估的影响，便于时间纵向比较，使得分析结果更加客观且具有可比性。

3）地震灾害指标

地震是因地球内部缓慢积累的能量突然释放引起的地球表层的振动，简言之，就是大地的振动，其是地球上经常发生的一种自然现象。据统计,2001～2012 年，全球平均每年发生约 500 万次地震(相当于平均每天大概要发生 14 000 次地震，每 6 s 就可能发生一次地震)。其中，被人感觉到的约 5 万次。

常用的评价地震灾害影响的指标为震级和烈度。震级和烈度两个特征参数描述一次地震的大小。震级是表示地震本身强弱的指标，是指一次地震发生后所释放的能量的大小，一次地震只有一个震级；烈度是指某一地区的地面和地面上的各类建(构)筑物遭受一次地震影响的强弱程度，一次地震的烈度可以有很多个，距离震源不同的地方就有不同的烈度。

4) 森林火灾指标

森林火灾作为一种全球危害性较大的自然灾害，具有突发性强、燃烧面积广、扑救困难等特点。近年来，全球森林火灾的频繁发生不仅造成巨大的人员伤亡和财产损失，同时也引发了严重的生态危机，对生态系统的稳定性产生了重要影响。森林火灾损失评估作为森林火灾管理的重要组成部分，能有效反映当前森林火灾防治的现状及管理中存在的问题，同时也可以为森林防火标准的制定和修订、防火资源的科学配置奠定基础。

由于地域差异大、森林资源复杂等多种原因，目前还未形成一套较为完善的，普适性、科学性和规范性较强的森林火灾损失评估的标准体系，对火灾所造成的损失评估不到位、不全面，导致如今森林产业发展需求得不到满足。

评价区域森林火灾危害程度的指标主要包括单一指标和综合指标。其中，单一指标包括林火次数比率、森林燃烧率、森林受害面积比率、每起森林火灾平均受害面积、森林火灾发生次数变异系数、受害森林面积变异系数。下面将针对这些单一指标进行详细描述。

a. 林火次数比率

林火次数比率可由以下公式表示

$$\text{林火次数比率}=\frac{\text{某省(区、市)年均森林火灾次数}}{\text{全国年均森林火灾次数}} \tag{4-8}$$

我国森林分布很不均匀，且森林火灾受气候影响很大，用次数评价某地森林火灾危害程度和林火管理水平有失公允。该指标以全国年均森林火灾次数为基数，可以反映某区域森林火灾发生的频繁程度，弥补了使用发生次数比较区域之间森林火灾危害大小的不足。林火次数比率的数值越大，说明该省(区、市)森林火灾发生次数在全国所占的比重越大。该指标反映了发生森林火灾的区域性特点。

b. 森林燃烧率

森林燃烧率可由以下公式表示

$$\text{森林燃烧率}=\frac{\text{某省(区、市)年均受害森林面积}}{\text{该省(区、市)森林面积}} \tag{4-9}$$

我国森林分布很不均匀，仅使用受害森林面积不便于比较区域的森林火灾危害程度。该指标以管辖区内森林面积作为基数，可以较客观地比较区域间森林火灾的危害程度。

c. 森林受害面积比率

森林受害面积比率可由以下公式表示

$$\text{森林受害面积比率}=\frac{\text{某省(区、市)年均受害森林面积}}{\text{全国年均受害森林面积}} \tag{4-10}$$

森林受害面积比率反映的是森林火灾的区域性特点，把各省(区、市)的森林火灾危害与全国平均水平相比较，统一了基准，便于区域之间的比较。与林火次数比率类似，其数值越大，说明该省(区、市)森林受害面积在全国所占的比重越大。

d. 每起森林火灾平均受害面积

每起森林火灾平均受害面积可由以下公式表示

$$\text{每起森林火灾平均受害面积}=\frac{\text{某省(区、市)年度(或年平均)受害森林面积总和}}{\text{该省(区、市)年度(或年平均)森林火灾总次数}} \tag{4-11}$$

我国森林火灾分布的特点之一是我国南方森林火灾发生次数多，但每起森林火灾的过火、受害、成灾面积小，而我国北方则相反，该指标可以较好地反映这一特点。

e. 森林火灾发生次数变异系数

森林火灾发生次数变异系数可由以下公式表示

$$\text{森林火灾发生次数变异系数}=\frac{\text{某省(区、市)年度森林火灾总次数序列的标准差}}{\text{该省(区、市)年度区间森林火灾次数平均值}} \tag{4-12}$$

森林火灾发生的次数不仅有地域上的差异，而且由于受到气候因素、林情、社情、管理水平等多种因素的影响，在同一个省(区、市)不同年份之间也会出现很大的差异。如果森林火灾发生次数的数据序列足够长的话，通过变异系数的比较，还可以较好地分析不同时间段(某个时期)的差异，从而比较林火管理水平是否有所提高。

f. 受害森林面积变异系数

受害森林面积变异系数可由以下公式表示

$$\text{受害森林面积变异系数}=\frac{\text{某省(区、市)年度受害森林总面积序列的标准差}}{\text{该省(区、市)年度区间受害森林总面积平均值}}$$

受害森林面积的变异系数可以较好地反映某区域森林火灾的控制能力。如果一个区域的受害森林面积变异系数大，说明该区域的森林防火管理水平不稳定，森林火灾的控制能力较弱，特别是对两个时期进行比较时，如果前一个时期的变异系数大，后一个时期的变异系数小，则表明后一个时期的管理水平提高了，对森林火灾的控制能力也有所提高。

2. 人为灾害指标

人为灾害是指由于人类、人群或个人的不当行为(错误、失误、蓄意制造或恶意破坏)造成的危害自然条件、环境或社会安定、他人或自身生命、财产的各种事件。其中，人为蓄意制造或恶意破坏(如杀人、放火、放毒、战争等等)造成的灾难应由国家法制与军事部门处理，可以不列为一般人为灾害中。由于各种错误和失误造成的如交通肇事、环境污染、生态破坏、水土流失、以及由操作失误导致的各种事故、灾变等，均属于人为灾害。

人为灾害系统可以划分为随机灾害子系统、次生灾害子系统、潜在灾害子系统。随机灾害子系统下可列入交通事故、火灾和爆炸等灾害；次生灾害子系统下可列入核污染、有害气体污染、生态失衡、土壤沙化、森林过度砍伐等灾害;潜在灾害子系统下可列入人口过剩、水荒、垃圾、污水、饥谨等灾害。不难看出，人为灾害区别于自然灾害的主要标志是非突发性、可防范性、隐伏性、渐变性和惩罚性。因此，可以大体上把人为灾害的评价指标分为随机灾害指标、次生灾害指标和潜在灾害指标。

1）随机灾害指标

随着社会经济的发展、高新科技产品的开发，人类赖以生存的环境已经受到了日益严重的挑战。人类在创建社会物质文明与精神文明的同时，也在用自己的双手毁坏自己所创建的文明基础。本书所说的随机灾害是指此类灾害带有很大的随机性、不确定性。

a. 交通事故

世界人口日趋膨胀，城市人口日益密集，在交通工具更加先进的当今社会，陆路、空中、水上各类交通事故屡见不鲜。我国每年发生交通事故 200 余万件，死亡人数达 5 万余人，伤达百万之众。在美国仅酒后开车所造成的死亡人数就达 2 万人。据统计，1955～1985 年全世界空难死亡 2802 人，近年来空难和海难事故更是频繁发生。目前，全世界死于交通事故的人数在 35 万～40 万人，直接和间接的经济损失确实难以估计。

b. 火灾和爆炸灾害

人类因自身活动而引起的火灾和爆炸灾害更是频繁，火灾大都是由吸烟、机械、煤气、电火、炊事引发的。大兴安岭森林大火所造成的损失在中国历史上是罕见的，其给予人们的教训也是极其深刻的。

2）次生灾害指标

所谓次生灾害是指人类在生存与发展过程中，在开拓社会物质与精神文明的同时所造成的一种不易被人们所察觉、所重视、所接受的超越地区、超越洲际的公害。自 19 世纪中叶工业革命以来，特别是 20 世纪 30 年代的电子科技为代表的高科技革命以来，人类社会以前所未有的速度发展。然而，就在这种日新月异展示人类文明的过程中，大自然不仅以其“深沉”的目光注视人类的繁荣进步，也以其独特的手段给人类以严厉的惩罚。次生灾害在这种现实与矛盾中不断发生和发展，以至于成为一种社会公害。例如，核污染、有害气体污染、生态失衡、土壤沙化等。

a. 核污染

发达国家研制核武器、核动力航空母舰、核发电站，相继取得了辉煌的成就，但也产生了大量的核废料，由此给人类带来的危害决不可低估。1986 年，苏联切尔诺贝利核反应堆芯燃烧，喷出致命的放射性碎片，扩散至苏联其他地区和欧洲上空，其影响是显而易见的。

b. 有害气体污染

有害气体排放在次生灾害中是不容忽视的一种灾害。目前，全世界每年约有 50 多亿吨二氧化碳、二氧化硫和氯氟烃化合物等污染性有害气体排放到大气层。由于二氧化碳增加，地球将升温，50 年后平均气温将比目前增加 1.2℃，70 年后，二氧化碳将增加一倍，而那时的地球平均气温也将比目前上升 1.6℃，从而造成冰山融化、海平面上升，恶化动植物的生存环境。

c. 生态失衡

生态失衡不仅破坏了地球这个人类家园，也威胁着人类自身的命运。地球上自有生命以来，就出现了生物，估计有 10 亿多种，目前幸存的只不过是它的 1.7%。全世界现在每年有 5 万种物种灭绝。据估计，目前全世界有 25 000 种植物种类。多种蔬菜种类面临灭绝的危险，406 种哺乳动物、593 种鸟类、209 种爬行动物、242 种鱼类和 867 种昆虫处于灭绝边缘。

d. 土壤沙化

土地是人类生存的源泉，由于过度耕作、过度放牧、滥砍树木，以及地球大气环境的影响，造成土地沙化、沙漠化。现在全世界沙漠约占地球陆地总面积的 20%，而占地球 47%的干燥地区都处在荒废半荒废状态，这对全世界 55 亿多人口来说无疑是一个生与死的挑战。其形势不容乐观，即使全世界各国携起手来改善生态环境，已经沙漠化的土地也难以恢复，这是一个不可逆转的事实。

3）潜在灾害指标

所谓潜在灾害，是指在人类繁衍过程中，超越地球承载能力而造成的一种渐变的、时隐时现的灾害，包括人口过剩、水荒、垃圾、污水及饥谨。

a. 人口过剩

人口过剩是一个对人类发展有着深刻影响的潜在灾害，也是一种社会灾害。目前全世界人口以每年 0.9 亿～1 亿的速度增长着。预计到 21 世纪末世界人口将达到 64 亿人，到 22 世纪中叶，世界人口将骤增至 100 亿人。据推测，我国人口最大承载力为 15 亿～16 亿人，那么到 21 世纪 50 年代，人口会大大突破这一极限。人口急剧膨胀给社会带来的是一系列危机，特别在人们素质不高的当今社会会带来更为不稳定的因素。

b. 水荒

水是人类生存的命脉。人类饮用、动植物生长、工业用水构成人类社会用水的主要渠道。在世界范围内，淡水资源短缺是十分严重的。目前，全世界有 1/5 的人口生活在水荒的环境中，有 13 亿人与安全洁净的饮用水无缘，而可供开发的水资源却是有限的。我国虽然是一个水资源极其丰富的国家，但人均占有量在世界排名中位于 80 名之后，全国 514 个城市的调查结果显示，2/3 的城市缺水。地下水是我国主要的供水水源之一。随着水资源不断被开采，超采已使不少城市形成区域性超采漏斗，这对城市的未来潜伏着相当严重的隐患。

c. 垃圾

当今世界上百万以上人口的城市达 300 座，到 21 世纪末全世界将有一半人生活在城市。现在发达国家平均每人每年生产垃圾 3.5 t，发展中国家平均每人每年生产垃圾 1.3 t，这还未加上城市建设垃圾、工业垃圾，一年内全世界排放的生活垃圾总量就达 100 亿多吨。我国首都北京面积仅 16 800 km^2，而垃圾年排放量近 400 万 t，即每天生产垃圾

1 万余吨，按照人均排放垃圾计算是低水平的，但从绝对数量看也是惊人的。我国城市垃圾由于不能及时处理，而占用大量良田，全国约达 8 万 hm^2。排放垃圾不仅占用大量土地，还严重污染地表水、地下水，还易滋生蚊蝇及病原微生物，有害人类健康，影响市容市貌。

d. 污水

民用生活污水、工业污水，尤其是某些相关工业的污水排放是河流、湖泊、水库的主要污染源。我国每年排放污水 300 亿多吨，全国 85.7%的城市河流监测项目平均值超标。

污水排放不仅严重污染地表水、污染灌溉的农田，有的还对地下水造成了污染。目前，我国有 24%的人口饮用水质不良水。随着城市人口的增多，污水排放量将大幅度增加。

e. 饥谨

翻开人类历史，不乏赤地千里、饿殍遍野、人相食或至相食及民匾于食的记载。这里所说的饥饿主要是由旱、涝、风、虫等自然灾害引起的，当然也有社会制度的原因。然而，在人口膨胀的当今社会，居安思危绝不是蛊惑人心。以我国为例，一个泱泱大国可耕面积还不到世界人均占有耕地的 1/4。虽然我国用只占世界 7%的耕地养活全世界 22%的人口可以引为自豪，但粮食生产的增长幅度及其消耗是难以满足社会日益增长的需要的。

4.2 环境健康遥感诊断模型构建

4.2.1 模 型 构 建

针对特定的生态系统或者某一区域进行环境健康遥感诊断所涉及的参数非常多，最终选用哪些参数进行健康状况评价，直接关系到评价结果的准确性及环境健康遥感诊断模型的复杂性。因此，确定环境健康遥感诊断模型的参数是评价生态系统健康的关键。

1. 环境健康遥感诊断模型参数确定

1) 指标因子筛选

环境健康遥感诊断指标因子的选择应考虑在当前的社会经济及科技发展水平下，从遥感数据或基础地理数据中获取或者反演得到，从各类型生态系统中筛选出能够切实反映生态环境健康状况的指标因子。针对特定的生态系统或者评价区域，需要选择特定的指标因子进行评价，这就需要确保指标因子的筛选具有一定的科学性。

具体筛选原则如下。

(1) 科学性原则。指标因子的选取必须以科学理论为依据，即必须首先满足科学性原则。

(2) 独立性原则。在对某一生态系统或者区域进行健康诊断研究时，指标因子的选取需要在内容上彼此独立，且互不相关。

(3) 空间性原则。评价指标应具有空间属性，即空间型特性，其属性特征能够覆盖研究区域的全部或部分地区，并具有空间分异的特点。

(4) 完备性原则。通过所选取的评价指标能够较为全面地反映评价区域系统的发展特征。

(5) 可操作性原则。可操作性原则要求在保证完备性原则的条件下，尽可能地选择那些具有代表性、敏感性的综合性指标，删掉代表性不强、敏感性差的指标。

(6) 层次性原则。环境健康评价的指标设置也应满足研究对象具有复杂的层次结构这一特点要求。

(7) 多样性原则。多样性原则要求在环境健康诊断的指标体系中，既有定量指标，又有定性指标；既有绝对量指标，又有相对量指标；既有价值型指标，又有实物型指标。

(8) 同趋势化原则。同趋势化原则要求环境健康评价的各指标保持同向趋势，以便于不同类型、不同量纲的指标可先通过归一化等方法处理后进行比较。

2) 指标量化

指标的量化是构建环境健康遥感诊断模型的关键技术之一。对影响环境健康因素的衡量和计算，一般采用分级赋影响作用分值的办法进行量化，量化时遵循以下规则(郑新奇和王爱萍，2000)。

(1) 因素分值的确定要建立在因素与生态环境健康相关研究的基础上。通过研究因素与生态环境的关系，建立起各因素与生态环境质量的相关模型，计算其相关程度及其变动规律，以此确定各因素分值的计算方法。

(2) 作用分值与生态环境的优劣呈正相关。对因素各指标的作用分值计算或赋值方式一般有因素指标优劣与作用分值成正比、因素指标优劣与作用分值成反比两种形式。为了与人们日常的习惯相符，因素作用分值与通常打分制相似的正相关设置。

(3) 分值体系采用 0～10 分的封闭区间，以满足因素相互比较的需要。根据区域生态环境健康评价指标体系的特点，各因素之间无法直接相比和综合，不能满足综合评定生态环境健康状况的需要，为此，应建立因素分值的可比关系。为达到上述要求，使评价工作规范化和便于数据处理，在进行生态环境质量评价时，采用 0～10 分的封闭区间体系，因素、指标的优劣均在 0～10 分内计算其相对作用分值。最优的条件取值 100 分，相对最劣的条件取值 0 分，其余作用分值据此内插推算。

(4) 作用分值只与因素指标的显著作用区间相对应。生态环境的优劣受环境因素的影响，即使是同一因素，并不是所有指标值的变化都对生态环境质量优劣起显著作用。例如，植被覆盖度在 0～50%时，对生态环境健康有一定影响，而在大于 50%时，其作用几乎和 50%时相当，称植被覆盖度的 0～50%这个指标值区间为显著作用区间。由于作用分值体现评价因素影响生态环境质量的相对优劣，因此只有在显著作用区间内考虑指标的相对作用分值才能衡量生态环境的相对优劣。计算作用分值时，只在显著作用区间对指标值进行 0～10 的相对评分，高于或低于显著作用区间的指标值等同于显著作用区间的最高值或最低值，如植被覆盖度等于 50%为 10 分，等于 70%时也是 10 分。

(5)因素作用分值处理尽可能模型化。为了避免人为主观性，分值计算要按一定的原则，用数学公式或经验公式反映因素作用分值的空间变化规律。

3)权重确定

由于不同的因素对生态环境健康的影响程度不一样，因此需要对参评因素进行权重系数测定。测定权重系数的方法有多种，如特尔斐(Delphi)法、层次分析(AHP)法、因素成对比较法等。根据评价目标可以选择较为适宜的方法，也可以综合采用其中几种方法进行同时测定，最后取其平均值作为最后的因素权重值。

环境健康遥感诊断模型采用层次分析法来对诊断模型参数权重赋值。首先以每一层次的要素以上层要素为准则构建权重矩阵。确定要素层中各个环境健康指标对目标层区域环境健康诊断需求的重要性排序，见表 4-22。

若因素 i 与因素 j 的重要性之比为 a_{ij}，那么因素 j 与因素 i 重要性之比为 $a_{ji}=\frac{1}{a_{ij}}$。依据重要性排序结果，计算要素层中各个环境健康准则的权重。

针对各个遥感可获取的参数指标对环境健康重要性权重的计算也是首先通过调研及组织专家打分的方式确定各指标的重要性排序后计算得到的。

通过构建权重矩阵可以得到环境健康遥感诊断指标体系中一层元素对其上一层中某元素的权重向量。最终得到各元素，特别是最低层(遥感参数或统计数据)中各方案对于目标层的排序权重，从而进行方案选择。总排序权重要自上而下地分别将环境健康遥感诊断指标体系准则层下遥感参数的权重进行合成。

在环境健康遥感诊断模型中选取 5 个准则层 A，并分别记作 $A_1,\cdots,A_m$，$m=5$，它们的层次总排序权重分别为 $a_1,\cdots,a_m$。要素层(B层)包含 n 个环境健康因素 $B_1,\cdots,B_n$，它们关于 A_j 的层次单排序权重分别为 $b_{1j},\cdots,b_{nj}$(当 B_i 与 A_j 无关联时，$b_{ij}=0$)。现在求要素层(B层)中各因素关于准则层的权重，即求要素层(B层)各环境健康要素的层次总排序权重 $b_1,\cdots,b_n$，按式(4-13)进行计算。

$$b_i=\sum_{j=1}^{m}b_{ij}a_j \tag{4-13}$$

式中，$i=1,\cdots,n$。

表 4-22　层次分析法的权重赋值

因素比较	量化值
同等重要	1
稍微重要	3
较强重要	5
强烈重要	7
极端重要	9
两相邻判断的中间值	2，4，6，8

2. 环境健康遥感诊断常用评价模型

环境健康遥感诊断的过程中常用到一些评价模型方法，不同的评价背景下需要不同的评价模型方法。本节重点介绍三种常用的评价模型：层次分析模型、模糊综合评价模型和灰色关联分析模型。

1) 层次分析模型

层次分析法(AHP)是根据问题的性质和要求，将所包含的因素进行分类，一般按目标层、准则层和子准则层排列，构成一个层次结构，对同层次内诸因素采用两两比较的方法确定出相对于上一层目标的权重，这样层层分析下去，直到最后一层，给出所有因素相对于总目标而言，按重要性程度的一个排序。其主要特征是，它合理地将定性与定量决策结合起来，按照思维、心理的规律把决策过程层次化、数量化。

运用层次分析法进行决策，可以分为以下 4 个步骤。

步骤 1　建立层次分析结构模型。深入分析实际问题，将有关因素自上而下分层(目标-准则或指标-方案或对象)，上层受下层影响，而层内各因素基本上相对独立。

步骤 2　构造成对比较矩阵。对于同一层次的各元素关于上一层次中某一准则的重要性进行两两比较，构造比较矩阵。

步骤 3　计算权向量并作一致性检验。由判断矩阵计算被比较元素对于该准则的相对权重，并进行一致性检验，若通过，则最大特征根对应的特征向量作为权向量。

步骤 4　计算组合权向量，并做组合一致性检验。组合权向量可作为决策的定量依据。

下面通过一个具体的例子来介绍层次分析模型的应用。如何在桂林、黄山、北戴河 3 个目的地中按照环境健康状况(景色、费用、居住条件、饮食、旅途条件等)因素进行选择旅游地址。

首先，建立系统的递阶层次结构，将决策问题分为 3 个层次：目标层 O、准则层 C、方案层 P；每层有若干元素，各层元素间的关系用相连的直线表示(图 4-1)。

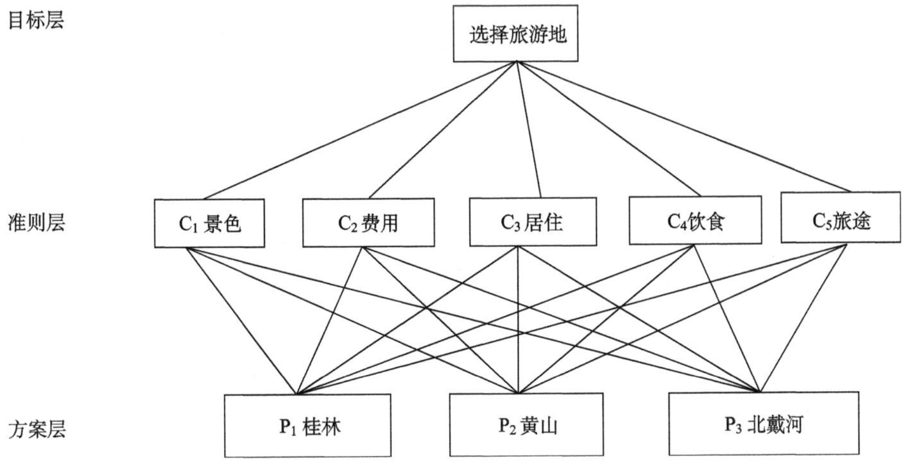

图 4-1　选择旅游地的层次结构

其次，构造比较矩阵，进行元素之间两两对比。对比采用美国运筹学家 A. L. Saaty 教授提出的 1～9 比率标度法(表 4-23)，对不同指标进行两两比较，构造判断矩阵。

表 4-23　1～9 比率标度法

标度值	含义
1	两因素相比，具有同等重要性
3	两因素相比，前者比后者稍微重要
5	两因素相比，前者比后者明显重要
7	两因素相比，前者比后者强烈重要
9	两因素相比，前者比后者极端重要
2、4、6、8	表示上述相邻判断的中间值
以上各数值的倒数	若指标 i 与指标 j 比较相对重要性用上述之一数值标度，则指标 j 与指标 i 的相对重要性用上述数值的倒数标度

假设要比较各准则 $1, 2, \cdots, n$ 对目标层的重要性，记判断矩阵为 $\boldsymbol{A}$：

$$\boldsymbol{A}=\begin{pmatrix} 1 & \frac{1}{2} & 4 & 3 & 3 \\ 2 & 1 & 7 & 5 & 5 \\ \frac{1}{4} & \frac{1}{7} & 1 & \frac{1}{2} & \frac{1}{3} \\ \frac{1}{3} & \frac{1}{5} & 2 & 1 & 1 \\ \frac{1}{3} & \frac{1}{5} & 3 & 1 & 1 \end{pmatrix} \tag{4-14}$$

然后，计算被比较元素对于该准则的相对权重。要由矩阵 $\boldsymbol{A}$ 确定 $w_i=\dfrac{\frac{C_i}{\overline{\overline{S_i}}}}{\sum_{i=1}^{n}\frac{C_i}{\overline{\overline{S_i}}}},(i=1,2,\cdots,n)$ 对目标层的权向量。然而，在构造的成对比较矩阵 $\boldsymbol{A}$ 中，由 $a_{12}=\dfrac{C_1}{C_2}=\dfrac{1}{2}$，$a_{13}=\dfrac{C_1}{C_3}=4$ 可以得到 $a_{23}=\dfrac{C_2}{C_3}=8$，而事实上 $a_{23}=7$。

因此，矩阵 $\boldsymbol{A}$ 并不是一致阵，事实上，在大多情况下，构造的成对比较矩阵都不是一致阵。对于这样的矩阵该如何来确定权向量呢？通常的作法是对于不一致(但在允许范围内)的成对比较阵 $\boldsymbol{A}$，建议用对应于最大特征根 λ 的特征向量作为权向量。

最后，计算组合权向量。记第 2 层(准则层)对第 1 层(目标层)的权向量如式(4-15)所示：

$$\boldsymbol{w}^{(2)}=\left(\boldsymbol{w}_1^{(2)},\cdots,\boldsymbol{w}_n^{(2)}\right)^{\mathrm{T}} \tag{4-15}$$

同样，求第 3 层(方案层)对第 2 层每一元素(准则层)的权向量如式(4-16)所示：

$$\boldsymbol{w}_k^{(3)} = \left(\boldsymbol{w}_{k1}^{(3)}, \cdots, \boldsymbol{w}_{km}^{(3)}\right)^{\mathrm{T}} \tag{4-16}$$

式中，$k = 1, 2, \cdots, n$。

构造矩阵如式(4-17)所示：

$$\boldsymbol{W}^{(3)} = \left(\boldsymbol{w}_1^{(3)}, \cdots, \boldsymbol{w}_n^{(3)}\right) \tag{4-17}$$

则第 3 层(方案层)对第 1 层(目标层)的组合权向量如式(4-18)所示：

$$\boldsymbol{w}^{(3)} = \boldsymbol{W}^{(3)}\boldsymbol{w}^{(2)} \tag{4-18}$$

以此类推，第 s 层对第 1 层的组合权向量如式(4-19)所示：

$$\boldsymbol{w}^{(s)} = \boldsymbol{W}^{(s)}\boldsymbol{W}^{(s-1)}\cdots\boldsymbol{W}^{(3)}\boldsymbol{w}^{(2)} \tag{4-19}$$

式中，$\boldsymbol{W}^{(p)}$ 为由第 p 层对第 p–1 层权向量按列组成的矩阵。

层次分析法是环境健康遥感诊断建模常用的方法之一，具有无可比拟的优势。但层次分析法也存在着若干问题。其中层次分析法的优缺点可以概括如下。

优点主要包括：①系统性。将对象视作系统，按照分解、比较、判断、综合的思维方式进行决策-系统分析(与机理分析、测试分析并列)。②实用性。定性与定量相结合，能处理传统的优化方法不能解决的问题。③简洁性。计算简便，结果明确，便于决策者直接了解和掌握。

缺点主要包括：①囿旧。只能从原方案中选优，不能产生新方案。②粗略。定性化为定量，结果粗糙。③主观。主观因素作用大，结果可能难以服人。

2) 模糊综合评价模型

模糊数学是从量的角度研究和处理模糊现象的科学。其模糊性是指客观事物的差异在中介过渡时所呈现的“亦此亦比”性。例如，用某种方法治疗某病的疗效“显效”与“好转”、某医院管理工作“达标”与“基本达标”、某篇学术论文水平“很高”与“较高”等。从一个等级到另一个等级间没有一个明确的分界，中间经历了一个从量变到质变的连续过渡过程，这个现象叫中介过渡。由这种中介过渡引起的划分上的“亦此亦比”性就是模糊性。

模糊综合评价是以模糊数学为基础。应用模糊关系合成的原理，将一些边界不清，不易定量的因素定量化，进行综合评价的一种方法。单因素模糊综合评价的步骤主要包括以下几步。

(1) 根据评价目的确定评价指标集合 $\boldsymbol{U} = \{u_1, u_2, \cdots, u_m\}$。例如，评价某项科研成果时，评价指标集合为={学术水平，社会效益，经济效益}。

(2) 给出评价等级集合 $\boldsymbol{V} = \{v_1, v_2, \cdots, v_n\}$。例如，评价某项科研成果时，评价等级集合为={很好，好，一般，差}。

(3) 确定各评价指标的权重 $\boldsymbol{w} = \{\mu_1, \mu_2, \cdots, \mu_m\}$。权重反映各评价指标在综合评价中的重要性程度，且 $\sum \mu_i = 1$。例如，假设评价科研成果，评价指标集合={学术水平，社会效益，经济效益}，其各因素权重设为 $w = \{0.3, 0.3, 0.4\}$。

(4) 确定评价矩阵 $\boldsymbol{R}$。请该领域专家若干位，分别对此项成果每一因素进行单因素评价。例如，对学术水平，有 50%的专家认为“很好”，30%的专家认为“好”，20%的专家认为“一般”，由此得出学术水平的单因素评价结果为 $R_1=(0.5,0.3,0.2,0)$；同样，如果社会效益、经济效益两项单因素评价结果分别为 $R_2=(0.3,0.4,0.2,0.1)$、$R_3=(0.2,0.2,0.3,0.2)$，那么该项成果的评价矩阵为

$$\boldsymbol{R}=\begin{pmatrix}R_1\\R_2\\R_3\end{pmatrix}=\begin{pmatrix}0.5&0.3&0.2&0\\0.3&0.4&0.2&0.1\\0.2&0.2&0.3&0.2\end{pmatrix}\tag{4-20}$$

(5) 进行综合评价。通过权系数矩阵 W 与评价矩阵 R 的模糊变换得到模糊评判集 $\boldsymbol{S}$。设 $\boldsymbol{W}=(\mu_j)_{1\times m}$，$\boldsymbol{R}=(r_{ji})_{m\times n}$，那么模糊评判集 $\boldsymbol{S}$ 可以表示为

$$\boldsymbol{S}=w\circ R=(\mu_1,\mu_2,\cdots,\mu_m)\circ\begin{pmatrix}r_{11}&r_{12}&\cdots&r_{1n}\\r_{21}&r_{22}&\cdots&r_{2n}\\\vdots&\vdots&&\vdots\\r_{m1}&r_{m2}&\cdots&r_{mn}\end{pmatrix}=(s_1,s_2,\cdots,s_n)\tag{4-21}$$

式中，“$\circ$”为模糊合成算子，在进行模糊变换时，要选择适宜的模糊合成算子，模糊合成算子通常有 4 种，分别是 $M(\wedge,\vee)$ 算子、$M(\cdot,\vee)$ 算子、$M(\wedge,\oplus)$ 算子及 $M(\cdot,\oplus)$ 算子。其中，$M(\wedge,\vee)$ 算子可以通过式(4-21)进行描述，符号“$\wedge$”为取小、“$\vee$”为取大。运算过程为首先对每个下标 j 求出 μ_j 与 r_{jk} 的最小值，然后从这些最小值里取最大值。

$$s_k=\bigvee_{j=1}^{m}(\mu_j\wedge r_{jk})=\max_{1\leqslant j\leqslant m}\{\min(\mu_j,r_{jk})\},\quad k=1,2,\cdots,n\tag{4-22}$$

$M(\cdot,\vee)$ 算子可以通过式(4-23)进行描述。

$$s_k=\bigvee_{j=1}^{m}(\mu_j\cdot r_{jk})=\max_{1\leqslant j\leqslant m}\{\mu_j\cdot r_{jk}\},\quad k=1,2,\cdots,n\tag{4-23}$$

$M(\wedge,\oplus)$ 算子可以通过式(4-19)进行描述。“$\oplus$”是有界和运算，即在有界限制下的普通加法运算。对 t 个实数 $x_1,x_2,\cdots,x_t$ 有 $x_1\oplus x_2\oplus\cdots\oplus x_t=\min\left\{1,\sum_{i=1}^{t}x_i\right\}$，利用 $M(\wedge,\oplus)$ 算子，有

$$s_k=\min\left(1,\sum_{j=1}^{m}(\mu_j,r_{jk})\right),\quad k=1,2,\cdots,n\tag{4-24}$$

$M(\cdot,\oplus)$ 算子可以通过公式(4-25)进行描述。

$$s_k=\min\left(1,\sum_{j=1}^{m}\mu_j r_{jk}\right),k=1,2,\cdots,n\tag{4-25}$$

以上 4 个算子在综合评价中的特点是见表 4-24。

表 4-24　$M(\wedge,\vee)$ 算子、$M(\cdot,\vee)$ 算子、$M(\wedge,\oplus)$ 算子及 $M(\cdot,\oplus)$ 算子在综合评价中的特点

特点	算子			
	$M(\wedge,\vee)$	$M(\cdot,\vee)$	$M(\wedge,\oplus)$	$M(\cdot,\oplus)$
体现权数作用	不明显	明显	不明显	明显
综合程度	弱	弱	强	强
利用 R 的信息	不充分	不充分	比较充分	充分
类型	主因素突出型	主因素突出型	加权平均型	加权平均型

权重的确定关系到环境健康诊断模型的准确性，如何确定权向量 w 是一个重要的问题。通常权向量的确定采用两种方法：一种是层次分析法；另一种是归一化法。下面重点介绍归一化方法确定权向量 w。其中，归一化公式如式(4-26)所示：

$$w_i = \frac{\dfrac{C_i}{\overline{S_i}}}{\sum_{i=1}^{n}\dfrac{C_i}{\overline{S_i}}}, \qquad (i=1,2,\cdots,n) \tag{4-26}$$

其中，w_i 为评价参数 i 的监测值；$\overline{S_i}$ 为评价参数 i 的 n 级标准的算术平均值，则权重集为 $w=\{w_1,w_2,\cdots,w_n\}$。

评价矩阵 R 的确定可采用以下 3 种方法，专家评价法、层次分析法、隶属度函数法。以隶属度函数法为例，介绍评价矩阵 R 的确定方法。首先，设计隶属函数，对第 1 级评价等级如式(4-27)所示，对第 j 级评价等级如式(4-28)所示，对第 n 级评价等级如公式(4-29)所示。将数据代入上述各参数对各级标准的隶属函数公式中，可求出各评价参数对于各评定等级的隶属度，从而构成模糊关系矩阵 $\boldsymbol{R}$。

$$\mu_{i1(u_i)} = \begin{cases} 0 & u_i \geqslant v_{i2} \\ -\dfrac{u_i - v_{i2}}{v_{i2} - v_{i1}} & v_{i1} < u_i < v_{i2} \\ 1 & u_i \leqslant v_{i1} \end{cases} \tag{4-27}$$

$$\mu_{ij(u_i)} = \begin{cases} 0 & u_i \leqslant v_{ij-1} \text{ 或 } u_i \geqslant v_{ij+1} \\ \dfrac{u_i - v_{ij-1}}{v_{ij} - v_{ij-1}} & v_{ij-1} < u_i < v_{ij} \\ -\dfrac{u_i - v_{ij+1}}{v_{ij+1} - v_{ij}} & v_{ij} \leqslant u_i < v_{ij+1} \end{cases} \tag{4-28}$$

$$\mu_{in(u_i)} = \begin{cases} 0 & u_i \leqslant v_{in-1} \\ \dfrac{u_i - v_{in-1}}{v_{in} - v_{in-1}} & v_{in-1} < u_i < v_{in} \\ 1 & u_i \geqslant v_{in} \end{cases} \tag{4-29}$$

对模糊评判向量 S 的分析作出综合结论，一般可以采用以下 3 种方法。

a. 最大隶属原则

模糊评判集$S=(S_1,S_2,\cdots,S_n)$中S_i为等级v_i对模糊评判集S的隶属度，按最大隶属度原则作出综合结论，即$M=\max(S_1,S_2,\cdots,S_n)$，$M$所对应的元素为综合评价结果。该方法虽简单易行，但只考虑隶属度最大的点，其他点没有被考虑，损失的信息较多。

b. 加权平均原则

加权平均原则是基于这样的思想：将等级看作一种相对位置，使其连续化。为了能定量处理，不妨用“$1,2,\cdots,n$”依次表示各等级，并称其为各等级的秩。然后，用S中对应分量将各等级的秩加权求和，得到被评事物的相对位置，这就是加权平均原则，可用式(4-30)表示，k表示待定系数($k=1$或$k=2$)，目的是控制s_i所起的较大的作用，一般用$k=1$。

$$u^*=\frac{\sum_{i=1}^{n}\mu(v_i)\cdot S_i^k}{\sum_{i=1}^{n}S_i^k} \tag{4-30}$$

c. 模糊向量单值化

如果给等级赋予分值，然后用S中对应的隶属度将分值加权求平均就可以得到一个点值，从而便于比较排序。设给n个等级依次赋予分值$c_1,c_2,\cdots,c_n$，一般情况下(等级由高到低或由好到差)，$c_1>c_2>\cdots>c_n$且间距相等，则模糊向量可单值化为式(4-31)，其中k的含义与作用同式(4-30)中的相同，多个被评事物可以依据此式由大到小排出次序。

$$c=\frac{\sum_{i=1}^{n}c_i\cdot s_i^k}{\sum_{i=1}^{n}s_i^k} \tag{4-31}$$

以上3种方法可以依据评价目的来选用，如果需要序化，可选用后两种方法，如果只需要给出某事物一个总体评价结论，则用第一种方法。有些情况因为要考虑的因素太多，而权重难以细分，或因各权重都太小，使得评价失去实际意义，为此可根据因素集中各指标的相互关系，把因素集按不同属性分为几类。可先在因素较少的每一类(二级因素集)中进行综合评判，然后再对综合评判的结果进行类之间的高层次评判。如果二级因素集中有些类含的因素过多，可对它再作分类，得到三级以至更多级的综合评判模型，注意要逐级分别确定每类的权重。

3) 灰色关联分析模型

灰色关联分析是灰色系统分析方法中的一种。基本上灰色关联分析是依据各因素数列曲线形状的接近程度做发展形势的分析。

灰色系统理论提出了对各子系统进行灰色关联分析的概念，意图是透过一定的方法，寻求系统中各子系统(或因素)之间的数值关系。简言之，灰色关联分析的意义是指在系统发展过程中，如果两个因素变化的态势是一致的，即同步变化程度较高，则可以认为两者关联较大；反之，则两者关联较小。因此，灰色关联分析对一个系统发展变化态势提供了量化的度量。

灰色关联分析的应用非常广泛。例如，对n个方案进行评价时，有m个指标可以从不同侧面正确地反映出被评价的n个方案的情况，于是，可以采用如下步骤。

(1) 收集数据，如式(4-32)所示：

$$\left(x_1',x_2',\cdots,x_n'\right)=\begin{pmatrix} x_1'(1) & x_2'(1) & \cdots & x_n'(1) \\ x_1'(2) & x_2'(2) & \cdots & x_n'(2) \\ \vdots & \vdots & & \vdots \\ x_1'(m) & x_2'(m) & \cdots & x_n'(m) \end{pmatrix} \tag{4-32}$$

记$x_i'=\left[x_i'(1),x_i'(2),\cdots,x_i'(m)\right]^{\mathrm{T}},i=1,2,\cdots,n$。

(2) 确定参考数据列，$x_0'=\left[x_0'(1),x_0'(2),\cdots,x_0'(m)\right]$。

(3) 处理数据，进行初值化法和均值化法，分别如式(4-33)和式(4-34)所示：

$$x_i(k)=\frac{x_i'(k)}{x_i'(1)} \tag{4-33}$$

$$x_i(k)=\frac{x_i'(k)}{\dfrac{1}{m}\sum_{k=1}^{m}x_i'(k)} \tag{4-34}$$

(4) 计算$\left|x_0'(k)-x_i(k)\right|$。

(5) 计算：

$$\min_{1\leqslant i\leqslant n}\min_{1\leqslant k\leqslant m}\left|x_0'(k)-x_i(k)\right|；\quad \max_{1\leqslant i\leqslant n}\max_{1\leqslant k\leqslant m}\left|x_0'(k)-x_i(k)\right|$$

(6) 计算关联系数，如式(4-35)所示：

$$\zeta_i(k)\frac{\min\limits_{1\leqslant i\leqslant n}\min\limits_{1\leqslant k\leqslant m}\left|x_0'(k)-x_i(k)\right|+\rho\max\limits_{1\leqslant i\leqslant n}\max\limits_{1\leqslant k\leqslant m}\left|x_0'(k)-x_i(k)\right|}{\left|x_0'(k)-x_i(k)\right|+\rho\max\limits_{1\leqslant i\leqslant n}\max\limits_{1\leqslant k\leqslant m}\left|x_0'(k)-x_i(k)\right|} \tag{4-35}$$

式中，ρ为分辨系数，$\rho\in(0,1)$，一般取ρ=0.5（ρ越大，关系越大）。

(7) 计算关联度，如式(4-36)所示，ω_i 为权重。

$$r_{\mathrm{o}i}=\frac{1}{m}\sum_{k=1}^{m}\zeta_i(k)\text{或}r_{\mathrm{o}i}=\frac{1}{m}\sum_{k=1}^{m}\omega_i(k) \tag{4-36}$$

(8) 写出评价结果。

4.2.2 模型验证

1. 环境健康模型验证

环境健康遥感诊断中模型验证根据不同的诊断模型有不同的检验方法，如残差检验、置信度下的置信区间、相对误差、方差比较等。

模型拟合能力评价主要用于表明模型解释训练集变化的能力，通常主要采用以下几个统计评价指标对模型拟合能力进行评价。

1) 相关系数(R)

相关系数表示预测值与目标值之间线性关系的密切程度，其取值范围为0～1。其值越接近于1，表示线性关系越强；越接近于0，表示线性关系越差。

2) 决定系数(R^2)

决定系数又称为复相关系数，它是判定线性回归拟合优度的重要指标，其定义为

$$R^2 = \frac{\sum\left(\hat{y}_i - \bar{y}\right)^2}{\sum\left(y_i - \bar{y}\right)^2} = \frac{\sum_{i=1}^{n}\left(Y_i - Y\right)^2 - \sum_{i=1}^{n}\left(Y_i - \hat{Y}\right)^2}{\sum_{i=1}^{n}\left(Y_i - \bar{Y}\right)^2} \tag{4-37}$$

从式(4-37)可以看出，决定系数等于回归平方和在总平方和中所占的比例，因此它体现了回归模型所能解释的应变量变异的百分比。例如，$R^2 = 0.825$，说明应变量的变异82.5%是由自变量引起的；$R^2 = 1$，则表明所有的观测点都落在回归方程上；$R^2 = 0$，则说明自变量与应变量间不存在线性关系。

3) 均方根误差(RMSE)

均方根误差表示随机误差的分散程度，其定义为

$$\mathrm{RMS} = \sqrt{\frac{\sum_{i=1}^{n}\left(y_{i,\mathrm{pred}} - y_{i,\mathrm{obs}}\right)^2}{n}} \tag{4-38}$$

4) 平均绝对误差(AAE)

平均绝对误差表示拟合值与目标值之差，其定义为

$$\mathrm{AAE} = \frac{\sum_{i=1}^{n}\left|\left(y_{i,\mathrm{pred}} - y_{i,\mathrm{obs}}\right)\right|}{n} \tag{4-39}$$

5) 平均相对误差(APE)

平均相对误差的定义为

$$\mathrm{APE} = \frac{\sum_{i=1}^{n}\left|\frac{\left(y_{i,pred} - y_{i,obs}\right.}{y_{i,obs}}\right|}{n} \tag{4-40}$$

6) 标准误差(SE)

标准误差指拟合值的标准误差，其定义为

$$\mathrm{SE} = \sqrt{\frac{\sum_{i=1}^{n}\left(y_{i,\mathrm{pred}} - y_{i,\mathrm{obs}}\right)^2}{n-1}} \tag{4-41}$$

式中，n 为实验样本数；$y_{i,\text{pred}}$ 和 $y_{i,\text{obs}}$，分别为样本预测值及目标值。这些参数都是衡量模型精确度的一些常用参数，它们依赖于应变量数据的范围和分布，并受“离域点”的影响。

7) F 检验

F 检验是一种检验自变量和应变量之间的线性关系是否显著的方法，适用于基于 MLR 方法建立的模型。它将回归离差平方和与剩余离差平方和进行比较，分析两者之间的差别是否显著。如果显著，则说明两个变量之间存在线性关系；如果不显著，则说明两个变量之间不存在线性关系。

上述评价指标能够对模型的拟合能力进行较好的评价。然而，对于研究中经常出现的两类问题——“欠拟合”和“过拟合”问题，它们却无法进行有效的鉴别。所谓“欠拟合”，是指模型没有充分揭示出样本集所包含的变量信息，从而导致模型的预测能力降低，这类问题常出现于采用线性建模方法所得到的模型；所谓“过拟合”，则是由于拟合了误差信息，导致模型拟合度高于性质数据和描述符结合的变化性，这类问题常出现于采用非线性建模方法所得到的模型。由于这两类问题与模型的稳定性紧密相连，因此对于此类问题的鉴别，常需要通过模型的稳定性分析加以解决。

2. 模型稳定性分析

所谓模型稳定性分析实际上是对模型的“不稳定性”进行分析。模型“不稳定性”的含义是模型受训练集中某些个别化合物或化合物子集的影响比较大，如果化合物的预测值超出模型的置信区间，就会导致模型不稳定。

模型不稳定性的研究常用的方法是通过内部验证的方式进行。因为任何内部验证技术都能在一定程度上评价模型的不稳定性。常用的模型验证方法包括以下几种。

1) “留多法”交互验证

“留多法”(leave-many-out, LMO)交互验证是一种较为常用的内部验证技术。该方法将初始训练集中的 n 个样本平均划分为大小为 m 的 $G(G=n/m)$ 个子集，然后每次去除 m 个数据点，采用剩下的 n-m 个样本作为训练集重新建模并验证由 m 个样本构成的验证集。经 G 次计算，得到交互验证系数来表征模型的稳定性和内部预测能力，“留多法”交互验证的公式如式(4-42)所示：

$$Q_{\text{CV}}^2 = 1 - \frac{\sum_{i=1}^{\text{traing}} \left(y_i - \hat{y}_i \right)^2}{\sum_{i=1}^{\text{traing}} \left(y_i - \overline{y}_i \right)^2} \tag{4-42}$$

一般认为，如果 Q_{CV}^2 大于 0.5，则模型比较稳定；如果 Q_{CV}^2 大于 0.9，则模型的稳定性非常优秀。式中，y_i、$\hat{y}_i$ 和 $\overline{y}$ 分别代表训练样本的自燃点实验值、预测值及实验值平均值。

2）“留一法”交互验证

“留一法”(leave-one-out，LOO)交互验证是一种特殊的“留多法”交互验证方法，其具体过程与“留多法”相似，区别仅在于 $m=1$。由于“留一法”利用了全部的样本数据，因而也是一种最经济的方法。尽管有研究者指出，“留一法”交互验证所得的结果常会过高地估计模型的预测能力，但它在建模过程中仍是必不可少的，尤其是对于小样本的研究体系。

3) *Y*-随机性检验

Y-随机性检验也是一种广泛用于表征模型稳定性的统计方法。它将原样本集因变量 *Y* 随机打乱，与原有自变量组合成新的样本集，建立模型。重复上述过程 50～100 次，将结果与原样本集结果对比，若原样本集预测模型性能参数明显优于新样本集的性能参数，则认为原样本数据中存在真正的定量结构、性质相关性(QSPR)关系，所建模型稳定性较好，不存在“偶然相关”现象；反之，则表明原所建模型不能被接受。

4) 残差图分析法

残差图分析法指在直角坐标系中以预测值为横轴，以残差为纵轴绘制残差的散点图。如果散点呈现明显的规律性，则认为所建模型存在自相关性或者存在非线性、非常数方差的问题；如果散点呈现随机分布，则认为所建模型是合适的，在建立过程中未产生系统误差。内部验证在 QSPR 建模过程中是必不可少的一步，但是内部验证结果好只能说明模型稳定性较高或具有较强的内部预测能力，并不能保证模型对外部样本真实的预测能力也好。因此，还必须对模型的外部预测能力，即外推性进行评价。

4.3　环境健康遥感诊断技术应用案例

本节分别以传染病及人居环境健康为具体案例，说明环境健康遥感诊断技术的应用。其中，传染病分别以霍乱、鼠疫和手足口病为例；人居环境健康以青海省乐都县为例。

4.3.1　中国典型传染病暴发风险遥感诊断

传染病的暴发与传播往往与当地的自然环境条件、气候特征、社会经济水平等环境要素相关。基于病菌的生理生态特征和生存的环境条件及人类活动的特征规律，能够通过遥感技术提取相应的指标因子，构建指标体系进行环境健康诊断。本节以霍乱(徐敏，2011)、鼠疫(高孟绪，2011)和手足口病为例，介绍中国典型传染病暴发风险的遥感诊断应用。

1. 中国霍乱暴发风险遥感诊断

1) 霍乱的地理指标分析

a. 高程与霍乱分布的关系

本节将 2001～2008 年全国各县市报告的霍乱病例数划分为 1～10、11～100、101～200、201～300、301～400 共 5 个等级，并将其与中国行政区域内的高程栅格图层叠加显示，高程数据划分为小于 500、500～1000、1000～1500、1500～2000、2000～2500、2500～3000 和大于 3000 共 7 个等级，单位为 m，如图 4-2 所示。霍乱病例大多位于高程小于 500 m 的东南沿海地区及四川盆地，而平均海拔高度大于 3000 m 的西藏等地则没有霍乱病例报告。由此可见，低海拔的区域往往更易于霍乱疫情的发生，这是因为霍乱弧菌主要是通过水体进行传播，而处于较低高程的区域容易受到洪水的侵袭，从而使得当地人们接触到带菌的水体或者食物的几率要高于其他地区的人们。

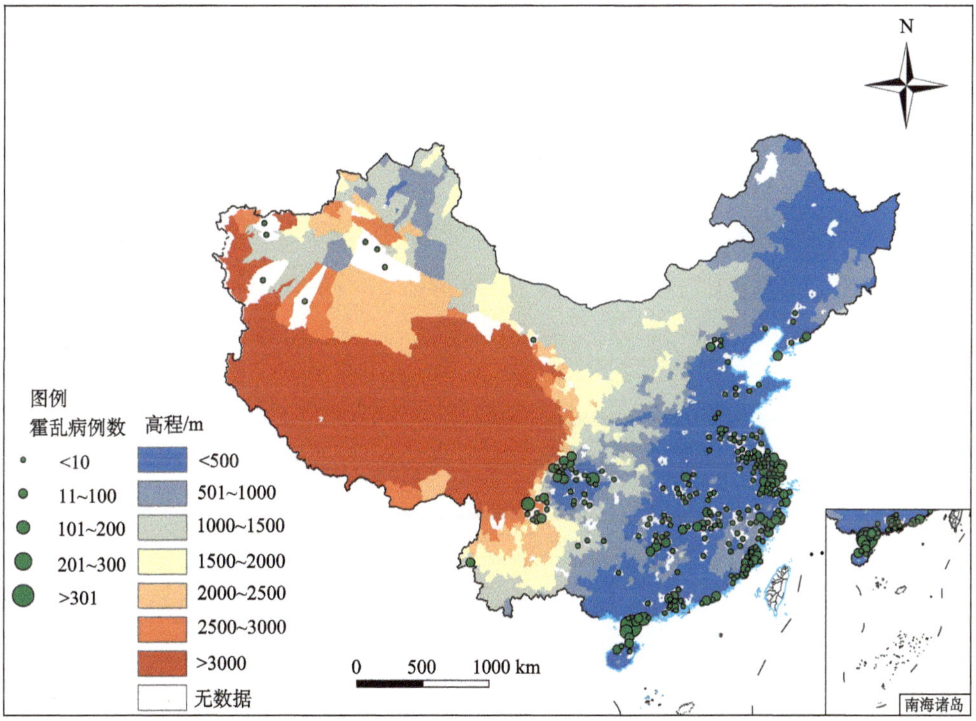

图 4-2　2001～2008 年霍乱报告病例数与高程的叠置分析图

为了定量分析霍乱与高程之间的关系，本节计算了不同组别高程地区的发病数、年均发病率及面积百分比，见表 4-25 所示。结果表明，85.86%的霍乱病例都是分布在占国土面积比为 32.9%的高程小于 500 m 的地区；而占国土面积比为 22.2%的平均高程大于 3000 m 的地区却没有霍乱报告病例；另外，在平均高程为 2500～3000 m 的地区，虽然报告病例数只有 184 例，但年均发病率却是最高的，达 6.07/1 000 000。不同组间高程与霍乱年均发病率及发病数的关系如图 4-3 所示。

为了检验高程对霍乱发病是否有显著影响，利用单因素方差分析的方法，对不同组间高程与霍乱发病数及年均发病率之间的关系进行分析，结果见表 4-26。不同高程组间霍乱发病数和年均发病率的方差分析显著性概率为 0.002 和 0.000，表明不同高程组间的霍乱发病数及年均发病率具有显著性差异。

表 4-25　2001～2008 年霍乱报告病例数与高程关系统计分析

高程等级/m	发病数	发病数百分比/%	年均发病率(每百万人)	面积百分比
<500	3194	85.86	0.71	0.329
500～1000	182	4.89	0.37	0.126
1000～1500	88	2.37	0.27	0.179
1500～2000	21	0.56	0.10	0.049
2000～2500	51	1.37	0.65	0.065
2500～3000	184	4.95	6.07	0.031
>3000	0	0.00	0.00	0.222

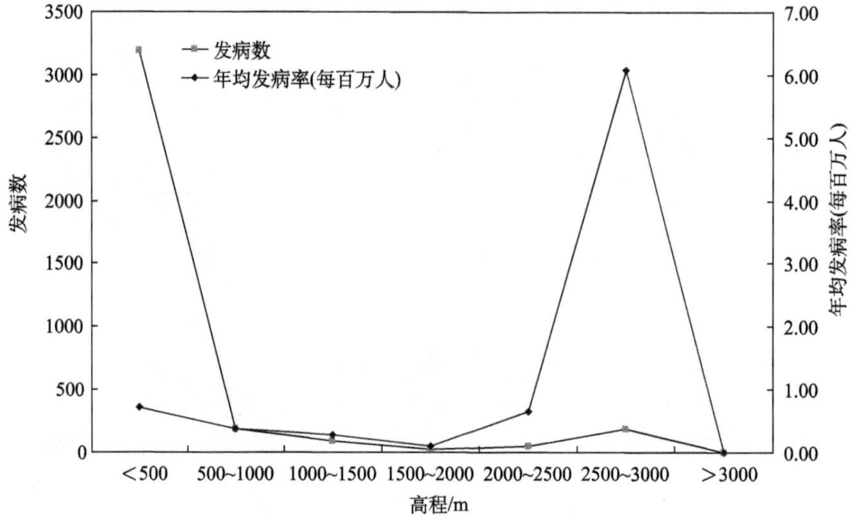

图 4-3　不同组间高程与霍乱发病数及年均发病率之间的关系

表 4-26　高程与霍乱发病的单因素方差分析结果

发病指标	方差来源	平方和	自由度	均方	显著性概率
发病数	组间	2969	6	494.90	0.002
	组内	335 231	2 305	145.44	
	总计	338 200	2 311		
年均发病率(每百万人)	组间	384	6	64.11	0.000
	组内	12 796	2 305	5.552	
	总计	13 181	2 311		

b. 河网密度与霍乱分布的关系

水体是霍乱传播的主要媒介，霍乱在某一地区的广泛流行、暴发往往都与被污染的水体有关。因为水体包括江河水、沟渠水、池塘水、井水等都很容易受到粪便、倾倒吐泻物等的污染，而霍乱弧菌在水中的存活时间较长，甚至可以繁殖与越过冬天，所以水源被污染后，会使得该水体保持较长时间的传播能力。另外，水生动物，如鱼类、贝壳类、甲壳类、蛙类染菌后，霍乱弧菌在其体内也能存活很久，并继续污染水体。

河流传播是霍乱弧菌经水体传播的主要形式，这是因为霍乱弧菌从一个区域传播至另一区域主要是随流水经河道来实现。中国境内河流众多，流域面积在 1000 km^2 以上者多达 1500 多条，如图 4-4 所示。

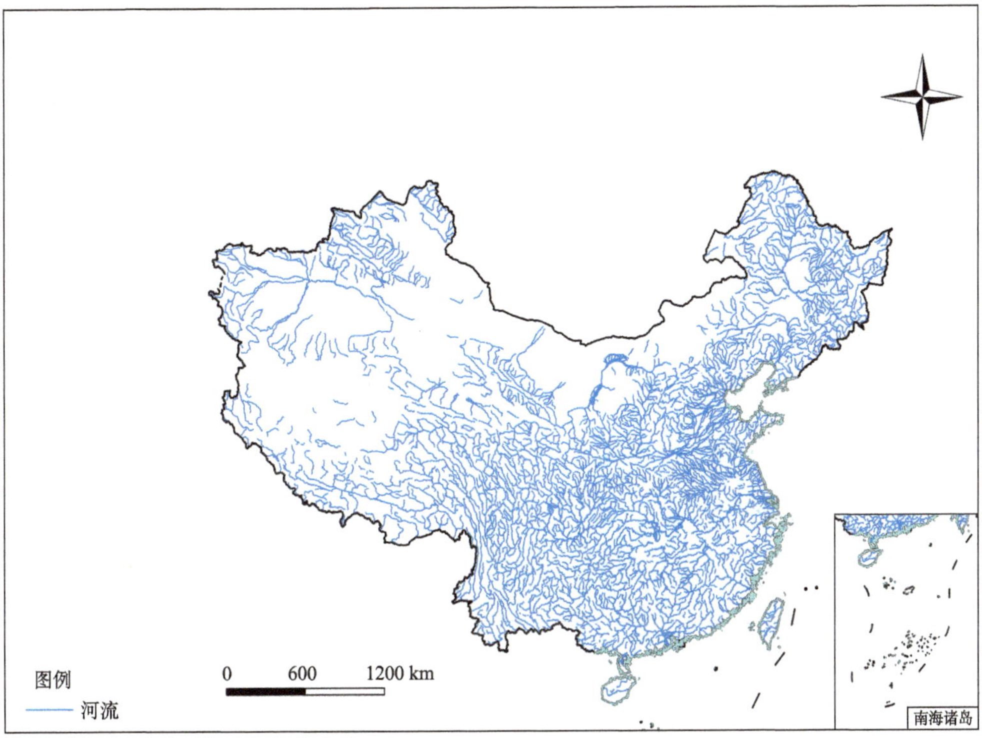

图 4-4　中国河流分布图

本节计算了全国各县市的河网密度，并把其等分为 6 个等级：小于 0.02、0.02～0.04、0.04～0.06、0.06～0.08、0.08～0.1、大于 0.1，单位为 km^{-1}。将其与 2001～2008 年各县市霍乱报告病例数分级图进行叠加，如图 4-5 所示。同时，统计不同河网密度等级对应的发病人数、年均发病率、发病数百分比和面积百分比，见表 4-27。不同组间河网密度与霍乱发病数及年均发病率之间的关系如图 4-6 所示，河流对中国霍乱发病数及年均发病率的影响规律基本相同。

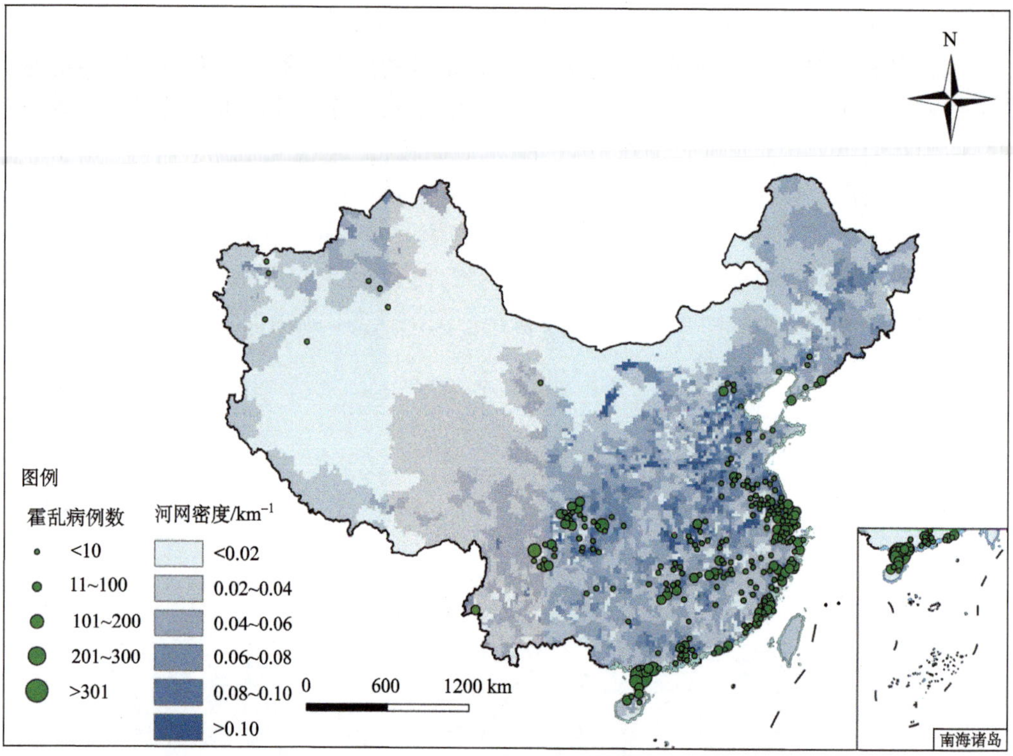

图 4-5　2001～2008 年霍乱报告病例数与河网密度的叠置分析图

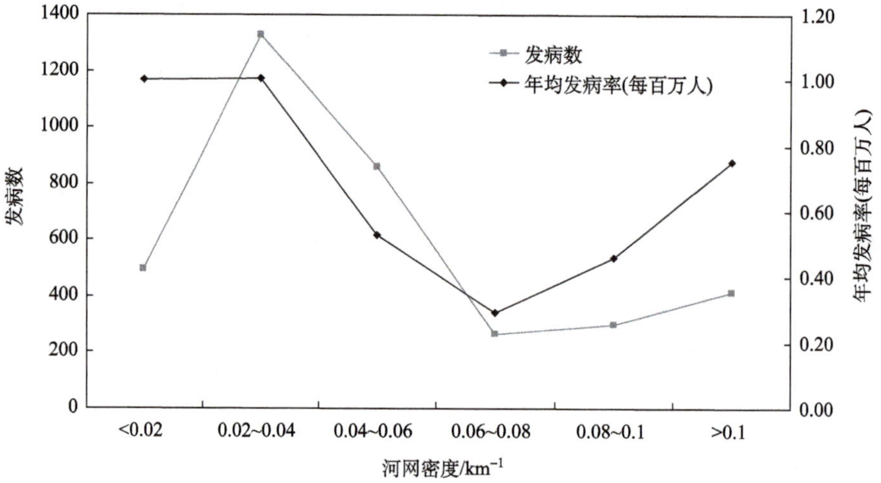

图 4-6　不同组间河网密度与霍乱发病数及年均发病率之间的关系

利用单因素方差分析方法，分析不同等级河网密度对霍乱发病数的影响，结果见表 4-28，不同河网密度组间霍乱发病数的方差分析显著性概率为 0.460，表明不同河网密度组间的霍乱发病数没有显著性差异。

表 4-27　2001～2008 年霍乱报告病例数与河网密度关系统计分析

河网密度等级/km^{-1}	发病人数	年均发病率/每百万人	发病数百分比/%	面积百分比/%
<0.02	496	1.00	13.51	32.35
0.02～0.04	1329	1.00	36.19	36.27
0.04～0.06	861	0.53	23.45	22.55
0.06～0.08	268	0.29	7.30	5.88
0.08～0.1	302	0.46	8.22	1.96
>0.1	416	0.75	11.33	0.98

表 4-28　河网密度与霍乱发病的单因素方差分析结果

发病指标	方差来源	平方和	自由度	均方	显著性概率
发病数	组间	694	5	138.72	0.460
	组内	3 336 798	2 260	149.03	
	总计	337 492	2 265		
年均发病率（每百万人）	组间	14	5	2.75	0.795
	组内	13 084	2260	5.79	
	总计	13 097	2265		

c. 距海洋的距离与霍乱分布的关系

本节将距离海洋的距离按照等距离的原则划分为 8 个等级，分别为小于 500、500～1000、1000～1500、1500～2000、2000～2500、2500～3000、3000～3500、大于 3500，单位为 km。将其与 2001～2008 年各县市霍乱报告病例数分级图进行叠加，如图 4-7 所示。统计不同距海洋距离等级对应的发病数、年均发病率、发病数百分比和面积百分比，见表 4-29。共有 2736 霍乱病例数发生在距离海岸线距离不足 500 km 的地区，其占总病例数的四分之三以上。距海洋距离的不同组间与霍乱发病数及年均发病率之间的关系如图 4-8 所示，霍乱发病数随距海洋距离的增大而逐渐减少，在距海洋距离大于 1500 km 以上的区域，只有少许霍乱病例发生。

利用单因素方差分析的方法，分析不同等级距海洋的距离对霍乱发病数及年均发病率的影响，结果见表 4-30，发病数及年均发病率与不同等级距海洋距离之间的方差分析显著性概率分别为 0.104 和 0.853，表明距海洋不同距离组间的霍乱发病数及年均发病率没有显著性差异。

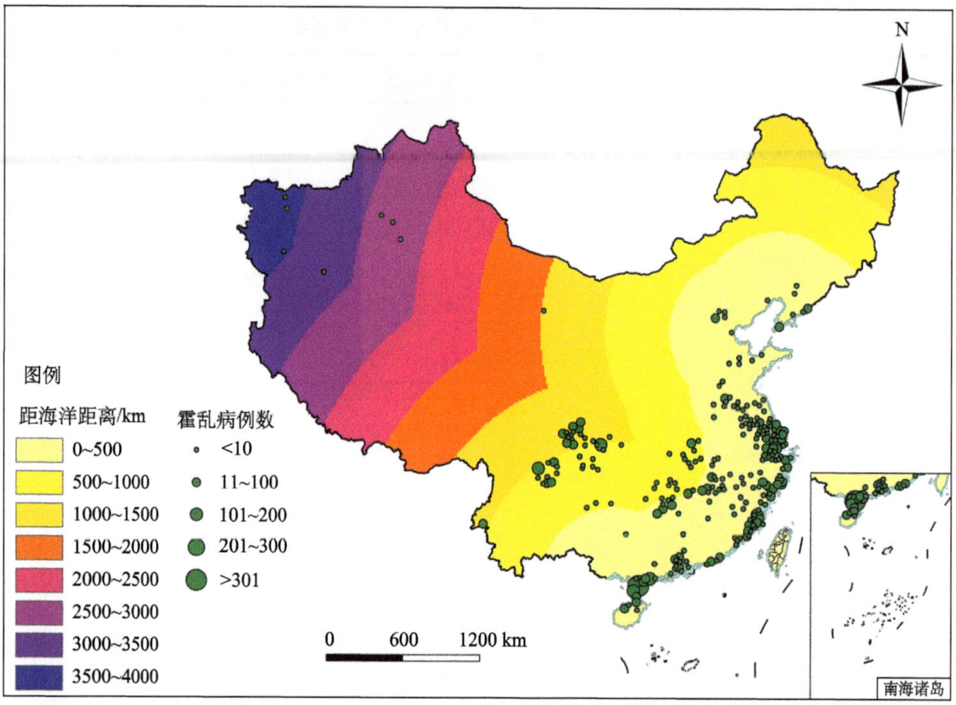

图 4-7　2001～2008 年霍乱报告病例数与距海洋距离的叠置分析图

表 4-29　2001～2008 年霍乱报告病例数与距海洋距离关系统计分析

距海洋距离等级/km	发病数	年均发病率(每百万人)	发病数百分比/%	面积百分比/%
<500	2736	0.35	77.35	23.43
500～1000	595	0.38	16.82	24.34
1000～1500	188	0.24	5.32	13.41
1500～2000	2	0.04	0.06	8.73
2000～2500	0	0	0.00	10.14
2500～3000	5	0.13	0.14	10.49
3000～3500	9	0.13	0.25	8.23
>3500	2	0.07	0.06	1.22

表 4-30　距海洋距离与霍乱发病的单因素方差分析结果

发病指标	方差来源	平方和	自由度	均方	显著性概率
发病数	组间	1 738	7	248.333	0.104
	组内	331 472	2 272	145.894	
	总计	3 332 010	2 279		
年均发病率(每百万人)	组间	19	7	2.704	0.853
	组内	12 922	2 272	5.687	
	总计	12 941	2 279		

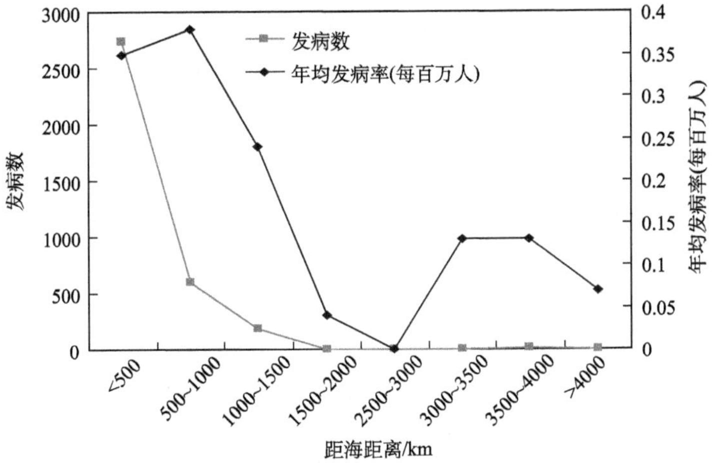

图 4-8　不同组间距海洋的距离与霍乱发病数及年均发病率之间的关系

2) 霍乱的气候指标分析

a. 降水量与霍乱分布的关系

按照自然地理学中划分干旱地区、半干旱地区、半湿润地区和湿润地区的标准，本节将中国年均降水量数据分成小于 200 mm、200 mm～400 mm、400 mm～800 mm、大于 800 mm 四个等级，单位为 mm，并与 2001～2008 年中国大陆地区霍乱发病分布图层进行叠置分析，如图 4-9 所示。同时，统计不同年均降水量等级地区对应的发病人数、年均发病率、发病数百分比和面积百分比，见表 4-31。结果表明，94.07%的霍乱病例都分布在年均降水量大于 800 mm 的湿润地区，这主要是由于这些地区年均降水量较大，容易造成洪水泛滥，扩大了霍乱弧菌的污染面；而位于西北部的新疆沙漠干旱地区霍乱年均发病率要远远高于年均降水量相对较高的半干旱地区，这是因为在干旱的缺水地区，仅有少数水源供饮用，人们往往集中在这些水源饮水，一旦被污染，极易引起水型霍乱的暴发。不同等级年均降水量组间与霍乱发病数及年均发病率之间的关系比较一致，霍乱发病数随年均降水量的增多而单调升高，年均发病率在年均降水量为 200～400 mm 的组间达到峰谷后也随年均降水量的增多而升高。当年均降水量大于 400 mm 时，霍乱发病数及年均发病率均随年均降水量的增多而升高，如图 4-10 所示。利用单因素方差分析方法时，分析不同等级年均降水量对霍乱发病数及年均发病率的影响，结果见表 4-32，不同年均降水量组间霍乱发病数及年均发病率显著性概率均小于 0.01，表明年均降水量对霍乱发病的分布有显著影响。

表 4-31　2001～2008 年霍乱报告病例数与年均降水量关系统计分析

年均降水量等级/mm	发病数	年均发病率(每百万人)	发病数百分比/%	面积百分比/%
<200	18	0.22	0.49	25.61
200～400	0	0.00	0.00	22.19
400～800	201	0.12	5.44	27.34
>800	3476	0.92	94.07	24.86

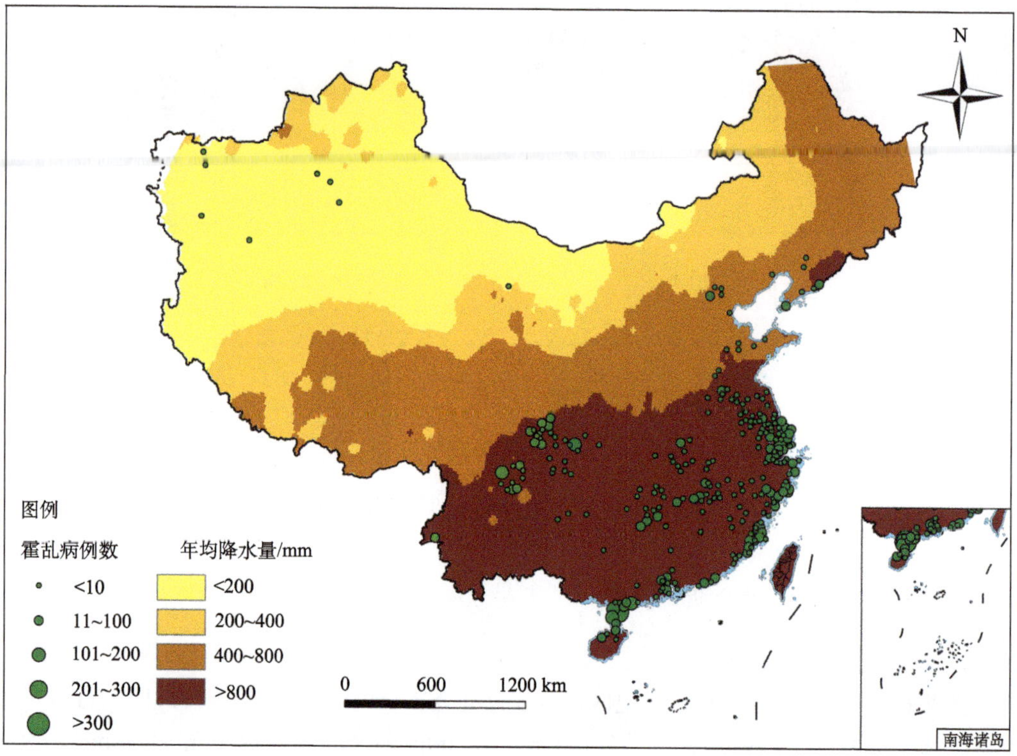

图 4-9　2001～2008 年霍乱报告病例数与年均降水量的叠置分析图

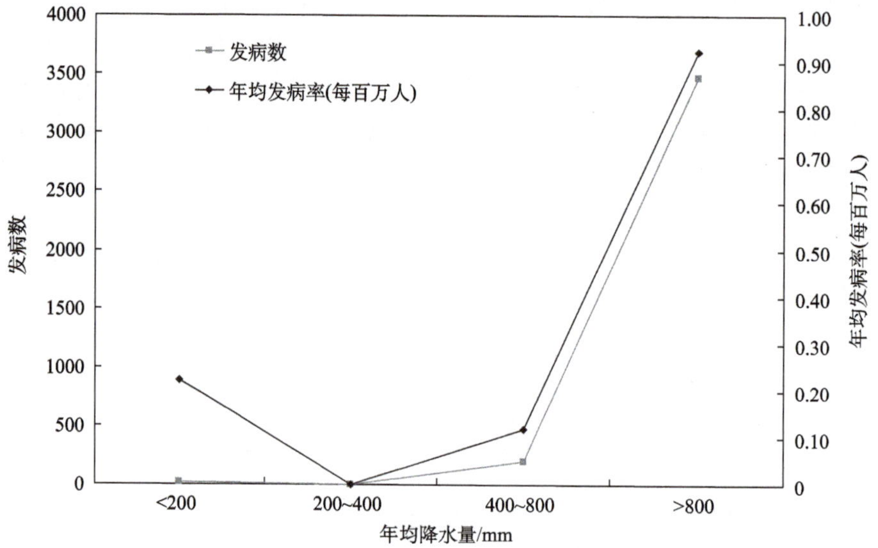

图 4-10　不同组间年均降水量与霍乱发病数及年均发病率之间的关系

表 4-32　年均降水量与霍乱发病的单因素方差分析结果

发病指标	方差来源	平方和	自由度	均方	显著性概率
发病数	组间	4100	3	1 366.49	0.000
	组内	333 125	2 295	145.15	
	总计	337 224	2 298		
年均发病率(每百万人)	组间	163	3	54.20	0.000
	组内	12 947	2 295	5.64	
	总计	13 109	2 298		

3)气温与霍乱分布的关系

气温是影响病菌繁殖生长的一个重要因素，霍乱弧菌的生长温度为 16～42℃，最适宜培养温度为 37℃。本节利用等间距的方法，将中国年均气温数据划分成小于 5、5～10、10～15、15～20、大于 20 5 个组别，单位为℃，并与 2001～2008 年中国大陆地区霍乱发病分布图层进行叠置分析，如图 4-11 所示。同时，利用地理统计的方法得到年均不同气温组别地区对应的发病人数、年均发病率、发病数百分比和面积百分比，见表 4-33。在年均气温小于 5℃的地区，霍乱年均发病率为 0，而在年均气温大于 20℃的地区，霍乱年均发病率(每百万人)为 1.93。不同组间年均气温与霍乱发病数及年均发病率之间的

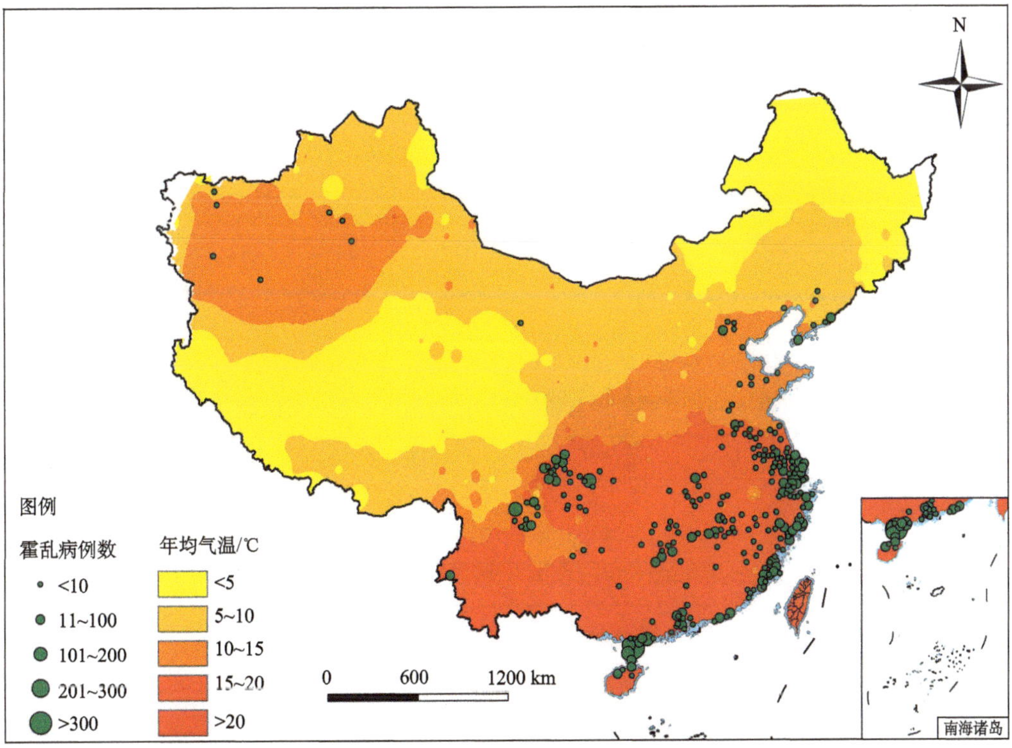

图 4-11　2001～2008 年霍乱报告病例数与年均气温的叠置分析图

关系如图 4-12 所示，霍乱年均发病率随年均气温的增加而单调递增，即年均气温越高的地区霍乱年均发病率越高。利用单因素方差分析的方法，分析不同等级年均气温与霍乱发病数及年均发病率之间的关系，分析结果见表 4-34，不同年均气温组间霍乱发病数及年均发病率的方差分析显著性概率均小于 0.01，表明年均气温对霍乱发病的分布有显著影响。

表 4-33　2001～2008 年霍乱报告病例数与年均气温关系统计分析

年均气温等级/℃	发病数	年均发病率(每百万人)	发病数百分比/%	面积百分比/%
<5	0	0.00	0.00	27.67049
5～10	41	0.08	1.12	33.0599
10～15	468	0.30	12.77	17.35184
15～20	1727	0.65	47.13	17.76041
>20	1428	1.93	38.97	39.48

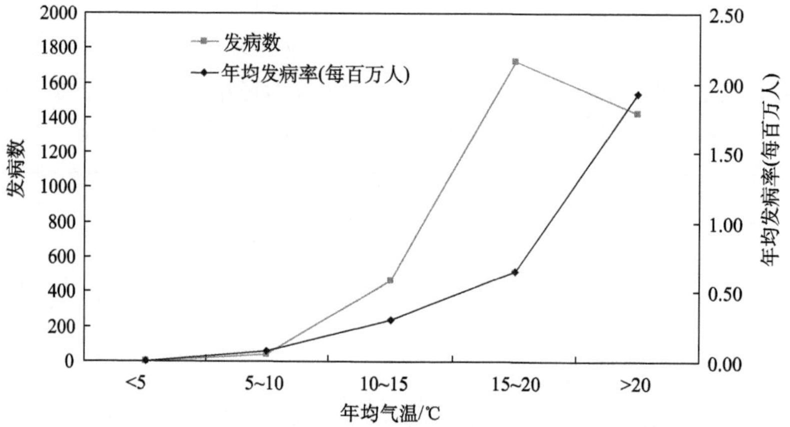

图 4-12　不同组间年均气温与霍乱发病数及年均发病率之间的关系

表 4-34　年均气温与霍乱发病的单因素方差分析结果

发病指标	方差来源	平方和	自由度	均方	显著性概率
发病数	组间	7563	4	1 890.71	0.000
	组内	32 9320	2294	143.56	
	总计	33 6883	2298		
年均发病率(每百万人)	组间	94	4	23.614	0.002
	组内	13 011	2294	5.672	
	总计	13 105	2298		

c. 日照时数与霍乱分布的关系

日照时数是指太阳每天在垂直于其光线的平面上辐射强度超过或等于 120W/m^2 的时间长度，通常是以 h 为单位。中国夏季北方的日照时数要多于南方，纬度越高，昼夜长短变化幅度越大，夏季越向北，昼长越长；青藏高原因为海拔高，空气稀薄，晴朗天气多，所以日照时数多，与其相反的是四川盆地，纬度与青藏高原差不多，但水汽多，受地形限制以多云天气为主，所以日照时数较少。

本节将 2001～2008 年中国的年均日照时数分成小于 1500、1500～2000、2000～2500、2500～3000、>3000 五个组别，单位为 h，将其与中国大陆地区霍乱发病分布图层进行叠置分析，如图 4-13 所示。利用地理统计的方法，得到不同年均日照时数组别地区对应的发病人数、年均发病率、发病数百分比和面积百分比，见表 4-35。有 2611 个霍乱病例分布在年均日照时数为 1500～2000 h 的组别内，占总病例数的 71.26%，另外，该组别的霍乱年均发病率最高；而在面积百分比之和超过中国国土面积一半的年均日照时数为 2500～3000 h 及大于 3000 h 的组别，霍乱病例数只有 70 例。不同组间年均日照时数与霍乱发病数及年均发病率之间的关系如图 4-14 所示，霍乱的发病数及年均发病率与年均日照时数的关系一致，均是在年均日照时数为 1500～2000 h 及年均发病率组间达到最大值，然后随年均日照时数的增加而逐渐减小。利用单因素方差分析的方法，分析日照时数与霍乱发病数及年均发病率之间的关系，分析结果见表 4-36，不同年均日照时数组间霍乱发病数及发病率的方差分析显著性概率小于 0.01，表明年均日照时数对霍乱发病的分布有显著影响。

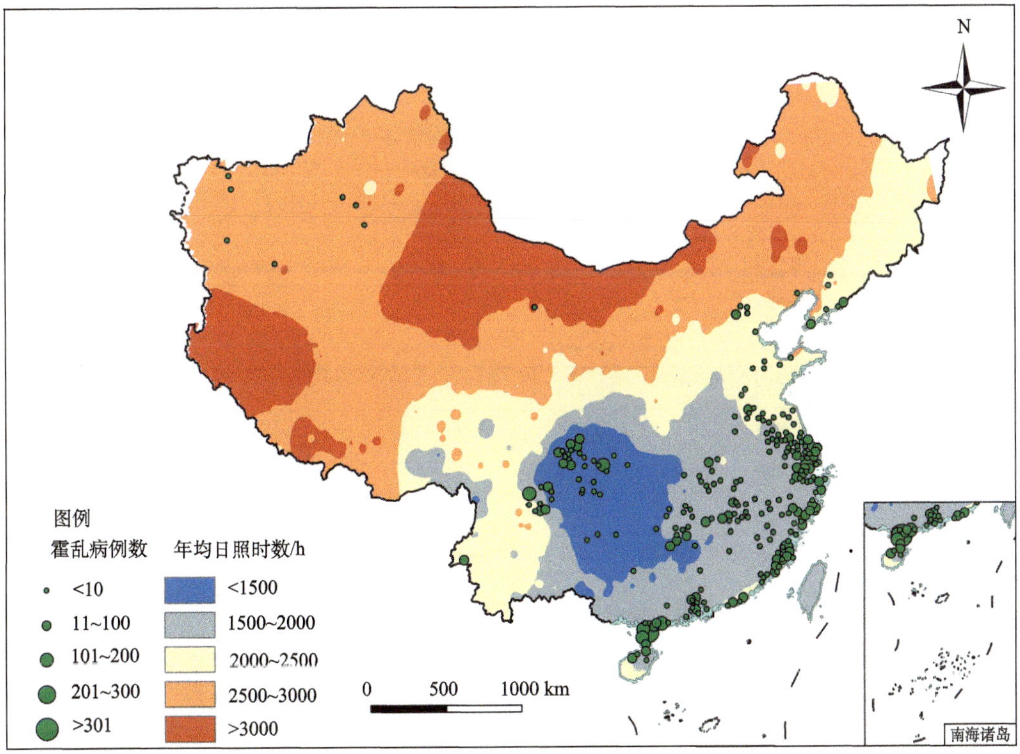

图 4-13　2001～2008 年霍乱报告病例数与年均日照时数的叠置分析图

表 4-35　2001～2008 年霍乱报告病例数与年均日照时数关系统计分析

年均日照时数等级	发病数	年均发病率(每百万人)	发病数百分比/%	面积百分比/%
<1500	519	0.62	14.16	6.95
1500～2000	2611	1.05	71.26	15.93
2000～2500	464	0.25	12.66	19.01
2500～3000	68	0.15	1.86	41.47
>3000	2	0.11	0.05	16.65

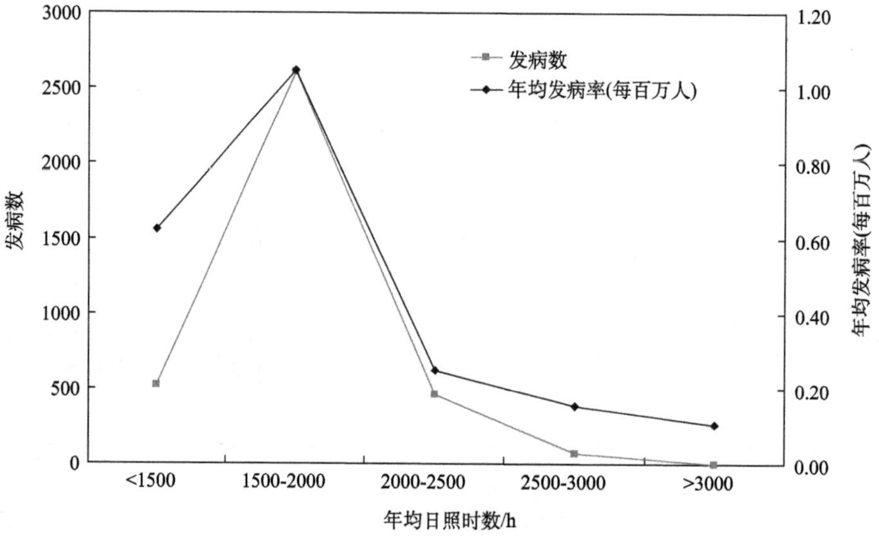

图 4-14　不同组间日照时数与霍乱发病数及发病率之间的关系

表 4-36　年均日照时数与霍乱发病的单因素方差分析结果

发病指标	方差来源	平方和	自由度	均方	显著性概率
发病数	组间	4 002	4	1 000.54	0.00
	组内	332 880	2 294	145.11	
	总计	336 881	2 298		
年均发病率(每百万人)	组间	152	4	37.93	0.000
	组内	12 954	2 294	5.647	
	总计	13 105	2 298		

d. 气压与霍乱分布的关系

气压是作用在单位面积上的大气压力，即等于单位面积上向上延伸到大气上界的垂直空气柱的重量。中国正好处于亚洲的中部，气压受季节的影响极为明显，冬季中国西北部大陆经常为强大的西伯利亚高压所控制，冷空气不断南下，以至影响到整个中国大陆和沿海。所以就平均情况而言，冬季中国海平面气压梯度方向从西北指向东南，等压线走向大致与海岸线平行，梯度比较大。夏季情况则与其不同，西北大陆为低压所控制，太平洋上的副热带高压北上，造成水平气压梯度方向由东南指向西北。

本节将 2001～2008 年中国的年均气压划分为小于 600、600～700、700～800、800～900、900～1000、大于 1000 6 个组别，单位为 hPa，将其与中国大陆地区霍乱发病分布图层进行叠置分析，如图 4-15 所示。利用地理统计的方法，得到不同年均气压组别地区对应的发病人数、年均发病率、发病数百分比和面积百分比，见表 4-37。在年均气压小于 600、600～700 hPa 和 700～800 hPa 3 个组别都没有霍乱病例发生，即在中国年均气压小于 800 hPa 的地区，霍乱的年均发病率为 0，大多数霍乱病例都分布在年平均气压大于 1000 hPa 的地区，约占总病例数的 67.43%。不同组间年均气压与霍乱发病数及年均发病率之间的关系如图 4-16 所示。利用单因素方差分析的方法，分析年均气压与霍乱发病数及年均发病率之间的关系，分析结果见表 4-38，不同年均气压组间霍乱发病数及年均发病率的方差分析显著性概率小于 0.01，年均气压对霍乱发病的分布有一定的影响。

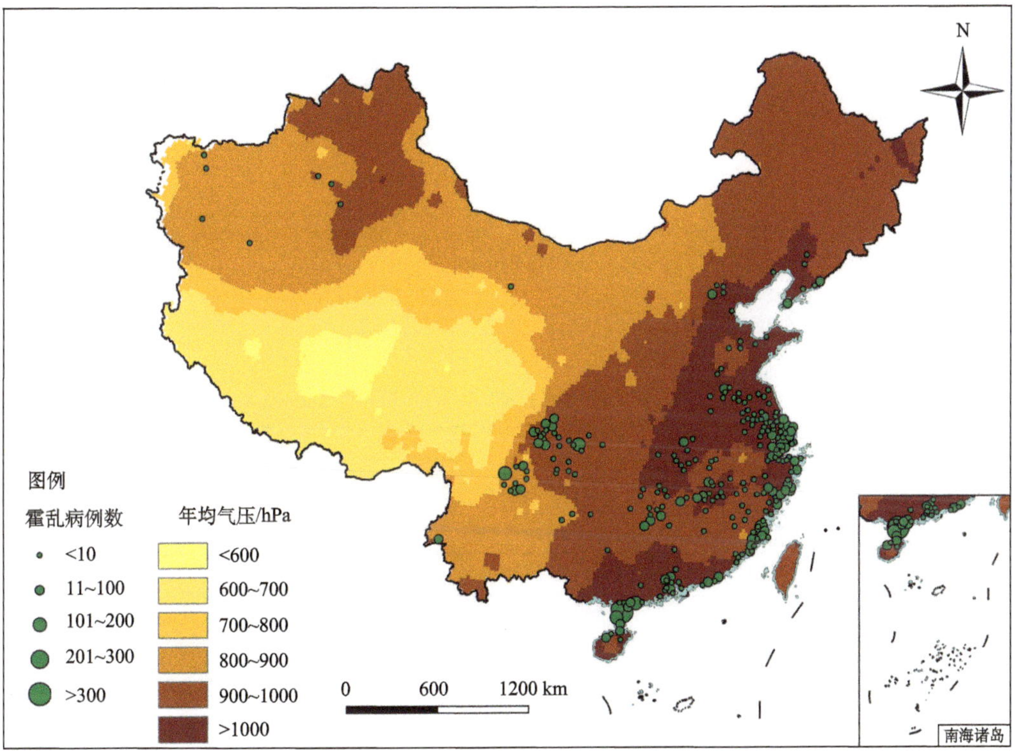

图 4-15　2001～2008 年霍乱报告病例数与年均气压的叠置分析图

表 4-37　2001～2008 年霍乱发病与年均气压关系统计分析

年均气压等级/hPa	发病数	年均发病率(每百万人)	发病数百分比/%	面积百分比/%
<600	0	0.00	0.00	0.50
600～700	0	0.00	0.00	16.66
700～800	0	0.00	0.00	6.36

续表

年均气压等级/hPa	发病数	年均发病率(每百万人)	发病数百分比/%	面积百分比/%
800～900	337	0.55	9.53	28.15
900～1000	815	0.13	23.04	36.71
>1000	2385	0.45	67.43	11.62

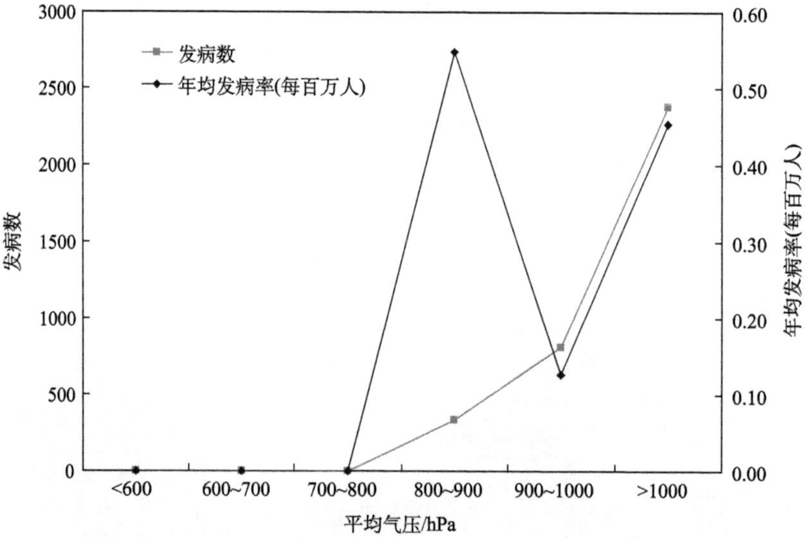

图 4-16　不同组间平均气压与霍乱发病数及发病率之间的关系

表 4-38　年均气压与霍乱发病的单因素方差分析结果

发病指标	方差来源	平方和	自由度	均方	显著性概率
发病数	组间	3363	5	672.58	0.000
	组内	329 840	2 274	145.05	
	总计	333 210	2 279		
年均发病率(每百万人)	组间	88	5	17.48	0.009
	组内	12 854	2 274	5.65	
	总计	12 941	2 279		

e. 相对湿度与霍乱分布的关系

相对湿度是指空气中水汽压与饱和水汽压的百分比。湿空气的绝对湿度与相同温度下可能达到的最大绝对湿度之比，也可表示为湿空气中水蒸气分压力与相同温度下水的饱和压力之比。在干燥的冬季，白喉、流感、百日咳、脑膜炎、哮喘、支气管炎等的发病率显著增加，导致上述疾病的原因除了冬季温度偏低、温差变化大使人体抵抗力下降外，还有如下两方面的原因：其一，环境相对湿度过低使流感病毒和致病力强的革兰氏阳性菌繁殖速度加快且随粉尘扩散，从而引起疾病流行。其二，环境相对湿度过低可使人的呼吸系统抵抗力下降，诱发和加重呼吸系统疾病。除呼吸系统疾病外，国内部分研究表明，相对湿度与霍乱发病也存在着一定联系。

本节将 2001～2008 年中国的年均相对湿度划分为小于 40、40～50、50～60、60～70、70～80、大于 80 共 6 个组别，单位为%，将其与中国大陆地区霍乱发病分布图层进行叠置分析，如图 4-17 所示。利用地理统计的方法，得到不同年均相对湿度组别地区对应的发病人数、年均发病率、发病数百分比和面积百分比，见表 4-39。年均相对湿度大于 80%的组别地区年均霍乱发病率最高，其次为相对湿度位于 70～80%的组别，这两个组别的霍乱发病数之和占中国 2001～2008 年霍乱发病数的 90%以上，在年均相对湿度小于 40%的地区，霍乱的年均发病率为 0。不同组间年均相对湿度与霍乱发病数及年均发病率之间的关系如图 4-18 所示。利用单因素方差分析方法，分析年均相对湿度与霍乱发病数及年均发病率之间的关系，分析结果见表 4-40，不同年均相对湿度组间霍乱发病数及年均发病率的方差分析显著性概率均小于 0.01，说明年均相对湿度与中国霍乱发病之间存在显著的相关关系。

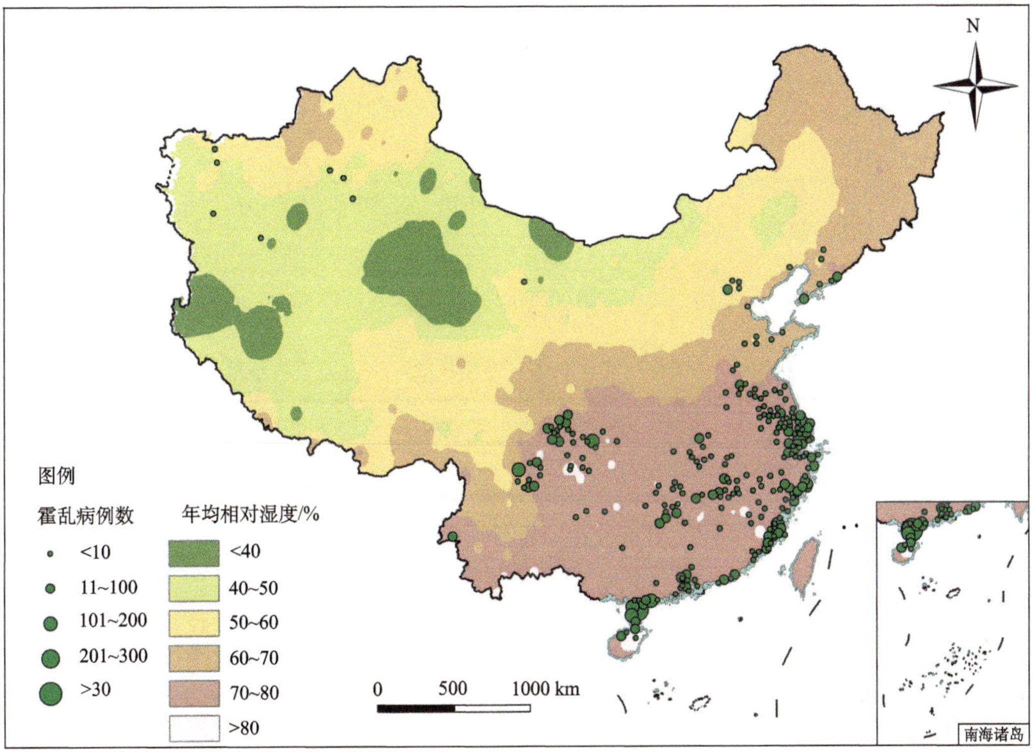

图 4-17　2001～2008 年霍乱报告病例数与年均相对湿度的叠置分析图

表 4-39　2001～2008 年霍乱报告病例数与年均相对湿度关系统计分析

年均相对湿度等级/%	发病数	年均发病率(每百万人)	发病数百分比/%	面积百分比/%
<40	0	0.00	0.00	5.95
40～50	14	0.07	0.40	25.33

续表

年均相对湿度等级/%	发病数	年均发病率(每百万人)	发病数百分比/%	面积百分比/%
50～60	109	0.02	3.08	25.15
60～70	218	0.11	6.16	20.97
70～80	2491	0.45	70.43	22.09
>80	705	2.80	19.93	0.52

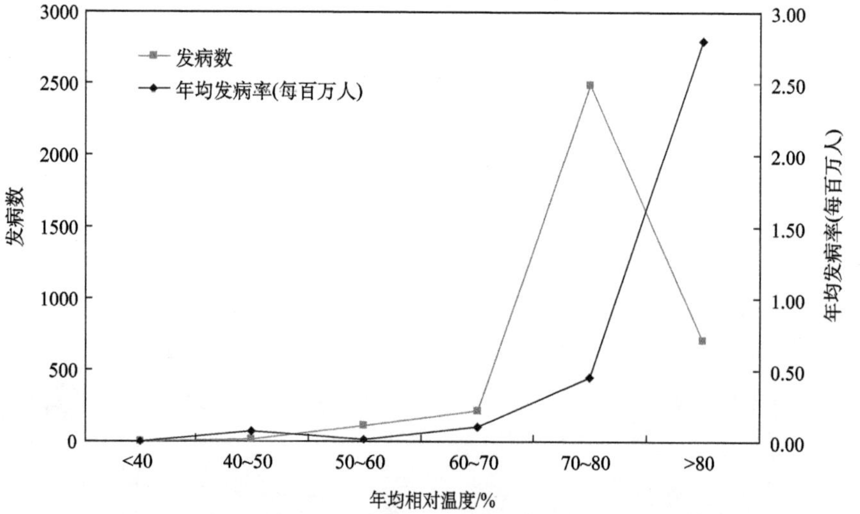

图 4-18　不同组间年均相对湿度与霍乱发病数及年均发病率之间的关系

表 4-40　年均相对湿度与霍乱发病的单因素方差分析结果

发病指标	方差来源	平方和	自由度	均方	显著性概率
发病数	组间	16 833	5	3 366.69	0.000
	组内	316 377	2274	139.13	
	总计	333 210	2279		
年均发病率(每百万人)	组间	273	5	54.57	0.000
	组内	12 668	2274	5.57	
	总计	12 941	2279		

4) 中国霍乱弧菌适生度预测

通过分析霍乱与气候、地理环境要素之间的关系发现，中国霍乱发病与高程、降水量、气温、日照时数等环境因素都存在显著的相关性，本节将综合应用最大熵生态位模型和地理信息系统技术，利用地理、气候环境要素来对中国霍乱发病风险进行时空预测。

生态位是一个物种所处的环境及其自身生活习性的总称，生态位模型是基于生态位理论而构建的建模方法(王运生，2007)。最大熵模型(maximum entropy model, MaxEnt)是一种基于最大熵原理的生态位预测模型，它从不完整的已知信息中作出推断或预测，根据已知的物种分布数据和环境图层，探索已知物种分布区的环境特征与研究区的非随机关系，在满足一定约束的条件下，找到熵最大的概率分布作为最优解，用于物种适生区的预测。

基于环境要素的流行病风险分区预测主要是根据已知样本点的地理分布及其风险因子来估测未知区域该疾病暴发或流行的概率，由于霍乱的发病与流行往往跟特定的地理、气候环境有关，包括两方面的因素：一是，引起霍乱发病的霍乱弧菌在一定的环境下才能存活与繁殖；二是，人感染霍乱的概率受地理、气候等环境因素的影响很大。Zo 等(2002)的研究表明，霍乱疫情的暴发与环境中霍乱弧菌菌量的增加是一致的。因此，利用生态位模型的方法，基于地理、环境等要素，可以对不同区域霍乱弧菌的适生度进行分析预测，根据适生度分布图可以实现中国霍乱发病风险的分区。

本节以 2001～2008 年全国各县市霍乱病例分布图层作为已知分布数据。按照 MaxEnt 模型的要求，必须得到已知分布点的经纬度信息，而本节得到的霍乱病例数据没有精确的 GPS 定位信息，因此，只能粗略地以有霍乱病例发生县市的中心点经纬度坐标作为已知点的位置信息。在 Excel 软件中，将已知分布点数据按照第一列为物种类型，第二、第三列分别为已知分布点的经度和纬度格式进行存储，并保存为“.csv”格式。

同时，以前面生成的 2001～2008 年全国年均降水量、气温、日照时数、气压、相对湿度，以及高程、河网密度和距海洋的距离栅格图层作为环境变量数据，MaxEnt 软件要求的环境变量的输入图层为“.asc”格式。因此，基于 ArcGIS 9.3 软件的 ArcTool box 下的“Raster to ASCII”工具，将降水量、气温、日照时数、气压、相对湿度，以及高程、河网密度和距海洋的距离栅格图转化为 ASCII 格式。

以 2001～2006 年的已知分布数据作为训练样本，以 2007-2008 年的已知分布数据作为测试样本，通过 MaxEnt 3.3.3 a 软件来进行霍乱弧菌的适生度预测，结果如图 4-19 所示。从图 4-19 可以看出，中国东南部沿海地区、中部地区，以及西部四川盆地的霍乱弧菌适生度相对较高，而东北和西北部地区的霍乱弧菌适生度较低，在西北部地区，新疆盆地的霍乱弧菌发病适生度要比周边地区略高。

模型预测的准确程度及误差来源等都是通过模型评价过程来进行分析，目前，模型评价一般采用受试者工作特征曲线(receiver operating characteristic curve, ROC)评价方法，它是反映敏感性和特异性连续变量的综合指标。其基本原理是假设一个阈值为预测正确的判定标准，低于这个标准的为错误预测值，高于这个标准的就是正确预测值，通过对预测结果进行判别，得到一个正确和错误的单列数据，并对比真值，计算真阳性率和假阳性率等。ROC 曲线下的面积就是 AUC 值，AUC 值因不受参考阈值的影响，是目前最常用的模型评价指标之一。AUC 值越接近于 1，表示模型预测的结果越好。一般认为，当 AUC 值为 0.5～0.7 时，模型预测的准确性较低；为 0.7～0.9 时，模型预测的准确性中等；当 AUC 值大于 0.9 时，模型预测的准确性较高(李明阳等, 2008)。MaxEnt 利用 ROC 曲线进行预测结果评价，并计算出 AUC 值，结果如图 4-20 所示。红线代表训练样本的 ROC 曲线，蓝线代表测试数据的 ROC 曲线，两者的 AUC 值分别为 0.937 和 0.944，均大于 0.9。因此，可以认为本模型的预测结果具有较高的精度。

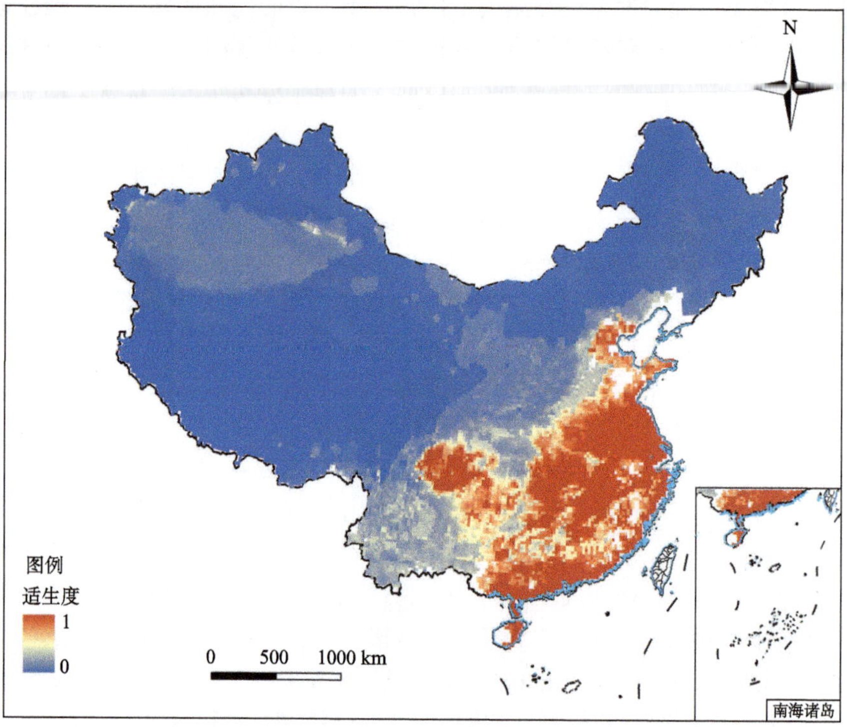

图 4-19　中国霍乱发病适生区预测结果

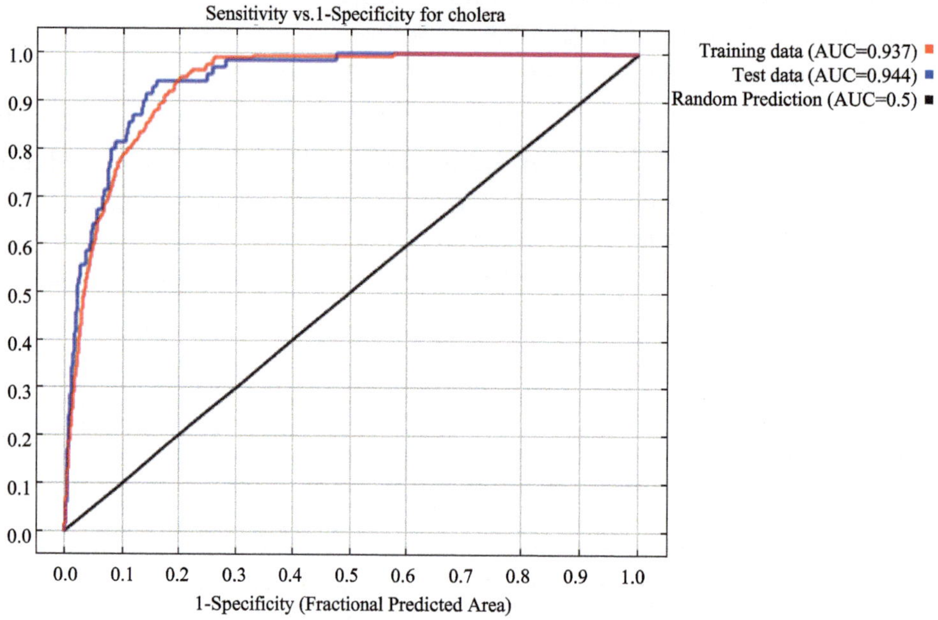

图 4-20　预测结果的 ROC 曲线及 AUC 值

MaxEnt 用相对贡献度这一指标来评价各环境危险要素对模型预测的贡献，即环境要素对预测结果的重要性程度。在每次训练迭代过程中，当环境变量的权重系数的绝对值增加时，该变量的相对贡献度也相应增加，当权重系数的绝对值减小时，环境变量的相对贡献度也随之变小。

本节中各环境危险要素对预测模型的贡献度见表 4-41。从表 4-41 可知，降水量(24.3%)是影响霍乱发病程度最大的环境变量，气温(23.8%)和高程(17.9%)的影响次之，这 3 个环境危险要素对预测模型的相对贡献度占了 65%以上；相对湿度(12.2%)、距海洋的距离(9.4%)和气压(7.8%)、日照时数(2.8%)也是较为重要的环境危险因子；河网密度对模型的相对贡献度最小，只有 1.8%，即河网密度对中国霍乱发病几乎没有影响。

表 4-41　各环境变量对模型的贡献度

环境变量	相对贡献度/%
降水量	24.3
气温	23.8
高程	17.9
相对湿度	12.2
距海洋的距离	9.4
气压	7.8
日照时数	2.8
河网密度	1.8

2. 中国喜马拉雅旱獭鼠疫疫源地遥感诊断

1) 喜马拉雅旱獭鼠疫疫源地分布及相关生境参数

鼠疫宿主动物作为鼠疫病原体的动物储存寄主，是鼠疫疫源地存在的稳定因素和基本条件。鼠疫疫源地内的主要宿主是鼠疫菌生态型的主要带菌者，其对鼠疫菌种群延续及长期保存起决定作用。

喜马拉雅旱獭(Marmotahimalayana)作为喜马拉雅旱獭鼠疫疫源地的主要宿主动物，是青藏高原的特有种，在我国其主要分布于青藏高原的青海、西藏、云南西北部、四川西部、甘肃与新疆的青藏高原部分。1954 年，我国首次在青海贵南从喜马拉雅旱獭体内检出鼠疫菌(田富彰，2000)。20 世纪 50～60 年代，在祁连山南北及青海湖周围，喜马拉雅旱獭密度极高，旱獭鼠疫流行猖獗。其后，随着调查监测工作的深入，喜马拉雅旱獭鼠疫见于甘南草原、阿尔金山、唐古拉山、藏北草原、念青唐古拉山和冈底斯山等地。

在中国疾病预防控制中心提供的 2006～2009 年 9 月喜马拉雅旱獭分布的数据中，青海的旱獭发现点数据共有 2000 多条记录(均无 GPS 信息)，大部分监测记录只到了乡镇一级，而青海乡镇范围较大，无法进行空间位置的有效恢复；仅有 57 处监测数据详细到村一级的地点描述性记录，但也缺失具体的经纬度记录。因此，结合 2010 年野外实际调查得到的喜马拉雅旱獭洞 GPS 数据及每条数据所对应的地点说明，基于 GoogleEarth 软件，对 57 条到村级的监测点进行位置信息的恢复处理，以 57 条数据为基本点，在其周围结合地形地貌等信息选取 2～3 处位置，并记录 GoogleEarth 软件中显示的 x，y 坐标数据，最终确定 118 个点。将野外调查中利用 GPS 记录的 200 多处旱獭洞和旱獭发现点数据导入 ArcGIS，由于野外调查时部分 GPS 记录点距离较近，为了提高调查数据的空间代表性，约选取 1/3 的实地调查数据共 80 个点，并生成.shp 点格式文件。

结合 2006～2009 年 118 个空间恢复的青海旱獭监测数据，以及筛选的 80 个 2010 年 5～6 月进行的实地野外调查数据，最后共得到 198 处旱獭分布，如图 4-21 所示。

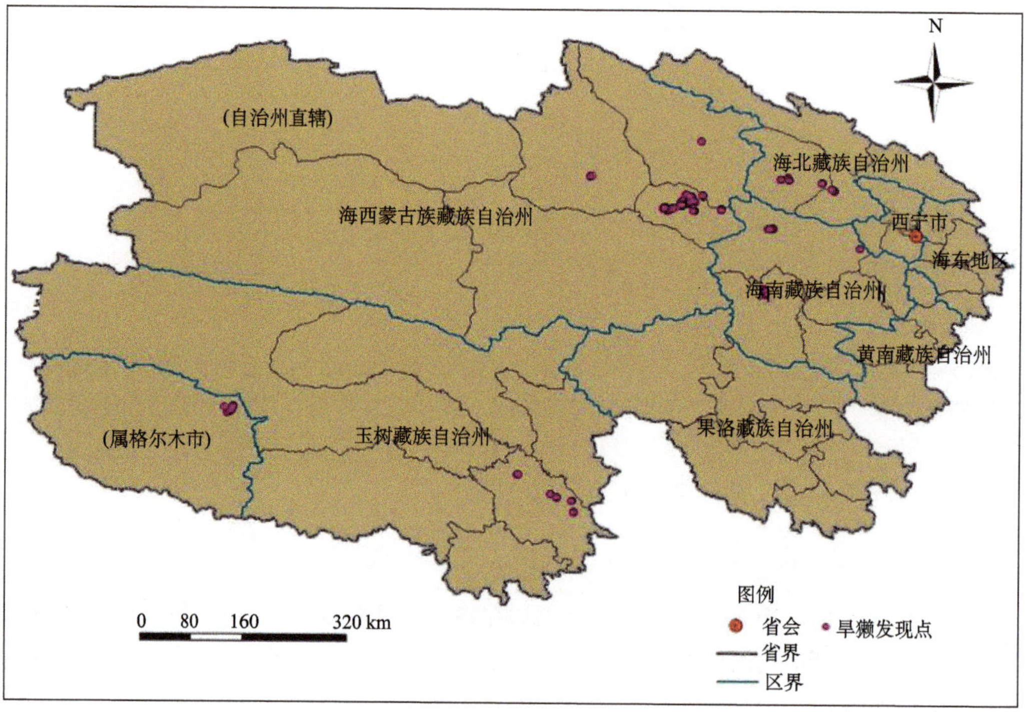

图 4-21　青海省喜马拉雅旱獭发现点分布图(2006～2010 年)

在喜马拉雅旱獭鼠疫疫源地中，鼠疫菌通过媒介蚤，在以旱獭为主要宿主动物的啮齿类动物间循环，人类主要由于被疫蚤叮咬，或接触染疫动物和接触肺鼠疫患者而感染鼠疫。在漫长的自然进化与生物选择过程中，疫源地必须具备适宜的生态环境并维持一定数量的宿主和媒介种群，才能使鼠疫菌循环于其中，鼠疫菌、宿主及蚤类和当地自然植被、气候、土壤等生态要素构成了统一的依存关系。

通过已有的针对喜马拉雅旱獭鼠疫疫源地的资料文献，总结归纳了喜马拉雅旱獭鼠疫疫源地主要宿主动物的相关生境参数，见表 4-42，通过对疫源地生境参数的研究，为进一步构建疫源地遥感诊断指标体系提供了支持服务。

表 4-42　喜马拉雅旱獭鼠疫疫源地主要宿主动物相关生境参数

主要宿主动物	生境参数				备注
	地形地貌	气候	植被	土壤	
喜马拉雅旱獭	主要影响因子是海拔、坡度、纬度等；广泛栖息于青藏高原的各类型草甸草原；最适宜的坡度为 5°～15°	喜欢在温暖向阳的地方建立洞穴；冬眠动物，9～10 月入眠；鼠疫流行年际变化不明显	草高在 10～15 cm 旱獭洞穴分布最多，草高大于 15 cm 旱獭洞穴数减少；植被覆盖度在 90%以上时旱獭洞穴最多	—	地理景观要素决定主要宿主动物的分布

针对地处中国西部地区的喜马拉雅旱獭鼠疫疫源地，按县为单位进行的疫源地划分虽然便于监测统计，但同一片疫源地由于分散在不同行政区划内监测统计而不能反映疫源地的真实情况。如果通过主动监测获取喜马拉雅旱獭的发现点数据，并利用遥感等技术手段进行疫源地生态环境诊断分析，能够得到喜马拉雅旱獭最适宜地区的分布范围，结合已判定为疫源县域的媒介蚤和鼠疫菌阳性点信息，可以实现按区域自然特征的疫源地预测分析诊断。因此，根据“疫源地-鼠疫菌-宿主及蚤类-生态环境-遥感生境参数”这一线路体系，通过分析喜马拉雅旱獭适宜生境，可以构建鼠疫疫源地的遥感诊断指标体系。

2) 喜马拉雅旱獭适宜生境参数分析

喜马拉雅旱獭作为喜马拉雅旱獭鼠疫疫源地内的主要宿主动物，是疫源地内的优势种群，影响其生境选择的主要生态要素是海拔、坡度、纬度等地理因子；在特定区域内，地理景观要素(气候、植被、土壤等)决定了喜马拉雅旱獭的分布(张安宁等，2003)。本节主要开展喜马拉雅旱獭分布与适宜地形地貌、气温、降水量、植被等生境要素的相关性分析与诊断。

a. 高程与鼠疫分布的关系

本节将利用 ASTER GDEM 得到的青海省高程栅格数据划分为小于 2000 m、2000～3000 m、3000～4000 m、4000～5000 m 和大于 5000 m 共 5 个等级，并将其与进行空间位置恢复的 198 处喜马拉雅旱獭发现点数据进行叠加显示，如图 4-22 所示。

喜马拉雅旱獭广泛栖息于青藏高原的各类草甸、草原，在海拔 2 700～5 450 m 均可见其活动，其栖息范围广泛且分布较为连续，即使在低密度年代，在其最适生境内仍能保持一定的种群数量。为了定量分析喜马拉雅旱獭分布与高程之间的关系，此处计算了不同高程、高程分级在青海省所占的面积比例、旱獭发现点数，以及发现点数在不同高程级别中的比例，见表 4-43。

表 4-43　旱獭发现点数与高程统计关系

类别	高程/m	高程面积百分比/%	旱獭发现点数/个	所占比例/%	累积百分比/%
1	<2000	0.08	0	0	0
2	2000～3000	16.23	24	12.12	12.12
3	3000～4000	24.06	153	77.27	89.39
4	4000～5000	52.09	21	10.61	100
5	>5000	7.54	0	0	100

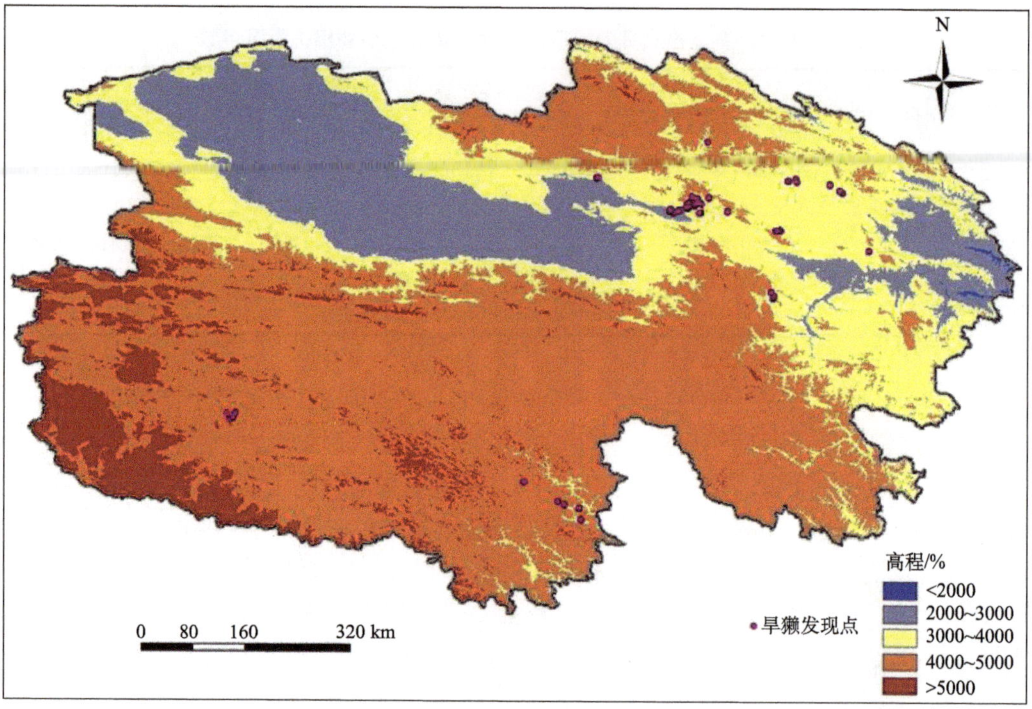

图 4-22　喜马拉雅旱獭发现点与高程叠加分布图

结果表明，77.27%的喜马拉雅旱獭发现点分布在占青海省面积比为 24.06%的高程值为 3000～4000 m 的地区；而占青海省面积比分别为 16.23%和 52.09%的高程值分别在 2000～3000 m、4000～5000 m 的两个高程等级内仅有 10%～15%的旱獭发现点；在小于 2000 m 和大于 5000 m 的区域中未发现旱獭，由于青海省大于 5000 m 高程的区域面积比仅占 7.54%，所以本书中的调查数据未在这一区域中发现旱獭，统计数据不支持已有研究中提到的 2 700～5 450 m 区域均有旱獭分布，这可能与调查点数量有限，以及本书的研究数据仅分布在青海省有关。

b. 坡度与鼠疫分布的关系

喜马拉雅旱獭的数量不因草甸草原上不同的植被群落而发生显著变化，其主要受地形影响，其中以山麓平原和山地阳坡下缘的密度为最大，其次在阶地、山坡和河谷沟豁的平滩上也较为常见。因此，本节将青海省的地形坡度数据划分为 0～2、3～5、6～9、10～13、14～17、18～21、22～25 和大于 25 共 8 个等级，单位为(°)，并将其与 198 处喜马拉雅旱獭发现点数据进行统计分析。青海省的坡度和喜马拉雅旱獭发现点数量随坡度的变化关系分别如图 4-23 和图 4-24 所示。

结果表明，在坡度大于 18°的区域，没有喜马拉雅旱獭发现；而以 0°～2°、3°～5°、6°～9°、10°～13°、14°～17°分组统计喜马拉雅旱獭发现点数据，表明随着坡度的增加，旱獭的发现点数量呈减少趋势。

c. 坡向与鼠疫分布的关系

对喜马拉雅旱獭适宜的坡向进行分析，将青海省的坡向分布图划分为 8 个等级：0～

45、46～90、91～135、136～180、181～225、226～270、271～315、316～360，单位为（°），其中以正北方向为 0°，并按顺时针增大，正南方向为 180 度。青海省的坡向如图 4-25 所示。将 198 处喜马拉雅旱獭发现点分布在不同坡向等级间的数据进行统计分析，如图 4-26 所示。

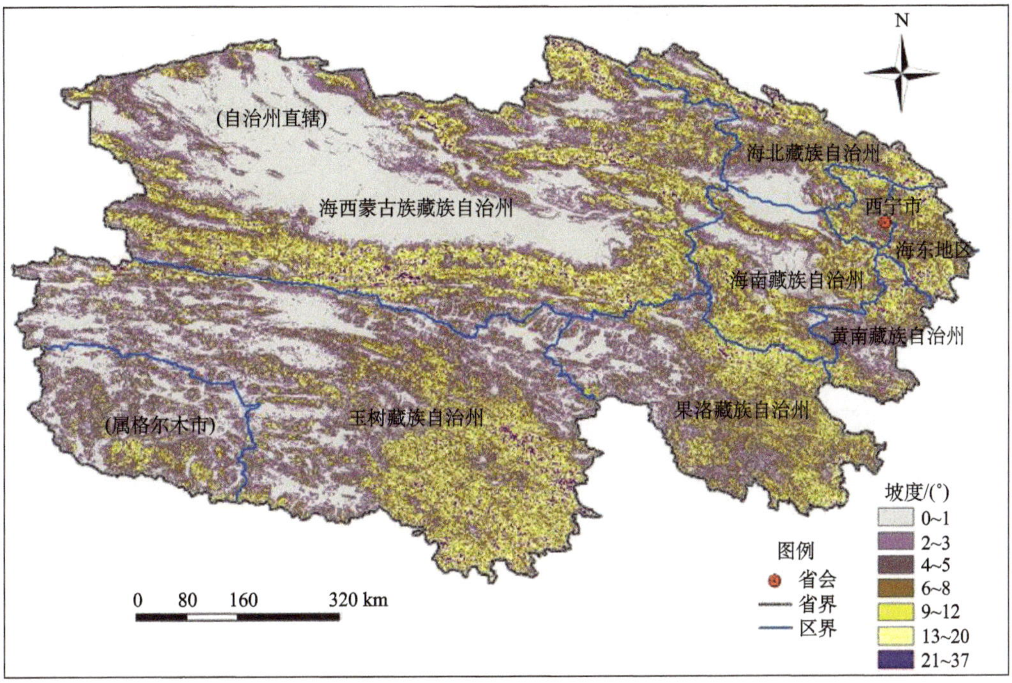

图 4-23　青海省坡度图

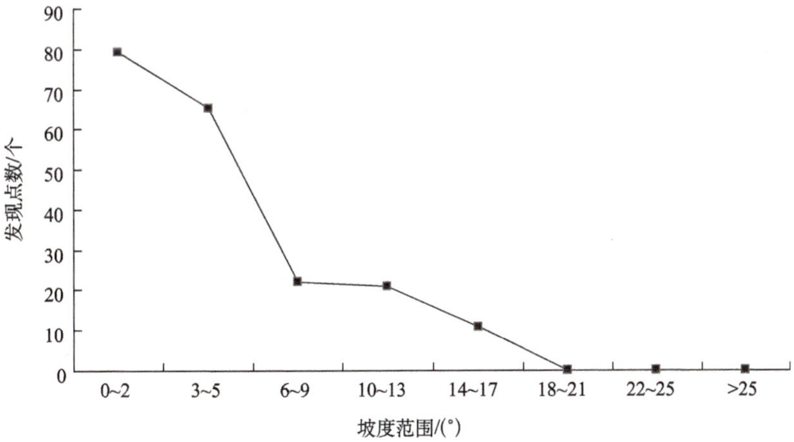

图 4-24　喜马拉雅旱獭发现点与坡度关系

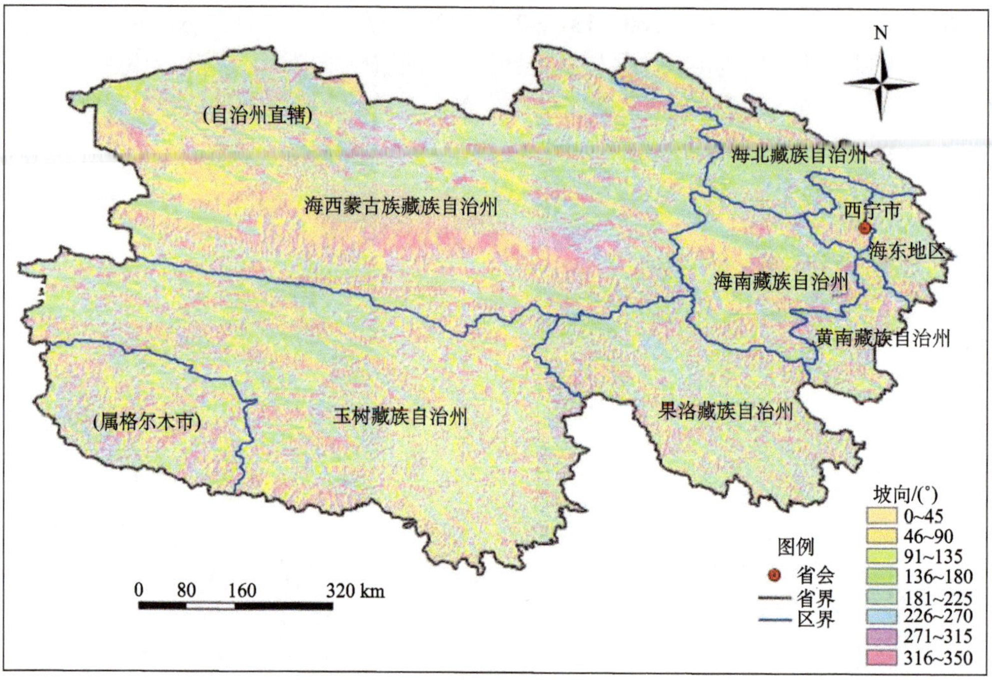

图 4-25　青海省坡向图

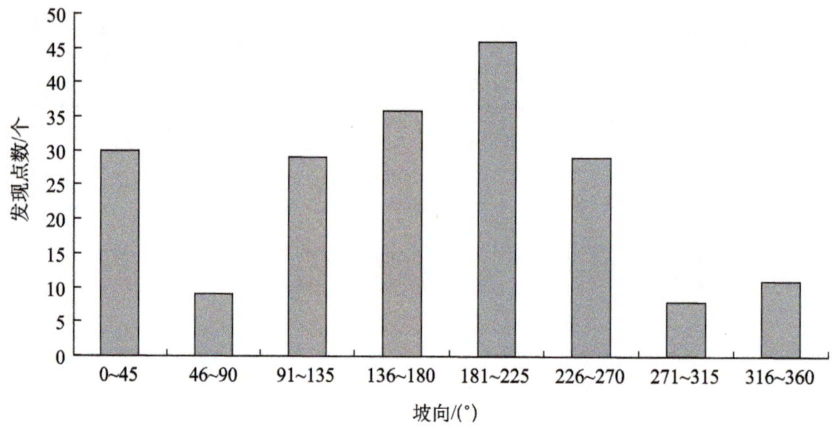

图 4-26　喜马拉雅旱獭发现点与坡向关系

结果表明，喜马拉雅旱獭的发现点主要分布在 91°～270°的坡向范围，由于 180°为正南方向，这一坡向范围表明了喜马拉雅旱獭喜欢在温暖向阳的位置建立洞穴。

d. 气温降水与鼠疫分布的关系

从气候因素分析，喜马拉雅旱獭在不同经纬度地区或不同海拔高度上出蛰和入蛰的具体时间并不一致(田富彰，2000；张安宁等，2003)。青海省的年最高气温和最大降水量多出现在 7～8 月，这一时间正好也是喜马拉雅旱獭活动较为频繁的时期，因此本节将收集的 WorldClim 数据库中 6 个 BioClim 数据中的青海省最暖月最高温数据(单位：℃)

分为小于 4.2、4.2～7.5、7.6～10.8、10.9～14.2、14.3～17.5、17.6～20.8、20.9～24.0 和大于 24.0 共 8 个等级，将最湿月降水量(单位：mm)分为 6～23、24～45、46～64、65～79、80～93、94～108、109～124 和大于 124 共 8 个等级，并分别与青海省 198 处喜马拉雅旱獭发现点数据进行叠加显示分析，叠加结果分别如图 4-27，图 4-28 所示。

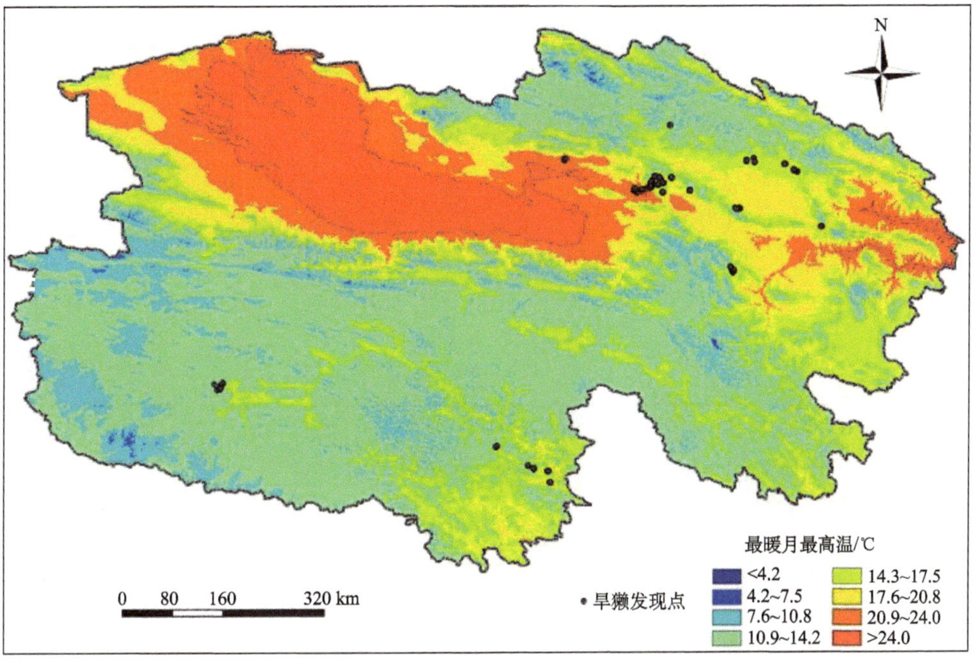

图 4-27　喜马拉雅旱獭发现点与最暖月最高温叠加分析图

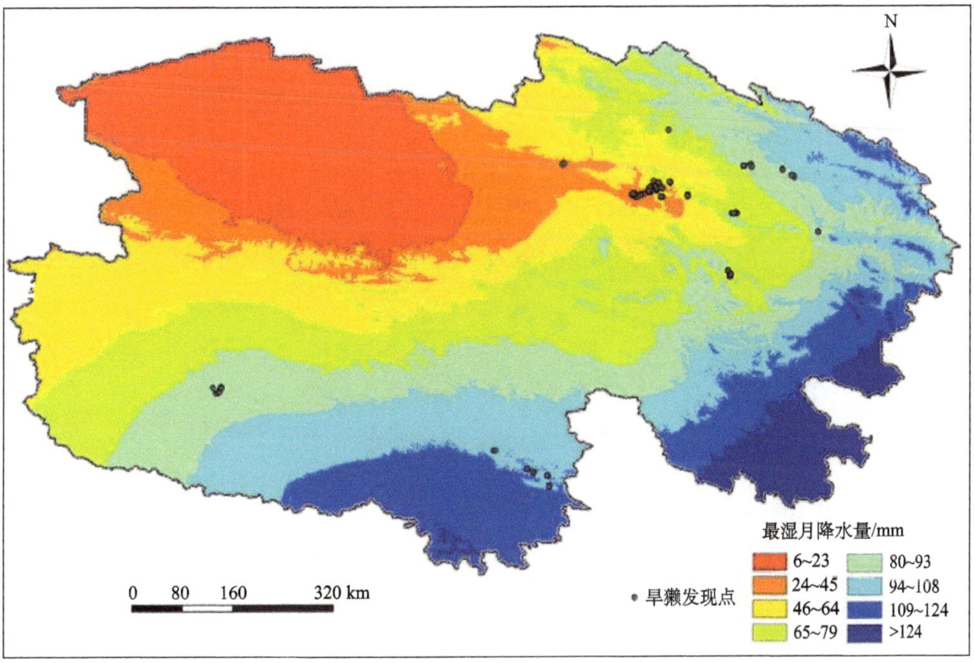

图 4-28　喜马拉雅旱獭发现点与最湿月降水量叠加分析图

为了定量分析喜马拉雅旱獭分布与最暖月最高温之间的关系，此处计算了不同温度范围的区域在青海省所占面积比例、旱獭发现点数，以及发现点数在不同温度级别中所占的比例，见表 4-44。

表 4-44　旱獭发现点数与最暖月最高温统计分析

类别	最暖月最高温/℃	温度分级百分比/%	旱獭发现点数/个	所占比例/%	累计百分比/%
1	<4.2	0.01	0	0	0
2	4.2～7.5	0.22	0	0	0
3	7.6～10.8	8.33	0	0	0
4	10.9～14.2	44.57	12	6.06	6.06
5	14.3～17.5	18.19	78	39.40	45.46
6	17.6～20.8	9.90	51	25.76	71.22
7	20.9～24.0	9.47	57	28.78	100
8	>24.0	9.33	0	0	0

结果表明，青海省最暖月最高温小于 10.87 ℃的面积占全省总面积的比例仅为 8.56%，大于 24.0 ℃的面积占全省总面积的 9.33%，这些区域内均没有喜马拉雅旱獭分布，表明在最暖月时，温度过低或超高的区域都不适合喜马拉雅旱獭的分布。39.40%的喜马拉雅旱獭发现点数据分布在占青海省面积 18.19%的最暖月最高温为 14.3～17.5 ℃的地区，占青海省面积 10%左右的 17.6～20.8 ℃和 20.9～24.0 ℃范围内，喜马拉雅旱獭发现点数据分别占到 25.76%和 28.78%，这 3 个温度范围内喜马拉雅旱獭发现点的分布总和约占到 95%，表明喜马拉雅旱獭对最暖月最高温的适宜性。

为了定量分析喜马拉雅旱獭分布与最湿月降水量之间的关系，此处计算了不同降水量范围的区域在青海省所占面积比例、旱獭发现点数，以及发现点数在不同降水量级别中所占的比例，见表 4-45。

表 4-45　旱獭发现点数与最湿月降水量统计分析

类别	最湿月降水量/mm	降水量分级百分比/%	旱獭发现点数/个	所占比例/%	累计百分比/%
1	6～23	14.94	0	0	0
2	24～45	7.89	75	37.88	37.88
3	46～64	15.42	29	14.65	52.53
4	65～79	18.53	30	15.15	67.68
5	80～93	15.34	42	21.21	88.89
6	94～108	13.74	22	11.11	100
7	109～124	10.56	0	0	100
8	>124	3.59	0	0	100

结果表明，青海省最湿月降水量小于 24 mm 的区域仅占全省总面积的 14.94%，大于 109 mm 的区域占总面积的 14.15%，这些区域内均没有喜马拉雅旱獭分布，表明在最湿月降水量过低或超高的区域都不适合喜马拉雅旱獭的分布。降水量在 24～108 mm 范围内的喜马拉雅旱獭发现点数量分布较为均匀，表明喜马拉雅旱獭对最湿月降水量的适宜性较强。

e. 植被与鼠疫分布的关系

喜马拉雅旱獭刚出蛰后几乎不吃东西，到夏季时食量则大大增加，取食范围扩大。一般来说，在草高 10～15 cm 旱獭洞穴分布最多，草高大于 15 cm 旱獭洞穴数减少；而植被盖度在 90%以上时，旱獭洞穴最多(侍世梅等，2008)。通过归一化差值植被指数(NDVI)能检测植被生长状态，反映出植物冠层的背景影响，如土壤、潮湿地面、雪、枯叶等，且与植被覆盖密切有关。

基于数据获取的一致性和对喜马拉雅旱獭季节分布规律的考虑，本节利用 MODIS 标准产品 MOD13A 中的 16-day 合成 NDVI 产品，经拼接生成青海省 2008 年 6 月 9 号的 NDVI 分布图。将生成的 NDVI 指数分为−0.20～0.055，0.056～0.089，0.090～0.128，0.128～0.176，0.177～0.252，0.253～0.360，0.361～0.480 和 0.481～0.980 共 8 个等级，并分别与 198 处喜马拉雅旱獭发现点数据进行叠加分析，如图 4-29 所示。

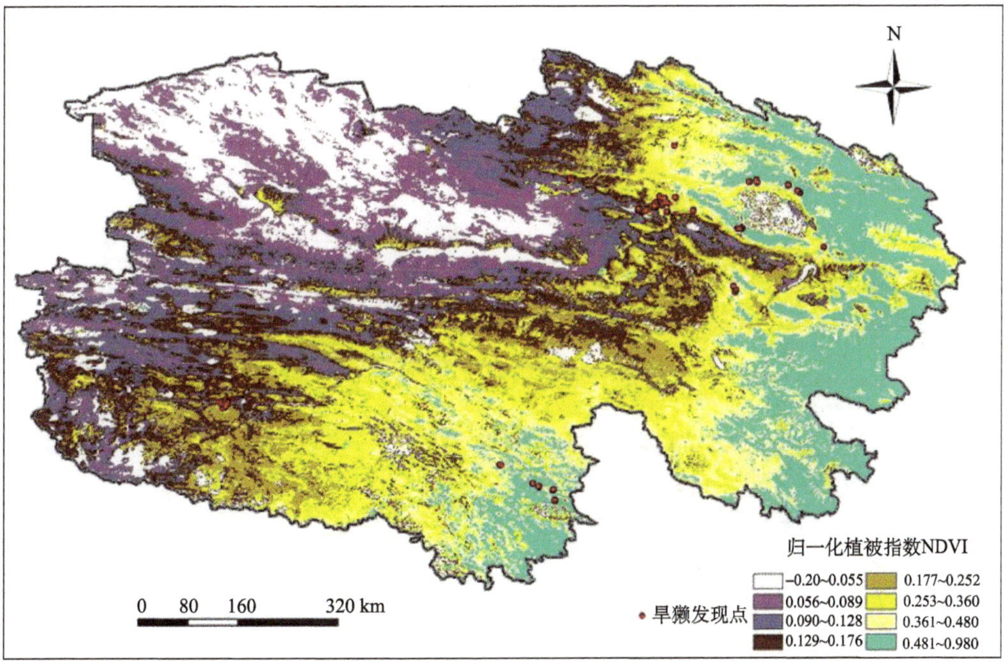

图 4-29　喜马拉雅旱獭发现点与 NDVI 叠加分析图

NDVI 的值为−1～1，当 NDVI 为负值时，表示地面覆盖为云、水、雪等；0 值表示有岩石或裸土等；正值则表示有植被覆盖，且 NDVI 随覆盖度的增大而增大。将 198 处喜马拉雅旱獭发现点数据与 8 个级别的 NDVI 值进行相关分析，结果如图 4-30 所示。

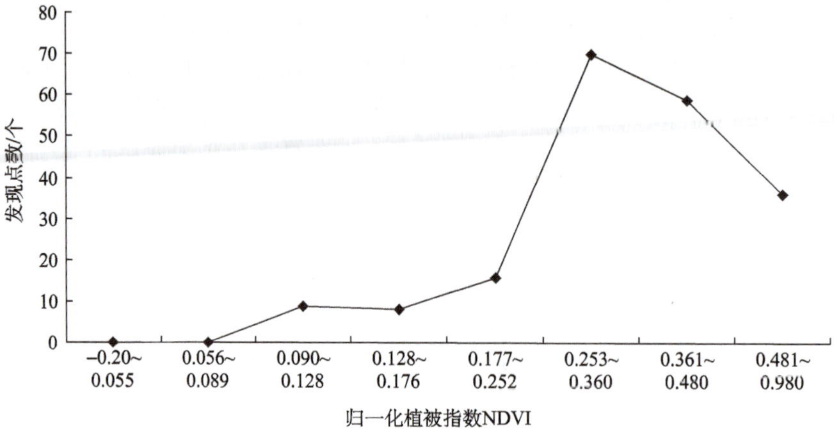

图 4-30　旱獭发现点数量与 NDVI 关系分析图

研究结果表明，当 NDVI 值小于 0.089 时，无旱獭分布；NDVI 值为 0.253～0.360 时，旱獭发现点数最高；NDVI 值为 0.361～0.980 时，也均有较多旱獭发现点。由此可知，一定区域内 NDVI 值与喜马拉雅旱獭的分布有较密切的关系，随着 NDVI 值的不断增大，旱獭发现点数逐渐增多。

f. 土地利用类型与人类活动干扰

从土地利用类型分析，喜马拉雅旱獭广泛栖息于青藏高原的各类草甸、草原中。本书将基于MODIS标准数据产品生成的2004年青海省土地利用类型图(图4-31)按MODIS土地覆盖数据产品 IGBP 分类模式分为 17 类，并将其与 198 处喜马拉雅旱獭发现点数据进行叠加显示。

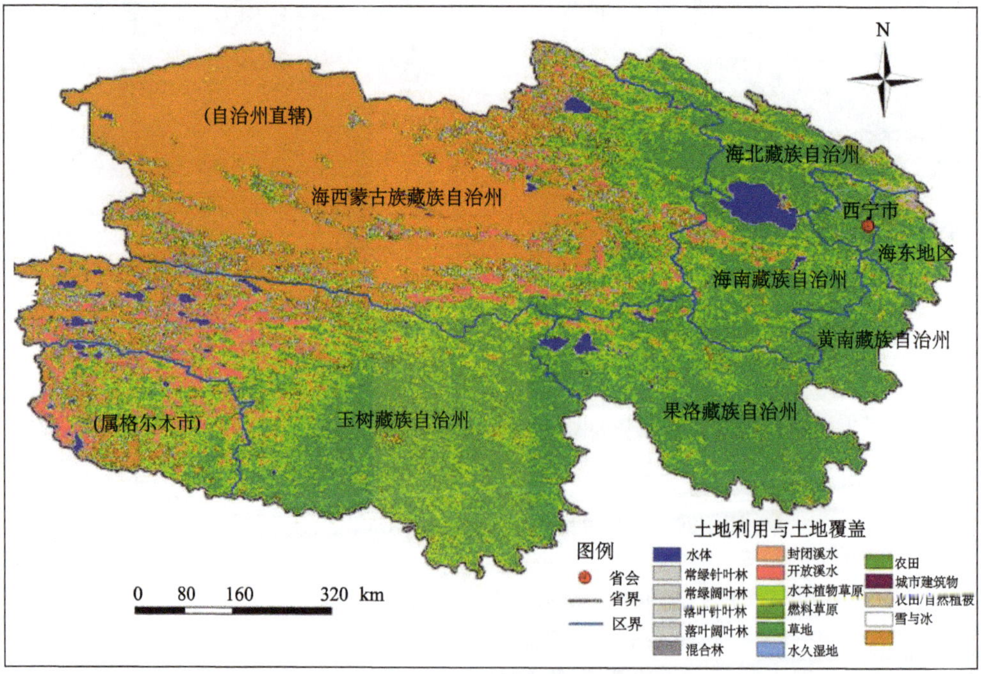

图 4-31　青海省土地利用与土地覆盖

为了定量分析喜马拉雅旱獭分布与不同土地利用类型之间的关系，本节计算了不同土地利用类型区域在青海省所占面积比例、旱獭发现点数，以及在不同土地利用类型中发现点数所占的比例，结果见表 4-46。

表 4-46　旱獭发现点数与土地利用类型统计分析

编号	类型	各类型分级面积百分比/%	旱獭发现点数/个	所占比例/%	累积百分比/%
7	开放灌木	10.50	26	13.13	13.13
8	木本稀树草原	11.14	34	17.17	30.30
9	稀树草原	10.65	40	20.20	50.50
10	草地	29.94	90	45.45	95.95
11	永久湿地	4.46	5	2.53	98.48
12	农田	2.13	3	1.52	100

结果表明，45.45%的喜马拉雅旱獭发现点数据分布在占青海省面积 29.94%的草地类型区域内；开放灌木和稀树草原中旱獭发现点所占比例达到 50.50%；编号为 7～10 的 4 种土地利用类型仅占青海省面积的 62.23%，但旱獭发现在点所占比较高达 95.95%，说明绝大多数的旱獭发现点分布于这 4 类土地利用类型中。永久湿地和农田中有个别旱獭发现点存在，也可能是由于土地利用类型的错误分类或调查点的错误记录原因造成的。而在水体、针叶林、阔叶林、城市建筑物等土地利用类型则没有旱獭发现点。

此外，由于人类活动的干扰(如大量捕杀、青藏铁路工程的推进等)，以及保护性灭獭工作的开展等，喜马拉雅旱獭的栖息地受到了一定影响。根据野外调研，在青海省的部分地区，喜马拉雅旱獭的活动范围有从相对较低的山麓地段不断向更高的山坡地段迁移的趋势。以青海省野外调查所获取的旱獭洞发现点数据为例，海拔分布在 3500 m 以上的獭洞数占到约 70%，说明了旱獭活动范围之广。通过向当地鼠疫人员咨询得知，近些年来，随着保护性灭獭工作的推进，旱獭有逐渐向更高海拔迁移洞穴的趋势，虽然本书的研究所用的调查数据样本点的选取有一定随机性，但在一定程度上反映了这一趋势。

3) 喜马拉雅旱獭适宜生境诊断

上一小节分析表明，高程、坡度、坡向等地形因子，以及气候、植被、土壤等环境背景要素、土地利用类型及人类活动对喜马拉雅旱獭的分布范围和数量有重要影响，并决定着鼠疫疫源地的时空分布格局。

已有的调查和研究也表明，在不同海拔和地形地貌区域，旱獭洞穴的数量存在差异，阳坡与阴陂、不同的坡度范围也与旱獭的分布密度有关(张安宁等，2003)。此外，由于在不同高程高原上物候期的变化有明显差异(田富彰，2000)，植被的生长也存在着地域差异，随着气候变化和人类活动的影响，旱獭的潜在活动区域和生存环境有可能发生变化。

基于文献调研中对喜马拉雅旱獭适宜生境要素的分析，以及对于喜马拉雅旱獭适宜生境的关联分析结果，构建喜马拉雅旱獭适宜生境诊断指标体系(表 4-47)，主要包含地形地貌、气候、植被、土壤等多要素指标，从而既反映旱獭生境状况特征，同时又考虑如何利用遥感等空间信息技术进行指标参数的定量反演与信息提取。

表 4-47　喜马拉雅旱獭适宜生境诊断指标体系

目标层	准则层	指标层	指标获取
适宜生境综合指数	地形地貌	高程	ASTER/SRTM
		坡度	DEM 提取
		坡向	DEM 提取
	气候	气温、降水	气象资料
		地表温度	遥感反演
		干旱指数	遥感反演
	植被	植被指数	遥感反演与提取
		植被覆盖度	遥感反演与提取
		叶面积指数	遥感反演
	土壤	土壤湿度	遥感反演
	其他	土地利用/土地覆盖变化	遥感反演

该指标体系共包括 3 个层次，其中目标层为最高层，即喜马拉雅旱獭的适宜生境综合指数，表征疫源地内喜马拉雅旱獭的生境适宜程度；准则层主要包含地形地貌、气候、植被和土壤等地理要素类别；指标层则针对具体的准则层类别选取了能够表达相应特征的指标因子，且有利于通过遥感等技术手段进行各具体指标的定量反演与信息提取。基于该指标体系，获取的喜马拉雅旱獭适宜生境诊断方法流程如图 4-32 所示。由图 4-32 可知，在疫源县范围内存在主要媒介蚤且历史上检出过鼠疫菌的背景下，结合疫源地内的常规监测数据，对鼠疫疫源地按区域自然特征进行区域划分，可以转化为开展喜马拉雅旱獭适宜区分布诊断的问题。在该预测诊断过程中，构建喜马拉雅旱獭适宜生境诊断指标体系又是极为重要的。因此，本节通过分析喜马拉雅旱獭鼠疫疫源地内主要宿主动物的适宜生境，最终建立了喜马拉雅旱獭适宜生境诊断指标体系。基于该体系，结合疫源地内的背景信息和常规监测数据可以实现疫源地的预测和诊断。

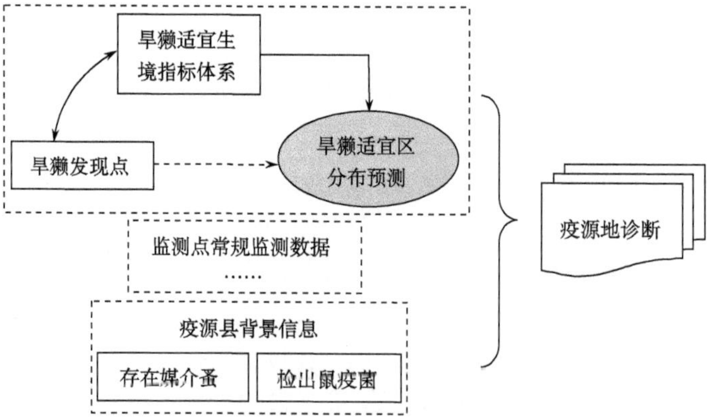

图 4-32　喜马拉雅旱獭鼠疫疫源地诊断方法流程

3. 深圳市手足口病时空分布及传播遥感诊断

1) 手足口病基本情况

手足口病是一种在小于 10 岁的孩子中常见的疾病。它的特征是 3～4 天发烧期间引起口腔部位的疱疹，以及手、脚和臀部的皮疹(Grist et al., 1978)。虽然患者在大多数情况下都能自我康复，但是部分由肠病毒 71(EV71)型引起的手足口病可出现脑膜脑炎、心肌炎等并发症，甚至出现死亡。引起手足口病的肠病毒包括小儿麻痹病毒、柯萨基病毒、艾柯病毒和肠道病毒，其中柯萨基病毒 A16、柯萨基病毒 A10、肠病毒 71 是手足口病的主要病原体。手足口病在人与人之间传染是通过直接接触传染性病毒进行传播的，在患者的鼻子和喉咙分泌物、唾液、疱液、粪便中可发现传染性病毒(Podin et al., 2006)。

由于手足口病的并发症会导致死亡，它的暴发引起了全世界的关注。1998 年，肠病毒 71 导致台湾手足口病和疱疹性咽峡炎暴发，其中部分患者死亡；2000 年年底，新加坡手足口病暴发，从 9 月 14 日到 11 月 14 日之间一共有 3526 个病例，其中 652 个病例在临床上被怀疑患有手足口病；2008 年，手足口病在中国大陆、香港、台湾、新加坡等东南亚地区流行。在中国，自从 1981 年上海地区首次报道手足口病后，北京、河北、天津、福建、吉林、山东、湖北、青海、广东等省市均出现手足口病的传播流行。2000 年 5～8 月山东招远手足口病流行，数千个小孩被感染，其中 4 名患病身亡；2008 年 3 月起，安徽阜阳暴发了大规模的手足口病疫情，短短一个多月，就有 20 余例患儿死亡，死因大多为暴发性心肌炎与脑炎、脑膜脑炎等。手足口病的暴发除了威胁人类的生命健康外，也造成了社会经济问题。为了控制手足口病的流行，需要在流行期间关闭所有的日托中心和幼儿园，但这样就给上班的父母造成了不便。为了减少传染个体，他们需要在家照顾孩子，让孩子尽量远离人群。手足口病不仅造成生命健康问题，也对社会经济发展造成一定的影响。因此，分析诊断手足口病的流行规律和传播机制至关重要。

2) 深圳市手足口病时空分布特征分析

本小节的病例数据来自于我国传染病疫情网络直报系统的 2008 年 1 月 1 日至 2010 年 12 月 31 日的深圳市确诊的手足口病案例数据，数据内容包括病人基本信息(如患者姓名、性别、联系电话、年龄、出生日期)、空间信息(如患者现住详细地址、报告单位)、时间信息(如患者发病日期、诊断时间)。本书选用患者的发病日期作为研究的时间信息，选用患者的家庭住址作为研究的空间信息。

2008～2010 年，深圳市一共有 39 046 例手足口病患者，其中 24 674 例是男性患者，14 372 例是女性患者，男女比例是 1.72∶1；患者的年龄分布主要集中在 0～4 岁，它占了患者总人数的 88%。患者出生月份统计结果表明，出生在 5 月的患者个数远远高于其他月份的，2 月出生的发病数最少；同时，还发现出生在 10 月的发病数高于相邻 4 个月(8 月、9 月、11 月、12 月)的发病数。

a. 时间特征分布

2008～2010 年，深圳市手足口病发病数依次是 7197 例、8934 例、22 915 例，2010 年发病数增加迅速。图 4-33 显示了 2008～2010 年每月增加的手足口病发病数，从图 4-33

中发现，每年的4～6 月是手足口病暴发的高峰期；在10～11月也有一个小的高峰期。对比患者出生月份统计结果和图4-33中2008～2010年手足口病每月的总发病数，发现两者在趋势上具有一定的相似性，于是进一步分析了出生月份发病数和发病月份发病数之间的联系，发现两者存在显著正相关（ρ=0.9，P<0.05），因此出生时间会影响手足口病的发病风险。

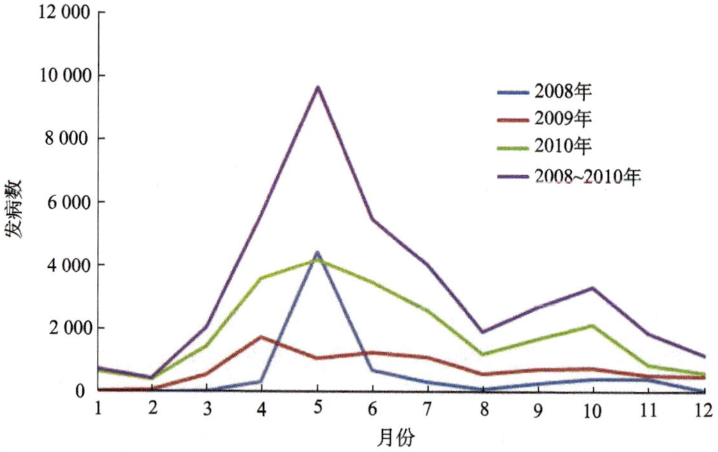

图4-33　2008～2010年间深圳市手足口病患者时间分布

b. 空间特征分布

发病率是指在一定期间内一定人群中某病新发生病例出现的频率。直接计算得到的发病率图不能有效反映发病风险，显然区域内的人口数越多，计算得到的发病率越可靠，反之，区域内人口数越少，发病率值受随机性影响越大，计算结果也就不可靠。对直接计算的发病率进行Bayesian调整是一种常用的方法，它能使调整后的发病率图更真实地反映所在区域的传播风险。图4-34是对2008～2010年深圳市的手足口病发病率进行

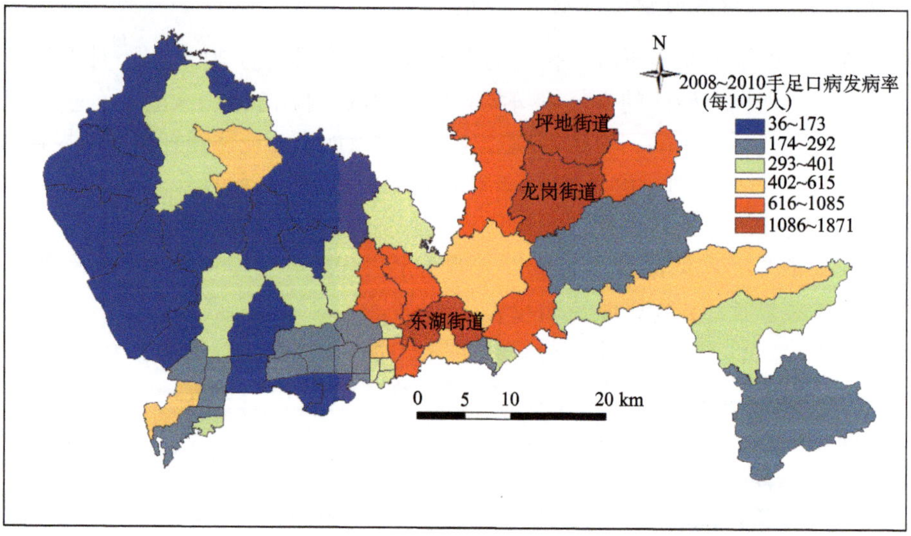

图4-34　经Bayesian调整后的2008～2010年深圳市手足口病发病率分布

Bayesian 调整后的结果。从图 4-34 中可以看出，2008～2010 年深圳市手足口病高发病率区集中在深圳市的中部和东北部，其中位于罗湖区的东湖街道和位于龙岗区的龙岗街道和坪地街道发病率最高，围绕这 3 个街道的周边部分街道具有第二高的发病率。相比之下，深圳市西部的发病率相对较低。

3) 深圳市手足口病传播遥感诊断

已有的研究表明，气象因素和手足口病等传染病之间存在相关性。Mitsuyoshi 等建立了季节模型来预测日本东京疱疹性咽峡炎和手足口病随气候变化的波动性，结果证实，暖和气候条件将导致疱疹性咽峡炎和手足口病患者的增长。王劲峰等分析了中国区域的手足口病与气候的相关性，结果证实，手足口病与气候条件相关，并且其在地理位置上的聚集性与降水量紧密相关。Ma 等分析了手足口病发病率与气象因子的相关性，并构建了回归模型，发现手足口病发病率与相对湿度和平均风速相关。周海峰等分析了宁波市手足口病与温度和降水量的关系。除了气象因素外，社会因素对手足口病等传染病的传播也有很重要的影响，如区域人口数、区域医疗条件、交通设施、区域经济等。

a. 诊断指标体系的构建

本书的研究选取年平均气温、年平均降水量、人口数量、医院数量、道路密度、河网密度、去年发病数 7 个指标因子作为解释变量来构建深圳市 2009 年的手足口病传播诊断指标体系。

首先检验 2009 年手足口病发病数和 7 个指标因子之间的相关性，表 4-48 列出了 2009 年各个指标和手足口病发病数之间的 Spearman 秩相关系数。手足口病发病数与年平均气温、医院数量、人口数量、去年发病数成正比；与年平均降水量、河网密度、道路密度成反比。如果回归模型中两个自变量存在很强的共线性，可能会导致错误结论，因此为了排除气象因子之间的共线性，还需要检验不同因子之间的相关性，结果发现，人口数量、去年发病数、医院数量之间存在很强的相关性，相关系数大于 0.6，因此剔除了人口数量和医院数量，选择去年发病数、道路密度、河网密度、年平均气温、年平均降水量来构建指标体系，对 2009 年深圳市手足口病的发病情况进行分析。

表 4-48　2009 年深圳市手足口病发病数与各指标因子之间的关系

变量	Spearman 秩相关系数	显著性
年平均气温	0.260	0.053
年平均降水量	−0.301	0.024
医院数量	0.590	0.000
人口数量	0.573	0.000
去年发病数	0.760	0.000
河网密度	−0.024	0.862
道路密度	−0.117	0.390

b. 地理加权回归模型建立和诊断结果分析

首先以去年发病数、道路密度、河流密度、年平均气温、年平均降水量为自变量，以 2009 年手足口病发病数为因变量，构建了深圳市 2009 年手足口病患者空间自回归模型，其模型的 R^2 是 0.57。根据表 4-48 的 Spearman 秩相关系数可知，河网密度和道路密度与手足口病发病数的相关性很低。于是考虑剔除河网密度和道路密度两个因子，剔除后构建的空间自回归模型的 R^2 是 0.55。因此，表明河网密度和道路密度对空间自回归模型的影响很小，可以从模型中剔除，从而构建的空间自回归方程如下：

$$y = 163.339 + 0.996\text{Num} + 37.093\text{Temp} - 0.242\text{Rain} \tag{4-38}$$

式中，Num 为去年(2008 年)手足口病发病数；Temp 为代表年平均气温；Rain 为年平均降水量。

普通的线性回归方程显然忽略了空间数据的空间依赖性和空间异质性。为了将数据的空间特性纳入回归模型中予以分析，此处引入地理加权回归模型(geographically weighted regression，GWR)模型。GWR 模型是对传统回归分析的扩展，允许局部而不是全局的参数估计，通过附加表达空间对象本身相关性和异质性的变化参数来反映样本对回归方程贡献在空间上的差异，使回归结果更加可信。其公式如下：

$$y_i = \beta_0(u_i, v_i) + \sum_{k=1}^{p} \beta_k(u_i, v_i) x_{ik} + \varepsilon_i \qquad i = 1, 2, 3, \cdots, n \tag{4-39}$$

式中，(u_i, v_i) 为第 i 个采样点的坐标；$\beta_k(u_i, v_i)$ 为第 i 个采样点上的第 k 个回归参数，是地理位置的函数；$\varepsilon_i \sim N(0, \sigma^2)$，$\text{Cov}(\varepsilon_i, \varepsilon_j) = 0 (i \neq j)$。若 $\beta_k(u_1, v_1) = \beta_k(u_2, v_2) = \cdots = \beta_k(u_n, v_n)$，则 GWR 模型就退变为普通线性回归模型。

此处基于空间自回归方程中的 3 个自变量：去年发病数 Num、年平均气温 Temp、年平均降水量 Rain 来构建 2009 年手足口病发病数的 GWR 模型，其输出结果如图 4-35 所示。

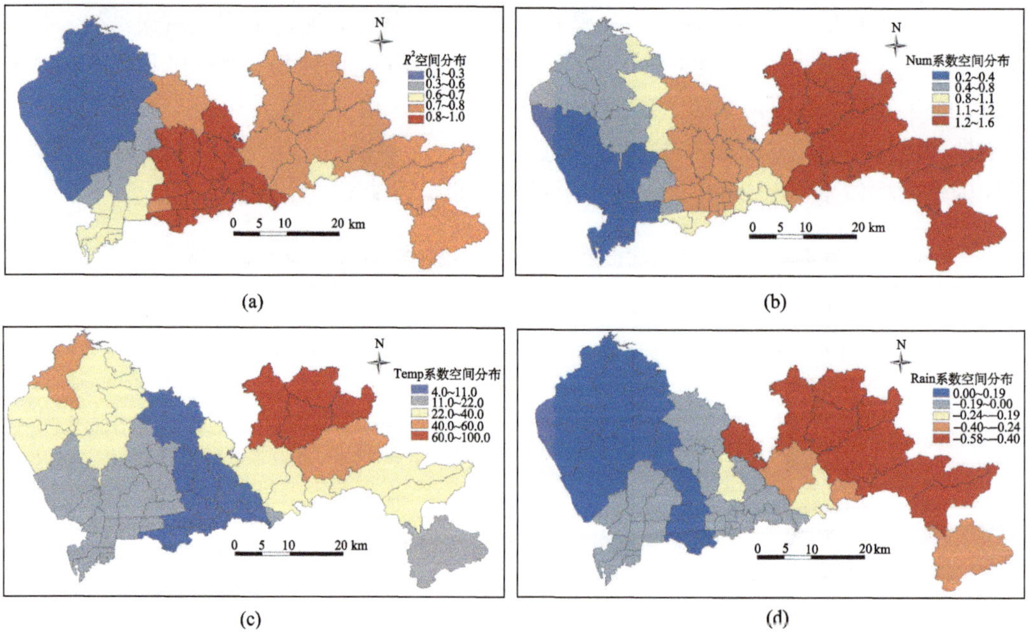

图 4-35　GWR 模型决定系数和自变量系数的空间分布

(a)模型决定系数；(b)去年发病数变量系数的空间分布；(c)年平均气温系数的空间分布；(d)年平均降水量系数的空间分布

在空间自回归模型中，年平均降水量系数是负值，但是在 GWR 模型下则是有正有负。即使两种方法下变量系数的符号保持不变，其值在不同空间上也是不同的，如图 4-35 中去年发病数和年平均气温的系数具有明显的空间变化，说明自变量对手足口病发病数的影响是有空间变化的。

在图 4-35(a)中，R^2 的空间分布图揭示了 GWR 模型的拟合优度统计量 R^2 在空间上的差异，R^2 值在深圳中部(包括罗湖区、部分盐田区、部分宝安区、部分龙岗区)最大，在西北部(包括光明新区和部分宝安区)最小。在深圳中部和东部，GWR 模型的 R^2 值大于 0.6，高于空间自回归模型中的模型决定系数(R^2 =0.55)；而在西部地区，GWR 模型的 R^2 低于空间自回归模型中的模型决定系数。这说明在深圳中部和东部，GWR 模型中的年平均降水量、年平均气温、去年发病数 3 个指标很好地解释了手足口病的传播机制，而在深圳西部地区，手足口病发病除了受这 3 个指标因子的影响外，还受到其他因素的影响，如研究区域人群的免疫能力、研究区的社会经济状况、不同肠道病毒的病理特性、政府的预防措施等。这些因素是如何协同影响手足口病的暴发的还需要进一步的研究，后续研究中将通过控制实验来对这些影响因素进行分析。

图 4-35(b)揭示了去年发病数对 2009 年手足口病发病数影响的空间差异。从图 4-35(b)中可以看出，影响的大小在空间上具有很好的聚集性，且呈现出从西向东递增的趋势。图 4-35(c)表示 GWR 模型中变量年平均气温的系数空间分布，其分布相对比较离散，对手足口病发病数影响最大的区域是东北部，影响最小的区域是中部。图 4-35(d)揭示了 GWR 模型中变量年平均降水量的系数空间分布。从图 4-35(d)中可以看出，中部和东部的年平均降水量与手足口病发病数是正相关的，而在西部部分区域，年平均降水量与手足口病发病数是呈负相关的，其对手足口病发病数的影响大小在空间上也是东部大于西部，也就是当年平均降水量和手足口病发病数呈正相关时，其影响力会偏小。

4.3.2　青海乐都人居环境健康遥感诊断

人居环境的健康状况直接与人类自身的生存与发展密切相关。宜居生态环境健康遥感诊断是从健康科学的角度来综合评价某一环境适宜人类居住的理想程度。不同于以往从建筑规划学、生态学、社会学等角度，本节以青海省乐都县为例，介绍如何从地理学及空间信息技术的角度出发，研究人居环境、诊断环境健康(曹春香，2013)。这不仅丰富了遥感等空间信息技术的应用领域，也为人居环境研究的理论和方法发展提供了新的思路。

1. 研究区概况

1)自然条件

青海省乐都县位于青海省东北部、湟水河中下游，隶属海东地区行署管辖，其地理位置介于东经 102°09′～102°47′，北纬 36°0′～36°40′之间，东北与甘肃省永登县、天祝藏族自治县相连，东南与民和回族土族自治县接壤，南与化隆回族自治区县毗邻，西邻平安区，西北同互助土族自治县连接。东西宽约 62 km，南北长约 76 km，县城碾伯镇距省会西宁市 67 km。其地理位置如图 4-36 所示。

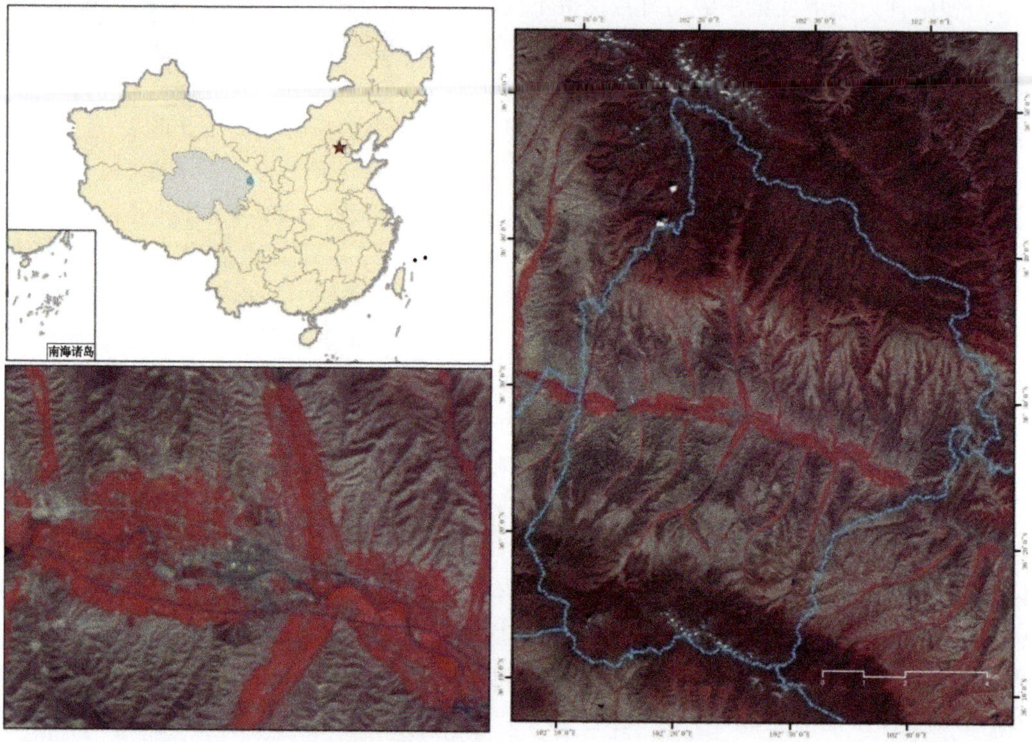

图 4-36　青海省乐都县地理位置

乐都县属于强烈上升的祁连山地，夹于达坂山与拉脊山之间，以湟水为界，北部是祁连山地槽皱隆起地带的支脉达坂山末端山坡。其走向由西北向东南，以松花顶、娘娘山、多什克岭、张家俄博构成境内达坂山的基本骨架。达坂山的次一级支脉则基本上垂直于达坂山脉，形成以次一级支脉为主体的自北向南倾斜的地形。其大部分坡度为 25°～38°，地形较为完整，湟水的一级支流均发源于北部高山地带向南注入湟水河；而湟水河以南的拉脊山脉则是加里东地向斜褶皱带次级构造单元。以阿夷山、马阴山、花抱山、尕长峡构成拉脊山骨架，是由西南向东，形成南高北低的地形，大部分地区的平均坡度为 20°～35°，地形较为破碎，地势较北部平缓。西部大峡隆起与东部老鸦峡构成乐都盆地。

从整体来看，乐都县是两山一川。整个地形由西北向东南倾斜，最高点南部的花抱山海拔为 4 484.7 m，最低点老鸦峡谷海拔为 1 850 m，境内大部分地区海拔为 1 850～3 400 m。按自然地貌划分，可将乐都县划分为石质山地、黄土丘陵沟壑、河谷台地，按照当地群众习惯，它们分别被称为脑山、浅山和川水地区。

乐都县地处黄土高原与青藏高原的过渡地带，深居内陆，受夏半年印度洋热带海洋季风和冬半年西风环流的影响，形成气候寒冷、冬季严寒期长、自然降水稀少、干旱、多风的大陆性气候。由于地形复杂，相对高差大，局部地区小气候明显，但总的规律是降水随海拔的升高而递增，气温则随海拔的升高而递减。全县把有明显变化的地区分成以下 3 类。

川水沟岔区：海拔在 1850～2400 m 的湟水各地及其一级沟系。该区年降水量在 350 mm 以下，年平均气温为 6℃以上，年日照时数为 2600～2800 h，无霜期为 140～155 天。在地表水充足的条件下，该区适合于多种植物生长。

南北浅山区：海拔在 2000～2600 m 的广大地区。该区年降水量为 360～450 mm，年平均气温为 3～6℃，年日照时数为 2500～2600 h，无霜期为 107～137 天。该区自然降水稀少，蒸发量大。

南北脑山区：海拔在 2600 m 以上的地区。该区年降水量为 460～500 mm，年平均气温为 1～3℃。年日照时数为 2500 h，无霜期为 57～99 天。该地区雨量充沛，适合于森林植被的生长发育，但该地区热量不足，植物生长区较短。

境内土壤随着海拔、地形、坡向的变化而差异较大。浅山地区土壤由第四纪黄土母质形成，下层有第三纪红色黏土层和沙粒层镶嵌分布；川水地区的河谷地与冲积扇的成土母质为黄土，红土淤积物；脑山地区则以海陆相沉积岩及其变质岩，如千枚岩、石英沙岩、石灰岩、花岗片麻岩为主。成土母质为上述岩石风化的残积物或坡积物河床附近多为冲击母质。由于成土母质和作用因子、成土过程的不同，该地有明显的垂直地带性分布规律。

湟水河由西向东贯穿全境(境内流程 72 km)。境内河流属黄河流域的湟水水系支流共 12 条，总长约 322 km。500 m 以上的河道有 1704 条，呈羽状汇集于湟水。乐都水资源丰富，多发源于海拔 3 000 m 以上的高山区，自产地表水总量为 38 361.13 万 m^3，地下水综合补给量为 3 543.92 万 m^3。

乐都县在中国植被区划分中属东祁连山地寒温性针叶林、草原区。由于境内地形复杂，局部小气候明显，植被种类也较为丰富。按其制备类型可划分为高山流石坡稀疏植被带、高山草甸带、灌丛草甸带、山地草甸草原带、山地森林带、半干旱草原带共 6 个植被带，由高海拔向低海拔过渡，呈明显的垂直地带性分布。境内野生动物主要有旱獭、赤狐、猞猁、狍鹿、林麝、高山雪鸡、石鸡、蓝马鸡、岩羊、高原兔、狼、熊等，由于几年前管理制度和组织不健全，野生动物，特别是珍贵动物濒临灭绝。属国家一级重点保护动物的有梅花鹿，属国家二级重点保护动物的有猞猁、林麝、高山雪鸡、熊等，属省级保护动物的有赤狐、狍鹿等。

2) 社会经济

近年来，乐都县经济持续、快速、稳定增长，特色经济框架初步形成，各项社会事业全面发展，经济体制改革不断深化，对外开放进一步扩大，城乡居民生活水平明显提高。2007 年，乐都县实现生产总值 19.99 亿元，同比增长 13.04%。其中，第一产业实现增加值 4.26 亿元，同比增长 5.39%；第二产业实现增加值 5.49 亿元，同比增长 12.69%；第三产业实现增加值 10.23 亿元，同比增长 16%。完成行政辖固定资产投资 8.38 亿元，同比增长 13.2%。完成地方财政一般预算收入 4021 万元，同比增长 18%。城镇居民人均可支配收入为 9058 元，同比增长 14.9%。农民人均纯收入为 2730 元，同比增长 17.93%。

青海东部地区仅有西宁一个市，其他均为县，缺乏次级中心城市，而乐都位于海东地区所辖 6 县的地理中心(图 4-37)，容易吸引全区，成为其直接腹地。乐都在地缘紧密、交通便捷及文化渊源方面都具有得天独厚的天然优势；另一方面，西宁海东地区经济发展不平衡，城镇体系不完善，综合发展优势未得到充分发挥，这一切都为乐都县的发展创造了重要的机遇。乐都县位于西宁市半小时经济圈，可以充分利用省会的资源优势，而同时其又位于兰州市一小时经济圈内，可以加强与其他省份的关联。109 国道、兰西铁路、西高速公路的通车等都使得乐都县与周边地区具有良好的交通优势。从省间的经济联通性来看，乐都县位于兰西(兰州-西宁)经济区的重要位置，兰西经济区的构建将加快兰西经济区内各地的发展，也将加快兰西经济区西宁、平安、乐都和兰州等地的发展，并将带动经济区周围的宁夏、西藏、新疆、内蒙古等自治区的发展，其对于加强民族团结，稳定西北、西南具有十分重大和深远的意义。

乐都县作为青海省东部次中心城市之一，能够承担东部次级综合中心的职能，也可以加强承担区域公共管理的服务职能；同时，依托区域内丰富的资源优势，其具有成为青海省重要的矿产资源加工及装备制造配套基地和青海省绿色农产品生产加工和集散基地的可能性，所以可以充分挖掘并发挥其经济区位优势。

图 4-37　乐都在海东地区的地理区位

3）人居环境

乐都历史悠久，文化渊源深厚，紧临省会西宁，地处黄土高原与青藏高原、农业区与牧业区、汉文化与藏文化三大结合部的优势地区，具有一定的区位优势和独特的文化内涵、自然风光和历史底蕴。乐都全县有古建筑 13 处，有国家、省级重点保护的名胜古迹 6 处。其著名古迹和旅游景点有瞿昙寺、柳湾原始社会墓地遗址等。

居住系统主要指住宅、社区设施、城市中心等，人类系统、社会系统等需要利用的居住物质环境及艺术特征。乐都县交通十分便利，马平高速公路、109 国道和兰青铁路由东向西穿越境内。改革开放以来，乐都县实施西部大开发战略，以发展为主题，以结构调整为主线，以科技进步为动力，以提高人民生活水平为根本出发点，确立了“农业稳县，蔬菜立县，工业富县，科教兴县，依法治县”的发展战略，县城建设发展很快，在历年对老城改造的基础上，按规划已建成古城街、新乐大街、滨河路、文化街等，有影剧院、文化馆、图书馆、灯光球场、县人民医院、县中医院、海力公司医院、乐都宾馆等，整个县城高楼林立，街道布局合理，自来水、供电设备齐全。

2. 县城内部宜居生态环境诊断指标体系

居住环境是指围绕居住和生活的各种环境的综合，宜居城市创造的是一种人与自然、社会和谐共生的城市环境，是政治、经济、社会、生态、科技、人文的空间优化组合的复杂系统，是由多种要素构成的。因此，对居住环境评价的指标应该选取能够反映对居住环境影响程度最大的指标项。

参考国内外的相关研究，并遵循评价指标选取的常用原则，从居住的舒适性、环境的健康性、居住的安全性、生活的方便性、出行的便捷度 5 个方面构建县城内部宜居生态环境的指标体系。

居住的舒适性指标主要从以下 3 个方面来评价：①反映居住环境的生活空间性能的指标，包括居住区的建筑密度、建筑物的高度，以及建筑物的布局等；②反映居住区和周边自然景观的指标，如城市中保留下来的山、河、水面等自然景观，以及林荫道、绿地等绿色生活空间；③表现街区的历史、社会经济活动和地方生活内容的指标，如居民的生活方式和文化、街道特色等。

居住区及其周边地区的环境不能对居民的健康造成危害，同时能够享受健康的生活环境是居住环境最为重要的条件之一。居住环境的健康性评价指标是以居民健康可能受到的各种影响为核心，评价居住区及其周边地区的大气污染、水污染、垃圾堆弃、机动车尾气排放和噪声、工厂和生活噪声等环境问题对居民日常生活的影响程度。

居住环境的安全性指标是衡量居住环境最基本的条件，其中，所在地区的犯罪率、交通事故发生率、紧急避难场所数量和规模等数据可以作为评价居住环境安全性的重要的客观指标。

生活的方便性评价指标是衡量居民日常生活中利用各种设施的方便程度，包括居住区和周边地区各种设施的数量和质量，如学校的数量（密度）和质量、医疗设施的数量（密度）和等级、文化设施的数量（密度）和等级、商店的数量（密度）和档次等。

出行的便捷性指标是反映居民日常生活中，与经常利用的设施和出行的目的地可接近程度。该指标包括利用交通工具的便利性，如公交(地铁)线路、道路的等级、到最近公共设施的距离、到最近交通中心的距离(如距离地铁的距离)、道路的通畅程度等。

依据上述指标表述，建立城市内部宜居生态环境诊断评价指标体系的层次结构，并对各项指标的量化分级进行划分，见表 4-49。

表 4-49　县城宜居生态环境诊断评价指标体系

<table>
<tr><th>目标层</th><th>准则层</th><th>指标层</th><th>指标量化分级</th></tr>
<tr><td rowspan="19">县城宜居生态环境诊断评价A</td><td rowspan="5">舒适性 B1</td><td>地势平坦 C1</td><td>坡度分级</td></tr>
<tr><td>景观绿化 C2</td><td>距公园绿地的距离</td></tr>
<tr><td>水环境 C3</td><td>距河流的距离</td></tr>
<tr><td>光照、开敞性 C4</td><td>距空地的距离</td></tr>
<tr><td>名胜古迹 C5</td><td>距文物保护单位的距离</td></tr>
<tr><td rowspan="5">健康性 B2</td><td rowspan="2">空气质量 C6</td><td>距公路的距离</td></tr>
<tr><td>距工厂的距离</td></tr>
<tr><td rowspan="2">噪声污染 C7</td><td>距公路的距离</td></tr>
<tr><td>距工厂的距离</td></tr>
<tr><td>垃圾回收 C8</td><td>距垃圾回收的距离</td></tr>
<tr><td rowspan="2">安全性 B3</td><td>派出所 110 C9</td><td>距派出所的距离</td></tr>
<tr><td>医院 120 C10</td><td>距医院的距离</td></tr>
<tr><td rowspan="4">方便性 B4</td><td>学校 C11</td><td>距学校的距离</td></tr>
<tr><td>医院 C12</td><td>距医院的距离</td></tr>
<tr><td>购物 C13</td><td>距市场的距离</td></tr>
<tr><td>文体设施 C14</td><td>距文体设施的距离</td></tr>
<tr><td rowspan="3">便捷性 B5</td><td>高速公路 C15</td><td>距高速公路入口的距离</td></tr>
<tr><td>公路 C16</td><td>距公路的距离</td></tr>
<tr><td>铁路 C17</td><td>距铁路站点的距离</td></tr>
</table>

县城内部宜居生态环境评价主要是基于栅格数据的空间分析。本书使用 ArcGIS 空间分析模块(spatial analyst)完成评价数据的空间分析过程，该模块提供了一个范围广阔且功能强大的空间分析和建模工具集，允许用户从 GIS 数据中快速获取所需信息，并以多种方式进行分析操作，包括距离制图、表面分析、重分类、栅格计算等。GIS 的关键优势在于能够将分析算子应用到原始地理信息数据中得到新的信息，具体实现过程如下。

1) 地形坡度的提取

为了确定县城内部宜居生态环境评价指标体系中地势平坦指标，需要从城市所在区域的 DEM 中进行坡度的提取。坡度的提取过程是在 Spatial Analyst 模块中选择 Surface Analysis 功能，在坡度对话框中进行参数的设置，生成县城内部坡度数据集。

2) 直线距离数据的提取

县城内部宜居生态环境评价指标体系中的其他指标数据都采用距离制图分析方法提

取派生数据集。距离制图是通过对每一个栅格单元到邻近源的距离进行分析，从而提取出按照距离分级的栅格数据，这种方法不仅能够确定每个栅格单元的最邻近源，而且能够确定它们之间的距离和方向，对服务设施的影响等级和资源的合理配置提供决策支持。距离制图提供了很多距离分析工具和函数，本书主要是运用直线距离函数量测每一单元到最近源之间的欧式距离。

通过直线距离函数可以实现空气污染等环境指标影响等级及居住配套设施服务影响等级的宅间分析。具体实现过程是在 Spatial Analyst 模块中选择距离，在直线距离制图对话框中进行分析参数的设置。将各指标原始数据按照以上理论进行空间分析处理之后，生成能提供城市居住适宜性评价的原始成本数据集。

3) 重分类

重分类是对原有数值重新进行分类整理，从而得到一组新值并输出。在实际的研究工作中，往往需要对栅格数据进行重分类，建立新的等级体系。在城市居住适宜性评价中，首先需要每个栅格数据的单元值对评价的影响大小，把这些数据按照统一的级别数分类，本书统一分为 10 级，级别越高表示适宜性越好。经过分级处理后，不仅可以消除量纲的影响，而且使得各项指标的原始成本数据之间具有量值可比性，能够进行评价的定量分析与计算。

重分类坡度数据集：采用等间距分级将坡度分为 10 级，平坦的地区适宜性好，赋以较大的等级，陡峭的地区赋以较小的等级，得到重新分类后的坡度适宜性数据。

重分类需要远离要素的数据集：包括污染型企业分布图、主要道路分布图、火车站及长途汽车站分布图。考虑到距离这些要素比较远时适宜性好，仍然将其分为 10 级，距离这些要素最远的单元赋值 10，距离最近的单元赋值 1，从而得到重新分类后的数据。

重分类需要距要素很近的数据集：包括市政公园绿地分布图、名胜古迹分布图、学校分布图、医院分布图、超市分布图、文体设施分布图、公交站台分布图。考虑到距离这些要素比较近时适宜性好，仍然将其分为 10 级，距离这些要素最近的单元赋值 10，距离最远的单元赋值 1，从而得到重新分类后的数据。

重分类后的评价指标图如图 4-38～图 4-51 所示。

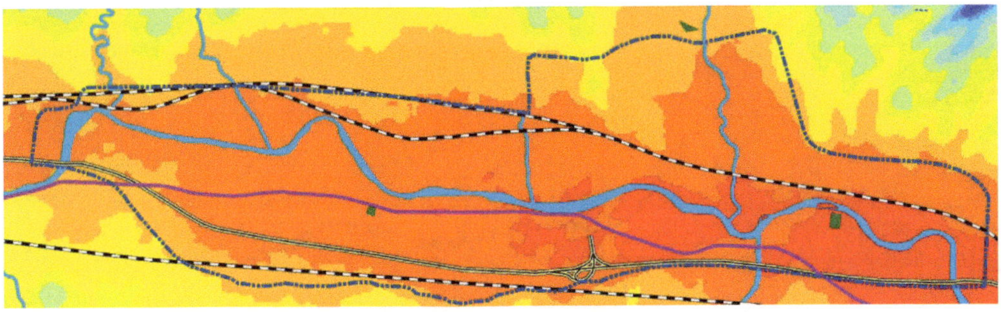

图 4-38　县城内部宜居生态环境评价坡度数据集

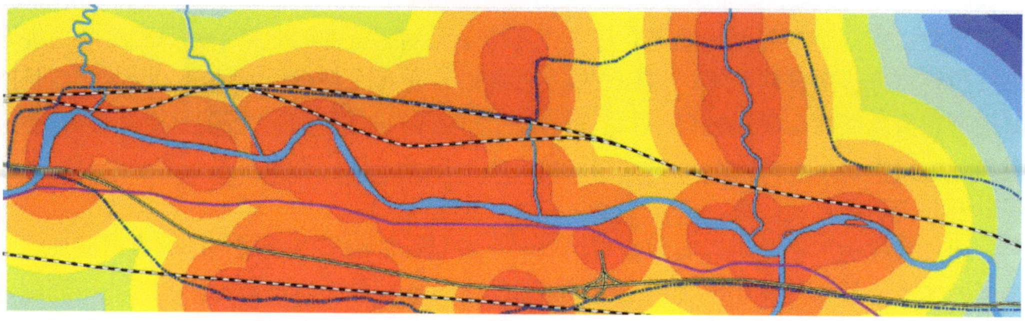

图 4-39　公园绿地距离分布图

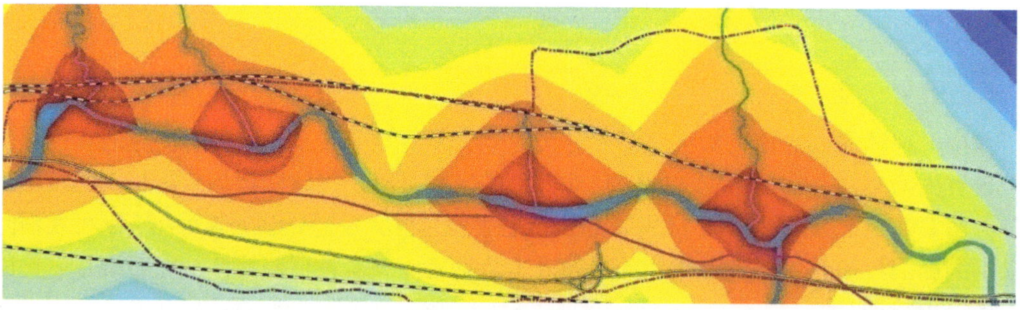

图 4-40　河流距离分布图

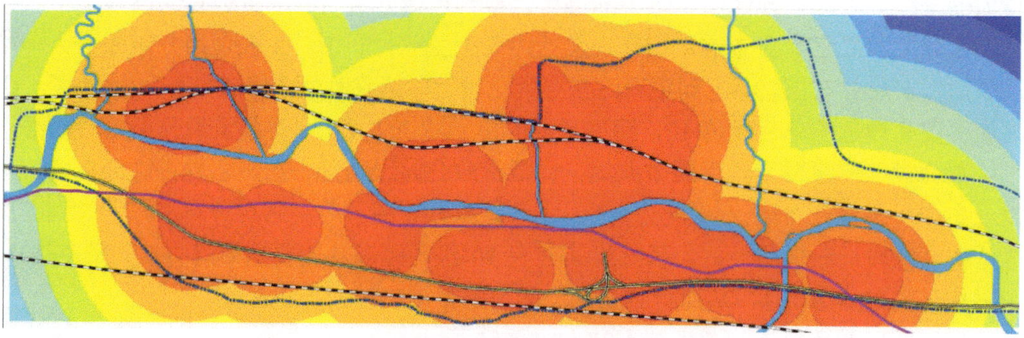

图 4-41　空地距离分布图

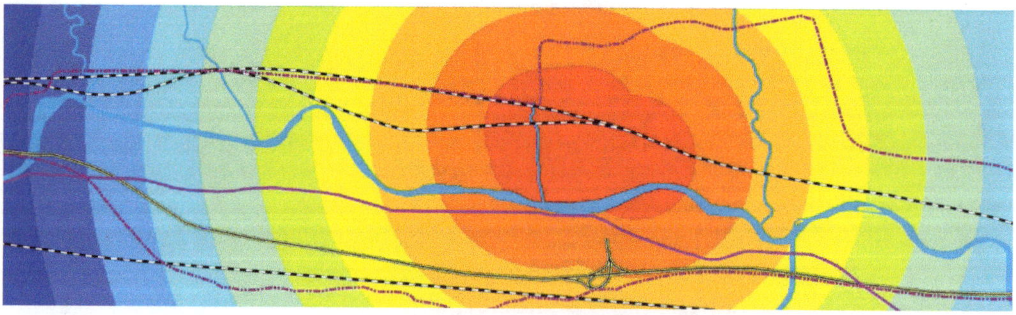

图 4-42　文物保护单位距离分布图

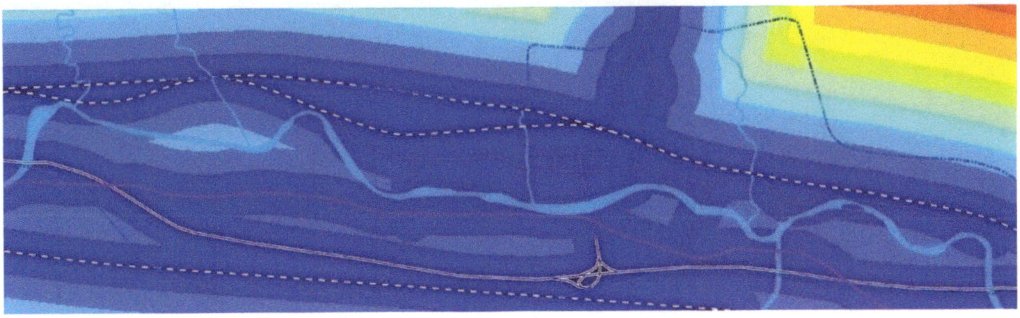

图 4-43　远离道路距离分布图

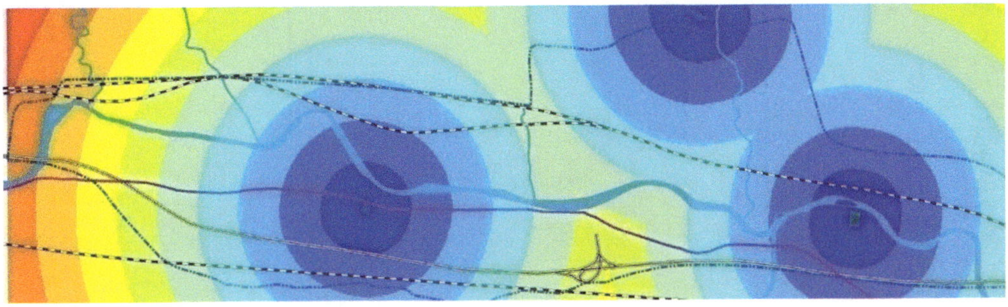

图 4-44　远离环卫设施距离分布图

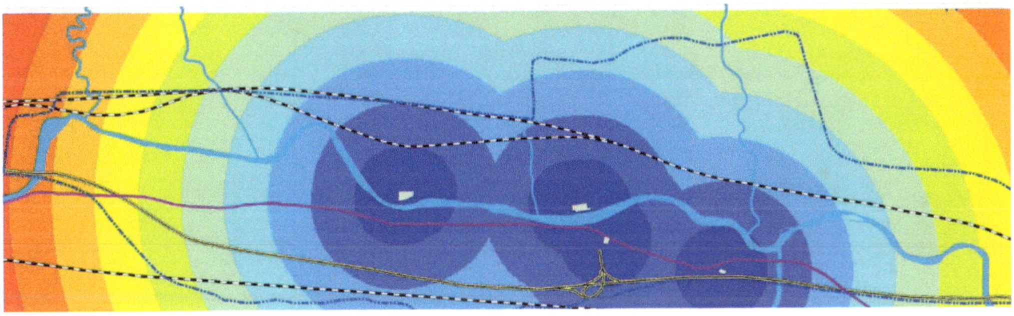

图 4-45　远离医院距离分布图

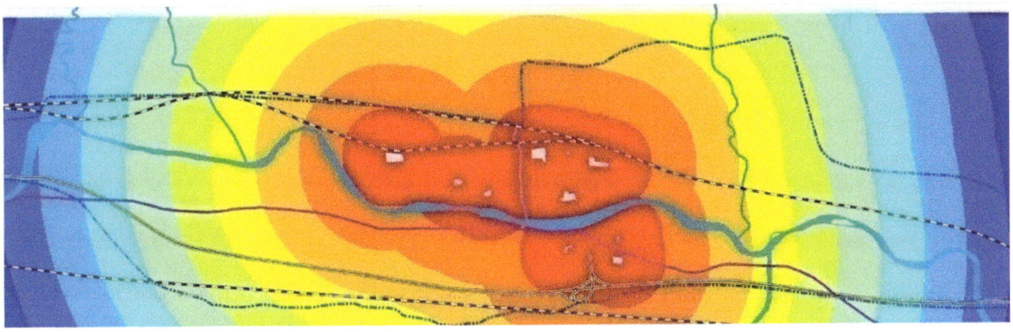

图 4-46　临近学校距离分布图

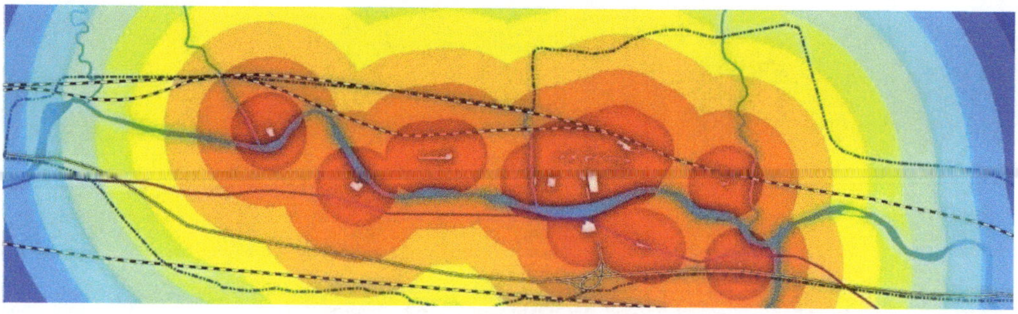

图 4-47　临近市场距离分布图

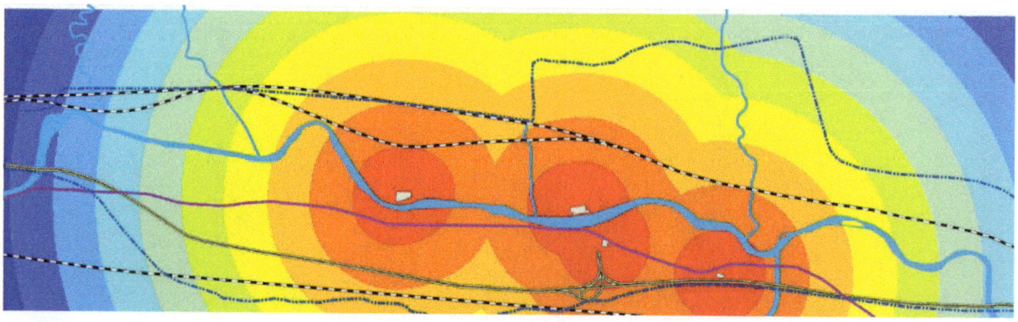

图 4-48　临近医院距离分布图

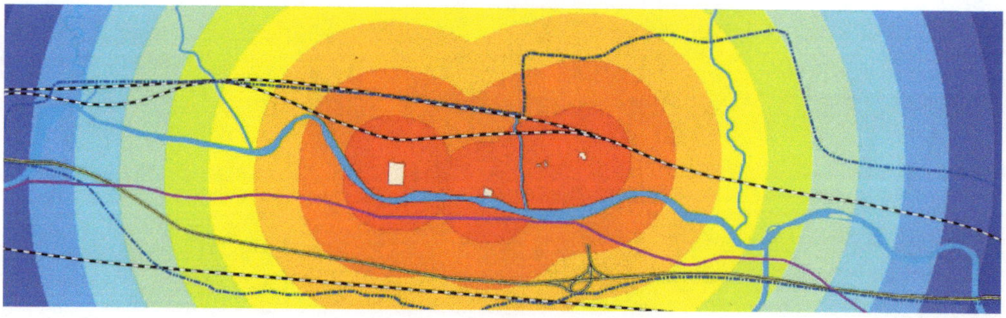

图 4-49　临近文体设施距离分布图

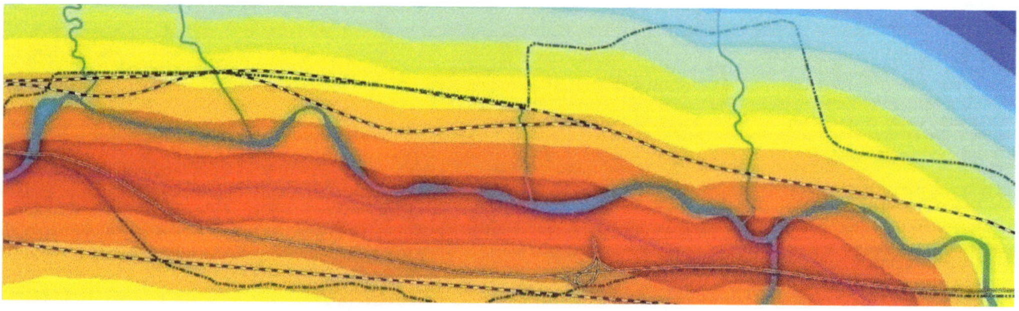

图 4-50　临近国道距离分布图

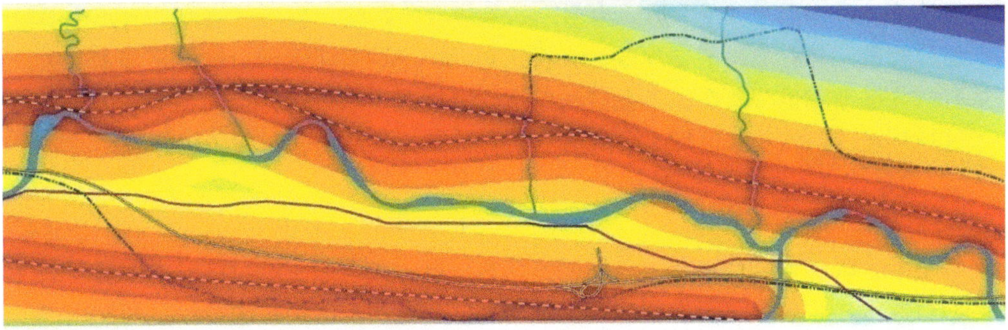

图 4-51　临近铁路距离分布图

4) 生成宜居生态环境诊断评价专题图

重分类后，各个数据集都统一到相同的等级体系内，且每个数据集中按照适宜性的大小进行赋值。对重分类后生成的各指标数据集进行栅格计算，即对各数据集加权求和，城市居住适宜性数据集的计算公式为

$$\text{Suit} = \sum W_i \bullet P_i \tag{4-40}$$

式中，Suit 为适宜等级；W_i 为指标权重值；P_i 为所对应的等级数值。然后，将 Suit 划分为 9 个等级：特别适宜、很适宜、较适宜、适宜、一般适宜、不太适宜、较不适宜、一般不适宜和不适宜。最后，得到乐都县城内部宜居生态环境诊断评价专题图，如图 4-52 所示。

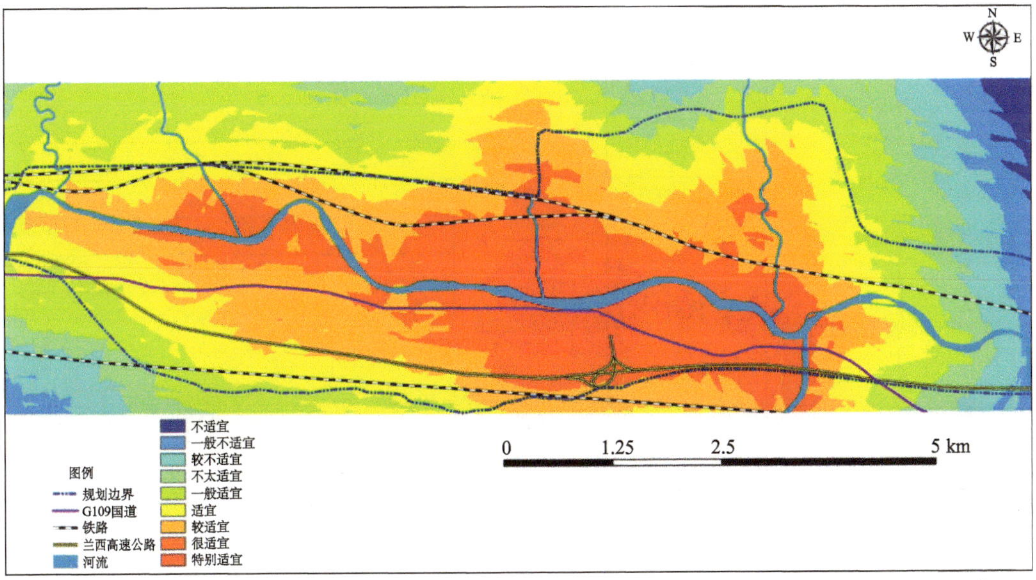

图 4-52　乐都县城内部宜居生态环境诊断评价专题图

从乐都县城内部宜居生态环境评价结果(图 4-52)可以看出，乐都县城的整体人居环境属于中上等，一般适宜与适宜的环境质量区交叉分布。县城中心受交通便捷性及水环境因素的影响，很适宜人居环境的分布较集中；整体适宜性区域分布沿湟水河两岸分布，一方面是湟水河谷区，水环境对人居环境的影响最显著；另一方面是南北浅山丘陵区境

内切割深度大，沟谷呈“V”形，沟壑之间呈狭窄的梁状、峁状，沿湟水河两岸沟壑纵横，植被稀疏，常有崩塌滑坡现象，人居相对较少，这与实际调研的结果基本一致。而不适宜居住的地方也分布在靠近丘陵沟壑地区。宜居生态环境评价的结果较为客观地反映了区域环境的现状及其区域人居的分布特点，其总体环境状况属于较好状态。

3. 县域宜居生态环境诊断

从整个县域范围进行宜居生态环境的诊断评价，在考虑空间范围内不同资源条件等因素的前提下，在县域生态敏感性和土地适宜性分析的基础上，综合经济和文化指标，构建县域宜居生态环境诊断评价指标体系，并对各指标的内容进行量化，见表 4-50。

表 4-50　县域宜居生态环境诊断评价指标体系

目标层	准则层	指标层		指标层量化分级
县域宜居生态环境诊断评价A	生态	水域	湟水河	主河道
				主河道 100 m 缓冲区
				主河道 100～200 m 缓冲区
				支流河道
				支流 100 m 缓冲区
			水库	水库水面
				水库 100 m 缓冲区
			鱼塘湿地	鱼塘湿地水域
			水源地	水源地范围
				水源地范围 100 m 缓冲区
		土地	坡度	大于 25° 山坡
				20° ～25° 山坡
			地貌	黄土高原丘陵
		植被	森林	针叶林地
				阔叶林地
				混交林地
				疏林地
				灌木林地
			荒山荒地	荒山荒地
			耕地	基本农田
	资源	矿产		矿产所在地
				矿产所在地 100 m 缓冲区
		旅游	古迹	瞿昙寺，柳湾墓地
				瞿昙寺，柳湾墓地 100 m 缓冲区
	公共安全	地质	地震	地震断裂带
				地震断裂带 100 m 缓冲区
			滑坡	20° ～25° 山坡
	经济	人均 GDP		
		人均收入		

县域宜居生态环境诊断评价是在环境敏感性分析及土地适宜性评价的基础上进行的，因此先对县域范围进行生态敏感性分析及土地适宜性评价。

1) 县域生态敏感性分析

生态敏感性是指在不损失或不降低环境质量的前提下，生态因子对外界压力或变化的适应能力。生态敏感性评价是针对区域主要生态环境问题与生态系统功能和过程特点，评价生态系统对外界及人类活动干扰的敏感程度。通过生态敏感性分析，旨在明确本地区生态环境最为脆弱的区域，对自然生态给予进一步强调和保护，以确保自然资源的永续利用与发展，促进社会经济与自然环境的可持续发展。

生态环境敏感性评价的主要内容包括大气环境敏感性、水环境敏感性、土地敏感性、生境敏感性、地质环境敏感性等。每个生态环境问题的敏感性由多个因子综合影响而成，基于 ArcGIS 操作平台，按照重要性对每个因子赋值，最后得出总值，根据值所在范围，将敏感性分为强敏感、敏感、弱敏感、不敏感 4 个级别，明确区域生态环境敏感性的分布特征。根据乐都县生态环境现状及主要生态环境问题进行分析评价，将水环境敏感性、土壤侵蚀敏感性、生境敏感性作为生态敏感性评价的主要内容。其具体分级标准见表 4-51。

表 4-51　生态敏感性分级标准

生态因子	类别	子类别	敏感度
水域	湟水河	主河道	高
		主河道 100 m 缓冲区	高
		主河道 100～200 m 缓冲区	中
		主河道 200～300 m 缓冲区	低
		支流河道	高
		支流 100 m 缓冲区	中
	水库	水库水面	高
		水库 100 m 缓冲区	中
		水库 100～200 m 缓冲区	低
	鱼塘湿地	鱼塘湿地水域	中
		鱼塘湿地水域 100 m 缓冲区	低
	水源地	水源地范围	高
		水源地范围 100 m 缓冲区	中
		水源地范围 100～200 m 缓冲区	低
土地	坡度	大于 25° 山坡	高
		20°～25° 山坡	中
	地貌	黄土高原丘陵	高
植被	森林	针叶林地	高
		阔叶林地	高
		混交林地	高
		疏林地	高
		灌木林地	中
	荒山荒地	荒山荒地	高
	耕地	基本农田	中

a. 水环境敏感性

地表水域在改善区域景观质量、调节区域温度与湿度、维持正常水循环等方面发挥着重要作用。特别是乐都县属于干旱少雨地区，降水量不足蒸发量的四分之一，因此水环境是乐都县重要的生态环境影响因子，水域的合理利用与保护，对乐都县的社会经济可持续发展至关重要。

b. 土壤敏感性

土壤侵蚀、水土流失等是乐都县主要的生态环境问题之一，特别是在缺乏植被覆盖的地区，表土层、松散堆积物等在强降水冲刷、风蚀作用下，极易发生土壤侵蚀、水土流失、荒漠化等现象。基于此，将土壤敏感性作为乐都县生态敏感性分析的主要内容。土壤敏感性评价综合考虑与土壤侵蚀密切相关的地貌、坡度、植被等因素，运用地理信息系统技术来评价土壤敏感性及其空间分布特征。

c. 生境敏感性

生境作为生物栖息、繁衍的空间，影响着生物的生长、发育，以及种群内、种群间竞争强度和食物链特征。近年来，全球生物多样性丧失的重要原因之一是生物生境的破坏和消失，生境敏感性已成为生态敏感性分析的重要内容之一。乐都县生境敏感区主要包括水源保护区及南北脑山地区的原生态森林。植被在保护区域生物多样性、改善生态环境质量方面具有非常重要的作用。植被类型不同，其生态敏感性也不同，原生植被比次生植被和人工植被易受干扰而变得不稳定。

将水环境敏感性分布、土壤敏感性分布、生境敏感性分布进行叠加分析，得到乐都县域生态敏感性分布，如图 4-53 所示。乐都县境内气候干旱、植被匮乏，生态环境十分脆弱，生态敏感区占全县大部地区。从图 4-53 可以看出，乐都县域生态高敏感性地区主要分布在南北浅山区及南北脑山区的主要林场范围，中敏感性地区主要分布在南北脑山高山区地形较平缓的灌木林区及湟水河谷两岸区，而低敏感性地区仅在湟水两岸有少量分布。

2) 县域土地适宜性分析

基于乐都县地形地貌、地震断裂带、水源保护地、风景名胜保护区等空间分布，采用叠置分析对全县土地开发利用适宜性进行分析评价。

a. 地形地貌因子

坡度是影响土地开发利用的限制因子之一。坡度较大的地区进行土地开发建设将增加开发难度和成本，而且易诱发各种地质灾害。基于土地开发利用及水土保持方面要求，将坡度大于 25°的山区划分为禁止建设区，将坡度在 20°～25°的山地划分为限制建设区。南北浅山地区为黄土高原丘陵地貌，且植被稀少，水土流失最为严重，也被划分为禁止建设区。

b. 地震断裂带因子

乐都县大地构造位置属祁连山地槽褶皱学的中间降起带和拉脊山地向斜褶皱带两个次级构造单元。前者呈现于湟水以北，其构造线方向自西向东，由北西转向近东西，再折为北东，构成弧形而南突。后者分布于湟水以南，以北西西向的紧密线状褶皱为特征。与乐都县相邻并对大地构造有明显控制和影响的活动断裂带主要有北部的祁连山地震

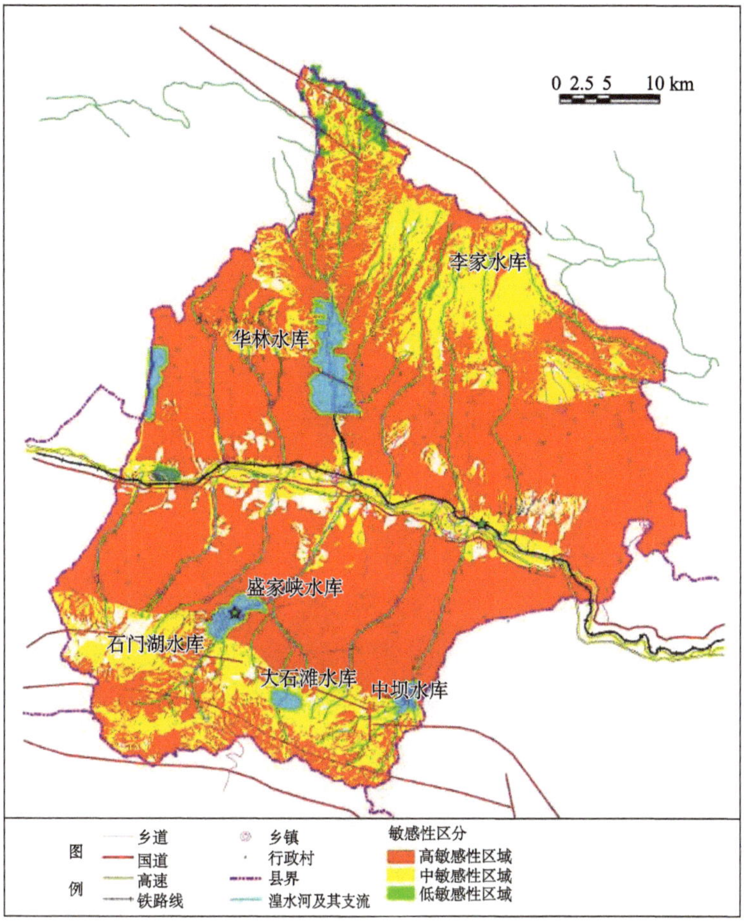

图 4-53　乐都县域生态敏感性分布图

带，以及南部的祁吕贺山型构造体系西翼断裂带，湟水河谷地区的雨润镇、寿乐镇及蒲台乡分布有地震裂缝带。地质断裂带两侧稳定性差，对周边人民生活及工农业生产构成较大威胁，土地开发建设应尽量避让断裂带或断层发育地区。

c. 土地利用因子

土地利用现状会对未来土地开发建设的用地规模和发展格局产生显著影响。根据乐都县土地覆被类型，林地、河流水系、鱼塘湿地、水库等不适宜于进行土地开发利用，所以被划分为禁止建设区，基本农田、水系缓冲区等地区被划分为限制建设区，而城乡、工矿用地，以及荒地等未利用土地等相对适宜进行土地开发建设。

d. 水源保护地因子

根据《饮用水水源保护区污染防治管理规定》，地表水源一级保护区内禁止新建、扩建与供水设施和保护水源无关的建设项目；二级保护区内不准新建、扩建向水体排放污染物的建设项目，改建项目必须削减污染物排放量等。乐都县水源地分布比较分散，根据《乐都县土地利用总体规划(2006～2020 年)》中说明的水源地规划保护区，将水源地范围划分为禁止建设区，水源地周围 100 m 缓冲区划分为限制建设区。

e. 风景名胜区因子

乐都县位于黄土高原与青藏高原的分界地带，有湟水河谷纵深切入，自然景观具有独特性和多样性。乐都县历史悠久，境内人文资源众多，文化氛围浓厚，遗留有丰富的文物古迹和史前文化遗产，如瞿昙寺、柳湾墓地遗址等。因此，将乐都县优良级旅游资源瞿昙寺、柳湾墓地遗址划分为禁止建设区，旅游资源周边 500 m 缓冲区范围划分为限制建设区。

依据乐都县域宜居生态环境评价指标体系及权重分析，对乐都县的生态环境宜居性进行评价。综合分析各乡镇人口、人均 GDP 及人均收入等指标，得到经济社会指标综合评价结果，如图 4-54 所示。

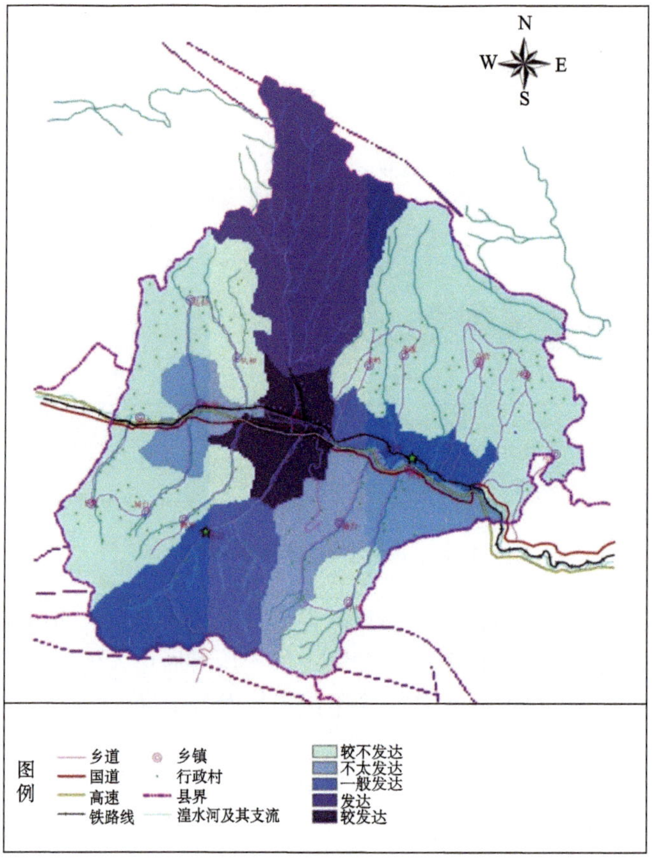

图 4-54　乐都县域经济指标诊断评价专题图

县域宜居生态环境评价主要是基于栅格数据的空间分析。本书的研究依据乐都县域宜居生态环境评价指标体系，使用 ArcGIS 空间分析模块，完成评价数据的空间分析过程，分析结果如图 4-55 所示。

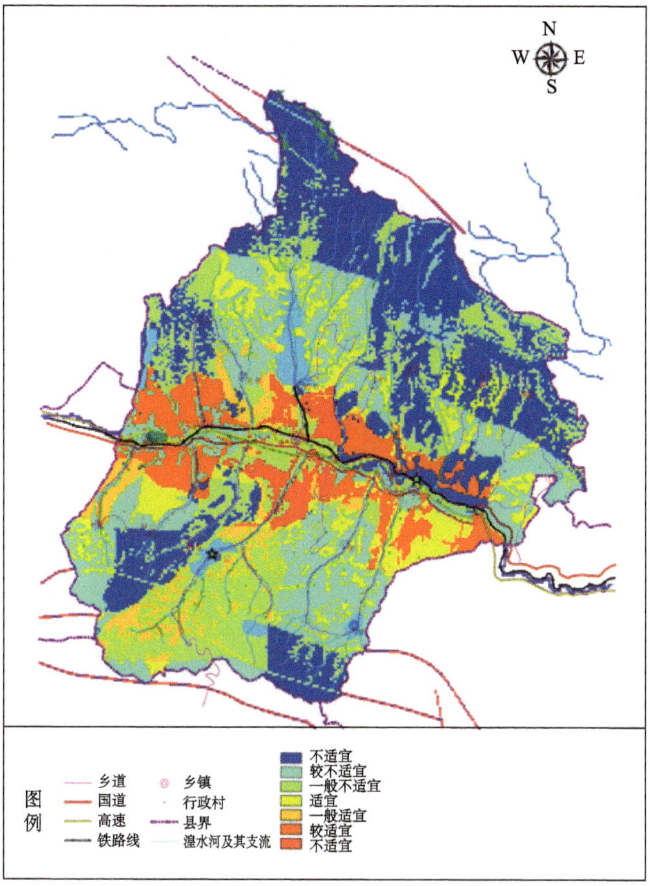

图 4-55　乐都县域宜居生态环境诊断评价专题图

从乐都县域宜居生态环境诊断评价结果(图 4-55)可以看出，乐都县域宜居生态环境主要分布在乐都县城周边及湟水河流域沿岸，第一方面，由于乐都县地处黄土高原与青藏高原的过渡地带，深居内陆，自然降水稀少、干旱、多风，水环境对生态宜居性的影响显著；第二方面，由于南北浅山及脑山地区属山地丘陵区域，沟谷深切，自然灾害频繁，生态非常脆弱，而湟水河谷区土地适宜性良好，适宜人类居住；第三方面，由于乐都县城的经济与基础设施都较为发达，分布有高速公路入口、火车站及各类文化活动设施，大大提高了居民生活的方便性和便捷性。较不适宜的区域主要分布在南北脑山区，虽然该区域生态功能良好，水源涵养林有助于区域小气候调节，但是海拔较高，地理环境复杂，离水源较远，交通不方便，因此该区域不适宜人类居住。

乐都县宜居生态环境诊断评价结果符合城市居住适宜性评价指标体系的期望，同时考虑了环境优雅无污染，所以其符合城市总体规划的生态要求。其大气环境质量、环境噪声质量都达到了标准要求，考虑了生活的便捷性和文化设施的功能性，而污染严重、生活文化设施不配套的区域的居住适宜性则很低。

运用地理空间信息技术，从栅格单元级别进行的区域人居环境适宜性诊断评价分析研究不仅能快速、准确地获取有关环境背景数据，而且可以灵活地对这些数据进行分析和处理，为客观评价并全面分析区域人居环境状况提供了一个较好的途径，大大提高了评价精度，改变了传统评价方法中对较大评价单元进行分析诊断的技术缺陷。对不同适宜性级别的区域进行分级显示，提升了评价诊断的性能，且具有较强的可操作性和现实性。实验结果表明，该方法提高了工作效率和评价结果的准确性，实现了评价结果的可视化分析研究，为城市总体规划、房地产开发、居民购房及商业分析提供了理论依据和决策支持。城市规划部门可以根据评价结果找出导致适应性差的薄弱因素，以便对其进行改善，提高城市总体规划水平；房地产开发商可根据评价结果进行开发区域的选址；城市居民可采用该项技术进行具体条件的设置，分析出符合自己购房需求的最佳区域。同时，该研究也为人居环境的进一步研究提供了基础，实现了宜居生态环境评价结果全空间区域定量的、直观的表达，还为进行空间区域和时间序列的比较研究奠定了基础。

4.4 小　结

环境健康遥感诊断评价技术是环境健康遥感诊断的关键。本章分别从环境健康指标因子和环境健康遥感诊断模型构建，以及环境健康遥感诊断技术应用案例 3 个方面进行了论述。其中，在环境健康指标因子部分，根据环境健康遥感诊断指标体系的框架，重点论述了生态环境健康指标、大气健康指标、水体健康指标、人类健康指标，以及灾害影响程度指标。在环境健康遥感诊断模型构建内容中，分别论述了环境健康遥感诊断模型构建和模型验证的关键技术。最后以传染病暴发风险及人居环境健康的遥感诊断为具体案例进行了说明。本章内容所论述的环境健康遥感诊断关键技术方法和案例可以推广到其他环境健康遥感诊断应用领域中。

参考文献

曹春香. 2013. 环境健康遥感诊断. 北京：科学出版社.

高孟绪. 2011. 基于空间信息技术的中国喜马拉雅旱獭鼠疫疫源地区划分析研究. 北京：中国科学院遥感应用研究所博士学位论文.

李明阳，居云为, Sunil K.，等. 2008. 美国大陆外来入侵物种斑马纹贻贝(*Dreissena polymorpha*)潜在生境预测模型. 生态学报, 28(9): 4253-4258.

任继周. 1961. 草原学. 北京：高等教育出版社.

侍世梅，刘发央，严学兵. 2008, 东祁连山喜马拉雅旱獭生境的选择. 甘肃农业大学学报, 2: 125-130.

田富彰. 2000. 喜马拉雅旱獭鼠疫自然疫源地. 中国人兽共患病杂志, 16(4): 95-97.

王运生. 2007. 生态位模型在外来入侵物种风险评估中的应用研究. 长沙：湖南农业大学博士学位论文.

徐敏. 2011. 基于空间信息技术的中国霍乱时空分布及预测研究. 北京：中国科学院遥感应用研究所博士学位论文.

张安宁，谭多兴，马德忠. 2003. 张掖地区喜马拉雅旱獭鼠疫自然疫源地动物鼠疫防治概况. 中国地方病防治杂志, 18(2): 105-106.

章祖同. 1981. 草场资源评价方法的探讨. 自然资源, 3: 13-18.

郑新奇，王爱萍. 2000. 基于 RS 与 GIS 的区域生态环境质量综合评价研究——以山东省为例. 环境科学学报, 20(4): 489-493.

Costanza R. 1992. Toward an operational definition of ecosystem health//Costanza R, B G, Norton B D,

Haskelleds B D. Ecosystem Health: New Goals for environmental Management. Washinton, D. C. : Island Press. 239-256.

Costanza R. 1998. Predictors of ecosystem health//Rapport D J, Costanza R, EpsteinP R, et al. Ecosystem Health. Maldenand Oxford: Blackwell Science: 240-250.

Grist N R, Bell E J, Assaad F. 1978. Enteroviruses in humandisease. Progrès en Virologie Médicale, 24: 114-157.

Jorgensen S E, Nielson S N, Mejer H. 1995. Energy, environ, exergy and ecological modeling. Ecological Modelling, 77: 99-109.

Pellant, Shaver M P, Pyke D, et al. 2000. Interpreting Indicators of Range Health. Version4. 0. Interagency Technical Reference. U. S. Department of Interior, Bureau of Land Mangement, Dever, CO.

Podin Y, Gias E L, Ong F, et al. 2006. Sentinel surveillance for human enterovirus 71 in Sarawak, Malaysia: Lessons from the first 7 years. BMC Public Health, 6: 180.

Sampson A W. 1919. Plant Succession in Relation to Range Management. USDA Dept. , Bull.

Wheeler B D, Shaw S C, Fojt W J, et al. 1995. Restoration of Temperate wetlands. Chichester: Johnwiley & SonsLtd. , 91-112.

Zo Y G, Rivera I N, Russek-Cohen E, et al. 2002. Genomic profiles of clinical and environmental isolates of Vibrio cholerae O1 in cholera-endemic areas of Bangladesh. Proceedings of the National Academy of Sciences of the United States of America, 99(19): 12409-12414.

第 5 章　环境健康遥感诊断技术的发展与展望

随着全球环境问题日益突出，环境灾害与环境事故频发，卫星遥感技术在环境健康评价方面将得到更多应用。近年来，中国、美国、日本及欧洲一些遥感大国都在大力发展环境健康遥感监测和评价技术。遥感技术在环境健康评价和保护中发挥的作用不断受到国际社会的高度重视。本章将分别介绍环境健康遥感诊断的发展方向和环境健康遥感诊断新技术展望。

5.1　环境健康遥感诊断的发展方向

环境健康遥感诊断概念的提出和工作起步较晚，环境健康相关的标准、法律、法规、管理制度也相对匮乏。随着环境健康问题的不断突出，国家管理部门及科研单位等越来越关注环境健康评价工作。环境健康遥感诊断作为一门新兴的学科发展非常迅速，已经能够对环境健康状况进行相应的评估，并可以实现对影响环境健康的事件进行宏观调查。然而，这些调查和评价在深度和广度上还远远不够，无法进一步为政府管理部门提供更可靠的技术支持。但随着遥感技术的进一步发展，以及管理部门对环境健康状况的重视，环境健康遥感诊断将会在以下几个方面不断取得进步。

5.1.1　高性能传感器数据应用

随着高性能新型传感器研制开发水平的不断进步，高空间、高光谱分辨率已经成为卫星遥感影像获取技术发展趋势，遥感传感器的改进和突破主要集中在成像雷达和光谱仪。其中，雷达遥感具有全天候、全天时获取影像及穿透地物的能力，在环境健康遥感诊断方面具有很大优势。干涉雷达技术、被动微波合成孔径成像技术、三维成像技术及植物穿透性宽波段雷达技术将会变得越来越重要，成为实现全天候对地观测的主要技术，其大大提高了环境健康遥感诊断能力。

另外，综合对地观测系统的建立，将为环境健康遥感诊断研究提供定位、定性和定量，以及全天候、全时域和全空间的遥感数据。综合对地观测系统主要由航天、航空和地面观测台站网络等组成，可以为实现地学研究、资源开发、环境保护及区域经济持续协调发展提供科学数据和信息服务，也能为全方位、大范围的环境健康遥感诊断奠定基础。

5.1.2　科学的数据处理方法和遥感模型

在利用遥感技术进行环境健康评价的过程中，遥感数据处理方法的选取、参数提取的精度、诊断模型的准确与否都会影响环境健康遥感诊断的最终结果。为了提高环境健康遥感诊断结果的精度，需要利用科学的数据处理方法和准确的遥感诊断模型。

当前，神经网络、小波、分形、认知模型、地学专家知识及影像处理系统的集成等模型和技术会大大提高多源遥感技术的融合、分类识别，以及环境健康遥感诊断参数提取的精度和可靠性。例如，统计分类、模糊技术、专家知识和神经网络分类有机结合可以构成一个复合的分类器，大大提高环境健康遥感诊断过程中地物分类的精度；多平台、多层面、多传感器、多时相、多光谱、多角度及多空间分辨率的融合与复合应用，也是目前环境健康遥感诊断技术重要的发展方向；另外，不确定性遥感信息模型和人工智能决策支持系统的开发应用也是环境健康遥感诊断关键技术进一步研究的方向。

5.1.3　高精度、高速度、大容量的遥感数据处理系统

“3S”技术的发展推动了环境健康遥感诊断技术的进一步发展。全球定位系统为遥感对地观测信息提供了实时或准实时的定位信息和地面高程模型；遥感为地理信息系统提供了自然环境信息，为地理现象的空间分析提供了定位、定性和定量的空间动态数据；地理信息系统为遥感影像处理提供了辅助。在环境健康诊断分析中，遥感与地理信息系统的结合可以实现环境遥感诊断分析结果的可视化。“3S”技术一体化将最终建成新型的地面三维信息和地理编码影像的实时或准实时获取与处理系统。

随着“3S”技术的一体化，遥感数据量和计算机处理量也将大幅度增加，遥感数据处理系统就必须要有更高的处理速度和精度。这就要求在环境健康遥感诊断过程中，认真总结专家知识，建立知识库，寻求研究定量精确化算法，发展快速有效的遥感数据压缩算法，建立高速、高精度和大容量的遥感数据处理系统。

5.1.4　建立国家环境健康遥感诊断系统

环境健康信息和环境资源数据库是国家环境资源保护的核心，它关系到一个国家的可持续发展和战略安全。国家环境健康遥感诊断系统的建立，可以帮助我们提高对环境资源的宏观诊断和调控能力，也可以为我国社会经济和资源环境的协调可持续发展提供科学的数据和决策支持。

国家环境健康遥感诊断系统将利用卫星遥感数据、地面环境监测数据、历史数据及专家知识库，建立天地一体化的国家级环境健康遥感诊断系统，以及重大环境事故应急监测系统，可定期报告大气、水环境和森林草原等生态环境的健康状况。其中，环境遥感地理信息系统是其支撑系统，在各种应用软件的辅助下，实现环境遥感数据的存储、处理和管理；环境遥感专业应用系统是其应用平台，在环境专业模型的支持下，实现环境遥感数据的环境应用；环境遥感评价和决策支持系统是其最上层系统，在环境预测评价和决策模型的驱动下，进行环境预测评价分析，制定环境保护的辅助决策方案。

5.2 环境健康遥感诊断新技术展望

5.2.1 未来新型传感器的展望

目前，在轨运行的和计划发展的国内外卫星传感器提供数据的空间分辨率已从千米级发展到亚米级，重复观测频率从月周期发展到几小时，光谱波段跨越了可见光、红外到微波，光谱分辨率从多光谱、高光谱向超光谱发展。随着科学技术的进步，光谱信息成像化、雷达成像多极化、光学探测多向化、地学分析智能化、环境研究动态化及资源研究定量化，大大提高了遥感技术的实时性和运行性，使其向多尺度、多频率、全天候、高精度和高效快速的目标发展。

伴随着社会的发展和科学技术的进步，环境健康遥感诊断未来传感器将在日常生活中扮演着越来越重要的角色，会向着微型化、智能化、高灵敏度、多功能化、数据上通用化和无线网络化等优良特性方向发展。

1. 智能化传感器

随着测控系统逐渐自动化和复杂化，为了满足技术发展的需求，发展智能化传感器已是大势所趋。未来传感器应该与微处理机相结合，不仅满足传感器探测的功能，还应适当增加逻辑判断、信息处理等人工智能，除了执行信息储存和处理外，还能进行逻辑思考，从而具备结合实际进行处理的能力。

所谓智能化传感器是指以专用微处理器控制的具有双向通信功能的先进传感器系统。微处理器能够按照给定的程序对传感器进行软件控制，把传感器从单一功能变成多功能。智能化传感器把传感器部分与信号预处理电路、输入输出接口、微处理器等制作在同一块芯片上，即成为大规模集成智能传感器。所以，智能传感器就是传感器与集成电路相互结合的产物，它的实现离不开传感技术与半导体集成化工艺水平发展的支撑。智能传感器具有高性能、大批量、小体积等诸多优点，是未来传感器发展的重要方向之一。

目前的智能化传感器多是实际检测，主要适用于工业自动化领域。未来智能化传感器将由微传感器、微执行器、微处理器、接口电路等众多模块组成，它们将构成一个闭环微智能工作系统，计算机连接可以为微传感器提供更好的校正与补偿。无论在白天、夜晚，抑或是各种天气条件下，智能传感器都可以提供准确可靠的遥感观测数据，也可以提供实时的观测场景动态，这将实现快速、高效、准确的环境健康评价，使得管理部门能够在较短的时间作出应对环境健康状况突发事件的正确决策。

2. 纳米传感器

纳米技术的发展为传感器提供了优良的敏感材料，纳米技术中的关键技术——扫描隧道显微镜(STM)和原子力显微镜(AFM)发明以后被广泛用作纳米操作器，研究对象也成为向纳米尺度过渡的微电子机械系统(MEMS)技术等，其大大推动了传感器的制作水平，拓宽了传感器的应用领域。

纳米传感器技术可以制作非常小的、不需要电源的纳米级传感器，这种传感器具有较强的感知、处理和传输信息的功能。纳米传感器还有两大亮点：一是，可以把它植入人体，随时监控人体的健康状况；二是，它自身不需要电源，可以依靠周围的配套设施获得电力或者利用热能、太阳能和电磁波等发电。利用这一成果，未来应用于各种场景下的传感器都可以不用充电。

纳米传感器的实现和应用，将会对众多生态环境健康产生非常重要和深远的影响。这主要体现为纳米传感器具有质量轻、体积小等优点。在航天航空遥感领域，利用纳米传感器取代普通传感器，那么它的重量将相对减轻，这对增加其他负载、增加航程、减少能源使用等诸多方面都有重要意义，不仅能低价进入太空，而且对从太空进行全球监测也起着关键作用。在人体健康领域，纳米传感器可以放在针头内送入血管测量血液流动情况，从而诊断人体健康状况。因此，可以预见，在不久的将来，纳米传感器在环境健康遥感领域的应用一定会更加广泛。

3. 无线传感器网络

无线传感器网络被认为是 21 世纪最重要的技术之一，它是一种无线网络连接感应和处理的设备。无线传感器的这个网络主要是由一个个小巧玲珑的传感器节点组成，这些节点可以感知温度的高低、湿度的变化、压力的增减、噪声的大小、风速的大小、污染的情况等，它的原理是通过把很多无线网络传感器作为节点来收集数据，并且把这些数据发送至信息收集节点。信息收集节点和信息处理节点将数据通过广域网（如因特网或卫星网络）送至地面监控中心进行统计分析和处理，并对数据处理结果进行检测和评估。随着嵌入式计算技术、纳米传感器技术、半导体与微机电系统制造技术和通信技术的飞速发展，制造微型、弹性、低功耗的无线传感器网络日渐成为现实。

无线传感器网络一般由低功耗的微控制器，以及若干存储器、无线电/光通信装置、传感器等组成，传感器及通信装置会把它们所处的外界物理环境的信息传递给该网络。虽然单个传感器的功能比较有限，但是如果将大量的传感器布置到周围环境中，组成一个传感器网络，并配置高性能的系统软件平台，就可以完成强大的状态监测、环境监测、实时跟踪等功能。例如，水文环境健康观测中传感器收集到的水文信息通过无线技术被发送到集中控制平台，这样就可以通过控制平台来诊断各个点的水文信息。

无线传感器网络有着十分广阔的应用前景，其不仅在工业、农业、军事、环保、医疗等传统领域有着巨大的应用价值，未来还将在许多新兴领域体现其优越性。尤其是在环境健康遥感诊断方面，无线传感器网络将发挥越来越重要的作用。

2009 年 11 月 3 日，时任国家总理的温家宝在题为“让科技引领中国可持续发展”的讲话中指出：“未来要着力突破传感网、物联网关键技术。”这些都说明无线传感器网络的重要性，以及在未来发展的巨大潜力。未来无线网络传感技术将无处不在，它会完全融入到我们的生活中，如微型无线传感器网络最终可能将家用电器、个人电脑和其他日常用品同无线互联网连接，实现远距离跟踪与操作控制，家庭采用无线传感器网络负责安全调控、节能减排等，所有的这些无线传感器网络技术都将大大促进环境健康遥感诊断技术的发展。

4. 仿生传感器

未来传感器另一个新的发展方向是仿生传感器。仿生传感器建立在仿生学的飞速发展上，它是一种采用全新的检测原理的新型传感器，它采用固定化的细胞、酶或者其他生物活性物质与换能器相配合组成传感器。仿生传感器是近年来随着医学、化学、工程学等诸多学科互相渗透而发展起来的一种技术。这种传感器的特点是性能好、寿命长。在仿生传感器中，比较常用的是生体模拟的传感器。

目前，虽然仿生传感器已经取得了很大的进步和发展，但其稳定性、可靠性和批量生产等方面存在明显不足，所以仿生传感技术尚处于初级阶段，以后还有待于继续加强技术的发展，同时生物活性膜的固定化技术和仿生传感器的固态化也值得进一步研究。

随着我国人口老龄化日趋严重，在不久的将来，模拟身体功能的仿生传感器将会出现，其将完善目前机器人的视觉、味觉、触觉和对目的物进行操作的能力，从而开发一系列先进的护理机器人，以此来缓解中国“未富先老”的社会压力。随着生物技术及仿生学的进一步发展，我们能够看到仿生传感器应用的广阔前景，那么就拭目以待这一天的到来。

5.2.2 面向应用行业部门应用的展望

遥感技术经过几十年的发展，已经广泛地应用在军事、国防、农业、林业、国土、海洋、测绘、气象、生态环境、水利、航天、地质、矿产、考古、旅游等领域，其影响了人类生活的方方面面，为人类提供了从多维和宏观角度去认识世界的新方法与新手段。遥感技术能够全面、立体、快速、有效地进行环境健康状况的监测和评价，其效率之高是以前各种技术无法企及的。随着遥感技术的进一步发展，环境健康遥感诊断在未来将会在不同的行业领域具有更大的发展。

1. 水资源诊断

1) 监视石油污染

全球每年排入海洋的石油及其制品高达 1 000 万 t，严重影响着海洋生态环境健康。很多研究已经证明，利用多光谱航片可对海面石油污染进行半定量分析。将彩色航片同步拍照与利用红外扫描仪拍摄的彩色密度分割图相比较，可以更精密地判断和解译信息，进而参照图片画出不同油膜厚度的大致分级图。通过彩色密度分割图像，特别是数字密度分割图，可以更准确地判断油量的分布情况。通过彩色密度分割，可以把相差零点零几厚度的海面油膜区分出层次来，从而有利于用航空遥感对海面油扩散分布和半定量的研究。浓度大的地方是黄色，往外扩散的油膜变薄，呈黄紫混在一起的颜色，再往外扩散的油膜就更薄些，呈紫色。通过对比分析污染发生后各天的气象卫星图像，确定油膜的漂移方向，计算出其扩散速度和扩散面积。

2) 监测水体富营养化

浮游植物中的叶绿素对蓝紫光和红橙光有较强的吸收作用，当水体出现富营养化时，就可以利用遥感技术诊断出水体中叶绿素的分布情况。赤潮区的海水光谱特征是藻类、泥沙和海水的复合光谱，另外有机或无机颗粒物也会吸收入射光，影响水体的透明度。

3) 调查废水污染和泥沙污染

废水的颜色与悬浮物性状千差万别，特征曲线上的反射峰位置和强度也不大一样，可以用多光谱合成图像进行监测。水中悬浮泥沙的浓度和粒径增大，水体反射量也会相应增加，反射峰随之红移，定量判读悬浮泥沙浓度的最佳波段为 0.65～0.85 μm 。

4) 监测水体热污染

可以应用红外扫描仪记录水体的热辐射能量，真实反映其温度差异。在热红外图像上，热水温度高，辐射能量多，呈浅色调。冷水和冰辐射能量少，呈深色调。热排水口处通常呈白色羽流，利用光学技术和计算机对热图像做密度分割，根据少量的同步实测水温，画出水体等温线。

5) 分析水域的分布变化

水体总体反射率较低，选择 1.55～1.75 μm 波段的多时域影像可以分析水域的分布变化。例如，沼泽化在时域图像上反映为水体面积缩小，从水体向边缘有规律变化，显示出不同程度的植被特征。

2. 大气环境监测

1) 臭氧层

臭氧层位于地球上空 25～30 km 的平流层中，对 0.3 m 以下紫外区的电磁波有较大吸收，可用紫外波段来测定臭氧层的变化。臭氧层在 2.74 mm 处也有一个吸收带，可用地面微波辐射计来测定臭氧在大气中的垂直分布。另外，臭氧层会吸收太阳紫外线而升温，可使用红外波段来探测，如用 7.75～13.3 μm 热红外探测器测定臭氧层的温度变化，参照浓度与温度的相关关系，推算出臭氧浓度的水平分布。

2) 大气气溶胶

利用遥感图像可以分析大气气溶胶的分布和含量，工业烟雾、火灾浓烟和大规模沙尘暴在遥感图像上都有清晰的图像，可以直接圈定其大致范围。利用周期性气象卫星图可以监测沙尘运动、估计其运动速度、及时预报沙尘暴。通过卫星资料可及早发现森林火灾，把灾害损失降到最低。大比例图片可用来调查城市烟囱的数量和分布，还可以通过烟囱阴影的长度来计算其大致高度。应用计算机对影像进行微密度分割，建立烟雾浓度与影像灰度值的相关关系，可测出烟雾浓度的等值线图。

3）有害气体

彩红外相片可监测有毒气体对污染源周围树木和农作物的危害情况，通过植物对有害气体的敏感性来推断某地区大气污染的程度和性质。一般污染较轻的地区，植被受污染的情况不易被人察觉，但其光谱反射率却会明显变化，在遥感影像上表现为灰度的差异。正常生长的植物叶片能强烈反射红外线，在彩红外相片上色泽鲜红明亮。受到污染的叶子，其叶绿素遭到破坏，对红外线的反射能力下降，其彩红外相片颜色发暗，如白蜡树受污染后呈紫红色，柳树受污染后呈品红色略带蓝灰色。

3. 城市环境监测与管理

彩红外遥感影像可监测固体废弃物引起的生态环境变化，热红外遥感影像可调查工业废水和废气的排放情况。城市道路宽的呈带状和环状，窄的呈线状，城市广场一般以块状蓝灰色与街道紧密相连于中心地带。居民区呈灰色，高层楼房带有宽长影，平房呈密集排列的小长方块状。水系呈浅蓝色，绿地呈红色。从遥感图像上获取这些信息，对优化城市结构有很大帮助。另外，城市里的高大建筑物对太阳辐射和其他热辐射的吸收和释放特性与以土地和农作物为主要下垫面的郊区有很大不同，利用热红外遥感对城市下垫面进行分析就可以得出城市的热岛效应。

4. 监控生态环境

遥感影像真实地记录地貌形态特征并提供各环境参数的组合情况，根据其空间一致性和差异性进行区域环境范围的生态区划。利用遥感卫星相片还可以编制森林树种、生长状况和森林覆盖图，使用计算机集群分类，精度可高达 80%。一般野生动物环境与森林植被关系最为密切，通过研究植物的分布与长势，可大致确定动物活动繁殖的场所，从而编制森林野生动物保护规划。

5. 监测自然灾害

遥感技术对于暴雨、水土流失、地震和山体滑坡等地质灾害的调查与监测也很有效。例如，地震与地球活动构造块体分布及其活动方式密切相关，卫星预测地震技术的利用主要集中在电磁波辐射和电离层异常监测、地表形变监测、红外辐射监测以及卫星重力监测等方面。但由于目前技术条件的限制，地震还是不能准确预测，2008 年 5 月的汶川大地震几乎震碎了中国人的心，期待有一天，环境健康遥感诊断技术能够准确预测地震灾害，避免悲剧的再次发生。

5.3　小　　结

本章主要从新型遥感技术的环境健康遥感诊断发展方向及行业部门的应用进行了展望。新型传感器技术发展趋势表明，未来的传感器可能包括额外的功能及能够自我校准和偶尔的自我修复，其将高度的微型化、智能化、多功能化和无线网络化等优良性能集于一身，并广泛应用于工业、国防、航空航天等尖端科学工程领域的同时，正以快速的步伐向与人们生活息息相关的环境健康遥感诊断方面发展。

可以预见，在不久的将来，传感器将充斥着人们生活的方方面面，每个人的身体里都植入具有健康监测性能的传感器网络，实现人体健康实时诊断。现代科学技术的飞速发展，以及社会对高性能、高适用性传感器的迫切需要，将极大地推动传感器技术的发展，进而推动环境健康研究向更广泛的方向发展。只要我们能够大胆地创新，勇敢地探索，环境健康遥感诊断将会应用到越来越多的行业部门。我们也相信，环境健康诊断学科未来一定会更加美好，环境健康遥感诊断研究和应用也必将放射出更加耀眼的光芒。